普通高等教育"十三五"规划教材

大学物理学习指导

主　编　钟春晓　任喜梅

副主编　王锦丽　李　蓉

U0194815

中国水利水电出版社

www.waterpub.com.cn

·北京·

内 容 提 要

　　本书是"大学物理"课程的学习辅导教材，其中包括基本内容、例题分析和练习题三个部分。基本内容是对每个章节的知识点进行梳理和总结，以便于读者对知识的融会贯通；例题分析部分主要是对一些常见的题目进行详细的分析解答，有利于读者自学；练习题部分则是为读者自己检验学习情况而编写的。

　　本书所选用的例题和习题具有比较强的通用性，比较适合作为"大学物理"课程的学习辅导教材和习题参考书。

图书在版编目（ＣＩＰ）数据

　　大学物理学习指导 / 钟春晓，任喜梅主编. -- 北京：
中国水利水电出版社，2018.12（2025.1 重印）
　　普通高等教育"十三五"规划教材
　　ISBN 978-7-5170-7290-4

　　Ⅰ．①大… Ⅱ．①钟… ②任… Ⅲ．①物理学－高等
学校－教学参考资料 Ⅳ．①04

中国版本图书馆CIP数据核字(2018)第290516号

策划编辑：陈红华　　　责任编辑：张玉玲　　　封面设计：李　佳

书　　　名	普通高等教育"十三五"规划教材 **大学物理学习指导** DAXUE WULI XUEXI ZHIDAO
作　　　者	主　编　钟春晓　任喜梅 副主编　王锦丽　李　蓉
出版发行	中国水利水电出版社 （北京市海淀区玉渊潭南路 1 号 D 座　100038） 网址：www.waterpub.com.cn E-mail: mchannel@263.net（答疑） 　　　　　sales@mwr.gov.cn 电话：（010）68545888（营销中心）、82562819（组稿）
经　　　售	北京科水图书销售有限公司 电话：（010）68545874、63202643 全国各地新华书店和相关出版物销售网点
排　　　版	北京万水电子信息有限公司
印　　　刷	三河市德贤弘印务有限公司
规　　　格	184mm×260mm　　16 开本　　14 印张　　343 千字
版　　　次	2018 年 12 月第 1 版　2025 年 1 月第 7 次印刷
印　　　数	14001—18000 册
定　　　价	37.00 元

凡购买我社图书，如有缺页、倒页、脱页的，本社营销中心负责调换

前　　言

　　大学物理是高等工科院校课程体系中的一门重要的基础理论课。本书编写的目的主要是在课堂之外，帮助读者自学，并起到课外辅导和答疑的作用，同时也给教师的教学工作提供了一定程度的参考。

　　本书内容包括基本概念、典型例题分析和练习题三个部分。其中基本内容是对每个章节的知识点进行梳理和总结，以便于读者对知识的融会贯通；例题分析部分主要是对一些常见的题目进行详细的分析解答，其目的在于使读者能够利用所学的知识去解决、处理实际问题，这样有利于读者自学；练习题部分则是为读者自己检验学习情况而编写的，同时也可巩固和提高所学知识。

　　本书中的大部分习题是经过大学物理一线教师的精心挑选，有些已经使用过多年，能够经得起实践的检验。

　　参加本书编写工作的是华东交通大学理工学院物理教研室老师。主要分工如下：李蓉编写了第 1～2 章，王锦丽编写了第 3～5 章，钟春晓编写了第 6～11 章，任喜梅编写了第 12～16 章以及参考答案。由钟春晓负责全书的统稿。

　　由于编者的水平有限，加之时间仓促，书中难免有错误及欠缺之处，恳请读者批评指正，编者将不胜感激。

编　者
2018 年 10 月

目　　录

第一章　质点运动学

一、基本内容

（一）质点、参考系和运动方程

1. 质点

质点：只有质量而没有形状和大小的理想几何点。

做平动的物体可以当作质点处理。另外，如果一个物体与观察者的距离远远大于这个物体本身的几何线度，这个物体也可以当作质点看待。

一个确定的物体能否抽象成质点，应视具体情况而定。

2. 参考系和坐标系

参考系：为了描述物体的运动而被选作参考的物体。

运动描述的相对性：在描述某一个物体的运动时，如果选取的参考系不同，对该物体运动的描述也不同。

坐标系：为了定量地表示物体在各时刻的位置，在参考系上建立的计算系统。

常用的坐标系有直角坐标系、自然坐标系、极坐标系、柱面坐标系、球面坐标系和广义坐标系等。

3. 位置矢量和运动方程

位置矢量 r：为了确定质点在某一时刻的位置和方向，由坐标原点向质点做的有方向线段。

位置矢量在平面直角坐标系中的表达式为

$$\vec{r} = x\vec{i} + y\vec{j}$$

其大小和方向分别为

$$r = |\vec{r}| = \sqrt{x^2 + y^2}, \quad \tan\theta = \frac{y}{x}$$

式中：θ 为 $\vec{r}$ 与 x 轴的夹角。

质点的运动方程：随时间变化的位置矢量反映了质点的运动规律，即：

$$\vec{r} = \vec{r}(t)$$

质点运动方程的平面直角坐标表达式为

$$\vec{r} = x(t)\vec{i} + y(t)\vec{j}$$

轨迹：质点运动过程中所走的路径。

轨迹方程：描述质点运动轨迹的方程

（二）位移、速度和加速度

1. 位移

位移 $\Delta\vec{r}$：设质点在 Δt 时间内从位置 P_1 运动到 P_2，位移 $\Delta\vec{r}$ 为从点 P_1 到点 P_2 所作的矢量，它描述了质点在运动过程中空间位置变化的大小和方向。

$$\Delta \vec{r} = \vec{r_2} - \vec{r_1}$$

在平面直角坐标系中位移的表达式为

$$\Delta \vec{r} = \Delta x \vec{i} + \Delta y \vec{j}$$

其大小和方向分别为

$$\left| \Delta \vec{r} \right| = \sqrt{(\Delta x)^2 + (\Delta y)^2} \,, \quad \tan \alpha = \frac{\Delta y}{\Delta x}$$

式中：α 为 $\Delta \vec{r}$ 与 x 轴的夹角。

路程 Δs：质点实际运动的轨迹长度。

一般情况下，$\left| \Delta \vec{r} \right| \neq \Delta s$，$\left| d\vec{r} \right| = ds$

注意：$\Delta r = \Delta \left| \vec{r} \right| = \left| \vec{r_1} \right| - \left| \vec{r_2} \right|$，为位置矢量大小的增量。

2. 速度

速度是描述物体运动快慢和方向的物理量。

Δt 时间间隔内的平均速度为

$$\bar{\vec{v}} = \frac{\Delta \vec{r}}{\Delta t}$$

瞬时速度（简称"速度"）$\vec{v}$ 为

$$\vec{v} = \frac{d\vec{r}}{dt}$$

某点的瞬时速度方向为沿曲线在该点的切线方向。

在平面直角坐标系中速度的表达式为

$$\vec{v} = v_x \vec{i} + v_y \vec{j} = \frac{dx}{dt} \vec{i} + \frac{dy}{dt} \vec{j}$$

其大小和方向分别为

$$v = \sqrt{v_x^2 + v_y^2} \,, \quad \tan \varphi = \frac{v_y}{v_x}$$

式中：φ 为 $\vec{v}$ 与 x 轴的夹角。

瞬时速率（简称"速率"）：在单位时间内质点所通过的路程，即：

$$v = \frac{ds}{dt}$$

瞬时速度与瞬时速率的关系为

$$\left| \vec{v} \right| = v$$

3. 加速度

加速度是描述速度变化快慢和方向的物理量。

瞬时加速度（简称"加速度"）$\vec{a}$ 为

$$\vec{a} = \frac{d\vec{v}}{dt} = \frac{d^2 \vec{r}}{dt^2}$$

$\vec{a}$ 的方向总是指向曲线的凹侧。

在平面直角坐标系中加速度的表达式为

$$\vec{a} = a_x\vec{i} + a_y\vec{j} = \frac{\mathrm{d}v_x}{\mathrm{d}t}\vec{i} + \frac{\mathrm{d}v_y}{\mathrm{d}t}\vec{j} = \frac{\mathrm{d}^2x}{\mathrm{d}t^2}\vec{i} + \frac{\mathrm{d}^2y}{\mathrm{d}t^2}\vec{j}$$

其大小和方向分别为

$$a = \sqrt{a_x^2 + a_y^2} , \quad \tan\beta = \frac{a_y}{a_x}$$

式中：β 为 $\vec{a}$ 与 x 轴的夹角。

4．直线运动的运动学量

质点沿 x 轴做直线运动时，在任意时刻的运动方程、位移、速度和加速度分别为

$$r = x$$
$$\Delta r = \Delta x$$
$$v = \frac{\mathrm{d}x}{\mathrm{d}t}$$
$$a = \frac{\mathrm{d}v}{\mathrm{d}t} = \frac{\mathrm{d}^2x}{\mathrm{d}t^2}$$

当它们为正值时，方向与 x 轴正方向相同，为负值时，与 x 轴正方向相反。

（三）圆周运动和曲线运动

1．法向加速度和切向加速度

自然坐标系：以运动质点为坐标原点，切向坐标轴沿质点所在位置的切线并指向质点的运动方向，其单位矢量用 $\vec{e_\tau}$ 表示，法向坐标轴与切线垂直并沿曲率半径指向曲率中心，单位失量用 $\vec{e_n}$ 表表示。

加速度在自然坐标系中的表示为

$$\vec{a} = a_n\vec{e_n} + a_\tau\vec{e_\tau} = \frac{v^2}{r}\vec{e_n} + \frac{\mathrm{d}v}{\mathrm{d}t}\vec{e_\tau}$$

法向加速度 $\vec{a_n}$ 描述速度方向随时间变化的快慢，切向加速度 $\vec{a_\tau}$ 描述速度大小随时间变化的快慢。

当质点做圆周运动时，设加速度 $\vec{a}$ 与 $\vec{v}$ 之间的夹角为 β，将 $\vec{a}$ 分解成法向加速度 $\vec{a_n}$ 和切向加速度 $\vec{a_\tau}$，则加速度 $\vec{a}$ 的大小和方向分别为

$$a = \sqrt{a_n^2 + a_\tau^2} , \quad \tan\beta = \frac{a_n}{a_\tau}$$

当 $0 < \beta < \frac{\pi}{2}$ 时，$\vec{a_\tau}$ 与 $\vec{v}$ 的方向相同，质点做加速圆周运动；当 $\beta = \frac{\pi}{2}$ 时，$\vec{a_\tau} = 0$，质点做匀速圆周运动；当 $\frac{\pi}{2} < \beta < \pi$ 时，$\vec{a_\tau}$ 与 $\vec{v}$ 的方向相反，质点做减速圆周运动。

质点做曲线运动时，如果引入曲率圆和曲率半径的概念，也可以用法向加速度和切向加速度的理论解决曲线运动问题，不过法向加速度中的曲率半径 r 不再是常量。

2．圆周运动的角量描述

角坐标 θ：设做圆周运动的质点在 t 时刻位于 P 点，从圆心 O 点向 P 点作矢量 $\vec{r}$，角坐

标 θ 指 $\vec{r}$ 与参考轴 x 正方向的夹角。

质点的运动方程：角坐标随时间变化的函数，即：

$$\theta = \theta(t)$$

角位移 $\Delta\theta$：经过 Δt 时间矢量转过的角度。

角坐标和角位移的方向：相对于 x 轴正方向，逆时针转向的角坐标和角位移为正，反之为负。

角速度 ω：角坐标随时间的变化率，即：

$$\omega = \frac{\mathrm{d}\theta}{\mathrm{d}t}$$

角加速度 α：角速度随时间的变化率，即：

$$\alpha = \frac{\mathrm{d}\omega}{\mathrm{d}t}$$

匀变速圆周运动公式为

$$\omega = \omega_0 + \alpha t$$

$$\Delta\theta = \omega_0 t + \frac{1}{2}\alpha t^2$$

$$\omega^2 = \omega_0^2 + 2\alpha\Delta\theta$$

$$\frac{\Delta\theta}{t} = \frac{\omega_0 + \omega}{2}$$

3. 圆周运动的线量与角量关系

质点在 $\triangle t$ 时间内通过的弧长 $\triangle s$ 与对应的角位移 $\Delta\theta$ 的关系为

$$\Delta s = r\Delta\theta$$

速率与角速度的关系为

$$v = r\omega$$

切向加速度与角加速度的关系为

$$a_\tau = r\alpha$$

法向加速度与角速度的关系为

$$a_n = r\omega^2$$

（四）相对运动

静止坐标系：在地面上建立的坐标系。

运动坐标系：相对于地面运动的坐标系。

设运动坐标系相对于静止坐标系做平动。

速度合成定理：质点相对静止坐标系的速度 $\vec{v}$（称为"绝对速度"）等于质点相对运动坐标系的速度 $\vec{v'}$（称为"相对速度"）加上运动坐标系相对静止坐标系的速度 $\vec{v_0}$（称为"牵连速度"），即：

$$\vec{v} = \vec{v'} + \vec{v_0}$$

加速度合成定理：质点相对静止坐标系的加速度 $\vec{a}$（称为"绝对加速度"）等于质点相对运动坐标系的加速度 $\vec{a'}$（称为"相对加速度"）加上运动坐标系相对静止坐标系的加速度 $\vec{a_0}$（称

为"牵连加速度"），即：

$$\vec{a} = \vec{a'} + \vec{a_0}$$

二、例题分析

例题 1　已知某质点在 xOy 平面内运动，其运动方程为

$$\vec{r} = t^3\vec{i} + (2t-1)\vec{j}$$

式中的各个物理量均采用国际单位。试求该质点：

（1）从 1s 到 2s 时间内的位移。

（2）轨迹方程。

（3）在 t=2s 时刻的速度和加速度的大小和方向。

解：（1）该质点在 1s 和 2s 时刻的位矢分别为

$$\vec{r_1} = 1^3\vec{i} + (2\times1-1)\vec{j} = \vec{i} + \vec{j}$$

$$\vec{r_2} = 2^3\vec{i} + (2\times2-1)\vec{j} = 8\vec{i} + 3\vec{j}$$

因此质点在这段时间内的位移为

$$\Delta\vec{r} = \vec{r_2} - \vec{r_1} = 7\vec{i} + 2\vec{j}$$

（2）由运运动方程可知

$$x = t^3 \ , \quad y = 2t - 1$$

在以上两式中消去时间即得质点运动的轨迹方程为

$$x = \frac{1}{8}(y+1)^3$$

（3）该质点在任意时刻的速度和加速度表达式分别为

$$\vec{v} = \frac{\mathrm{d}\vec{r}}{\mathrm{d}t} = 3t^2\vec{i} + 2\vec{j}$$

$$\vec{a} = \frac{\mathrm{d}^2\vec{r}}{\mathrm{d}t^2} = 6t\vec{i}$$

则在 t=2s 时刻的速度和加速度分别为

$$\vec{v} = 12\vec{i} + 2\vec{j} \ , \quad \vec{a} = 12\vec{i}$$

因此，速度的大小及与 x 轴的夹角分别为

$$v = \sqrt{12^2 + 2^2} = 12.17(\mathrm{m/s})$$

$$\tan\theta = \frac{v_x}{v_y} = \frac{2}{12} = \frac{1}{6}, \quad \theta = 9.46°$$

加速度的大小为 12m/s，方向沿 x 轴正方向。

例题 2　某质点沿 x 轴做直线运动，其运动方程为

$$x = 1 + 5t + 10t^2 - t^3$$

式中的物理量均采用国际单位，则：

（1）质点在 $t = 0$ 时刻的速度 v_0 为多少？

（2）当加速度为零时，该质点的速度 v 为多少？

解：（1）对运动方程中的时间求导，可以得到该质点的速度表达式为

$$v = \frac{dx}{dt} = 5 + 20t - 3t^2$$

把 $t = 0$ 代入上式，得出质点的初速度为

$$v_0 = 5 \, (\text{m/s})$$

（2）对速度表达式中的时间求导，可以得到该质点的加速度表达式为

$$a = \frac{dv}{dt} = 20 - 6t$$

令 $a = 0$，可解得 $t = \frac{10}{3}$ s，再将时间 $t = \frac{10}{3}$ s 带入速度表达式，即得加速度为零时质点的速度为

$$v = 38.3 \, (\text{m/s})$$

例题 3   某质点沿半径为 R 的圆周运动，运动方程为

$$\theta = t^2 + 3$$

公式中的各个物量均采用国际单位，则 t 时刻质点的角加速度、法向加速度和切向加速度的大小分别为多少？

解： t 时刻质点的角速度和角加速度分别为

$$\omega = \frac{d\theta}{dt} = 2t \, , \quad \alpha = \frac{d\omega}{dt} = 2$$

法向加速度和切向加速度的大小分别为

$$a_n = R\omega^2 = 4Rt^2 \, ,$$

$$a_\tau = R\alpha = 2R$$

例题 4   某质点沿半径为 R 的圆周运动。质点所经过的弧长与时间的关系为

$$S = at^2 + bt$$

其中，a、b 是大于零的常量。求在什么时刻质点的切向加速度和法向加速度大小相等？

解： 质点的速率为

$$v = \frac{ds}{dt} = 2at + b$$

切向加速度和法向加速度分别为

$$a_\tau = \frac{dv}{dt} = 2a$$

$$a_n = \frac{v^2}{R} = \frac{(2at + b)^2}{R}$$

根据题意有

$$\frac{(2at + b)^2}{R} = 2a$$

由此可解得切向加速度和法向加速度大小相等的时刻为

$$t = \frac{\sqrt{2aR} - b}{2a}$$

例题 5 有一质点沿 x 轴做直线运动，其加速度为 $a = 2t$ 。已知质点开始运动时位于 $x_0 = 8\text{m}$ 处，这时的速度为 $v_0 = 0$ 。试求质点的位置和时间的关系式。

解： 根据加速度的定义 $a = \dfrac{\mathrm{d}v}{\mathrm{d}t}$ ，有

$$\frac{\mathrm{d}v}{\mathrm{d}t} = 2t$$

将上式分离变量，并且两边同时积分有

$$\int_0^v \mathrm{d}v = \int_0^t 2t\,\mathrm{d}t$$

积分得

$$v = t^2$$

再根据速度的定义 $v = \dfrac{\mathrm{d}x}{\mathrm{d}t}$ ，有

$$\mathrm{d}x = t^2\mathrm{d}t$$

对上式做定积分有

$$\int_8^x \mathrm{d}x = \int_0^t t^2\,\mathrm{d}t$$

可解得质点的位置和时间的关系式：

$$x = 8 + \frac{1}{3}t^3 \ (m)$$

三、练习题

（一）选择题

1．一运动质点在某瞬时位于位失 $\bar{r} = (x, y)$ 的端点处，其速度大小为（　　）。

    A. $\dfrac{\mathrm{d}r}{\mathrm{d}t}$ B. $\dfrac{\mathrm{d}\bar{r}}{\mathrm{d}t}$ C. $\dfrac{\mathrm{d}|\bar{r}|}{\mathrm{d}t}$ D. $\sqrt{\left(\dfrac{\mathrm{d}x}{\mathrm{d}t}\right)^2 + \left(\dfrac{\mathrm{d}y}{\mathrm{d}t}\right)^2}$

2．下列说法正确的是（　　）。

    A. 加速度恒定不变时，物体运动方向也不变

    B. 平均速率等于平均速度的大小

    C. 不管加速度如何，平均速率表达式总可以写成 $\bar{v} = (v_1 + v_2)/2$

    D. 运动物体速率不变时，速度可以变化

3．某质点的运动方程为 $x = 3t - 5t^2 + 6$ （SI），则该质点做（　　）。

    A. 匀加速直线运动，加速度沿 X 轴正方向

    B. 匀加速直线运动，加速度沿 X 轴负方向

    C. 变加速直线运动，加速度沿 X 轴正方向

    D. 变加速直线运动，加速度沿 X 轴负方向

4．一小球沿斜面向上运动，其运动方程为 $S = 5 + 4t - t^2$ （SI），则小球运动到最高点的时刻是（　　）。

    A. $t = 2\text{s}$ B. $t = 4\text{s}$ C. $t = 5\text{s}$ D. $t = 8\text{s}$

5．一个质点在做匀速圆周运动时（　　）。

    A．切向加速度改变，法向加速度也改变

    B．切向加速度不变，法向加速度改变

    C．切向加速度不变，法向加速度也不变

    D．切向加速度改变，法向加速度不变

6．某物体的运动规律为 $\dfrac{\mathrm{d}v}{\mathrm{d}t}=-kv^2t$，式中的 k 为大于零的常数，当 $t=0$ 时，初速度为 v_0，则速度 v 与时间 t 的函数关系是（　　）。

    A．$v=\dfrac{1}{2}kt^2+v_0$ B．$v=-\dfrac{1}{2}kt^2+v_0$

    C．$\dfrac{1}{v}=\dfrac{kt^2}{2}+\dfrac{1}{v_0}$ D．$\dfrac{1}{v}=-\dfrac{kt^2}{2}+\dfrac{1}{v_0}$

7．质点沿半径为 R 的圆周做匀速率运动，每 t 秒转一圈。在 $2t$ 时间间隔中，其平均速度大小与平均速率大小分别为（　　）。

    A．$\dfrac{2\pi R}{t}$，$\dfrac{2\pi R}{t}$ B．0，$\dfrac{2\pi R}{t}$

    C．0，0 D．$\dfrac{2\pi R}{t}$，0

8．以下四种运动形式中，$\bar{a}$ 保持不变的运动是（　　）。

    A．单摆的运动   B．匀速率圆周运动

    C．行星的椭圆轨道运动   D．抛体运动

9．一质点在平面上运动，已知质点位置矢量的表示式为 $\vec{r}=at^2\vec{i}+bt^2\vec{j}$（其中 a，b 为常量），则该质点做（　　）。

    A．匀速直线运动   B．变速直线运动

    C．抛物线运动   D．一般曲线运动

10．质点做曲线运动，$\vec{r}$ 表示位置矢量，s 表示路程，a_τ 表示切向加速度，下列表达式中（　　）。

    （1）$\dfrac{\mathrm{d}v}{\mathrm{d}t}=a$ （2）$\dfrac{\mathrm{d}r}{\mathrm{d}t}=v$ （3）$\dfrac{\mathrm{d}s}{\mathrm{d}t}=v$ （4）$\left|\dfrac{\mathrm{d}\vec{v}}{\mathrm{d}t}\right|=a_\tau$

    A．只有（1），（4）是对的   B．只有（2），（4）是对的

    C．只有（2）是对的   D．只有（3）是对的

11．一质点在平面上做一般曲线运动，其瞬时速度为 $\vec{v}$，瞬时速率为 v，某一段时间内的平均速度为 $\bar{\vec{v}}$，平均速率为 $\bar{v}$，它们之间的关系必定有（　　）。

    A．$|\vec{v}|=v$，$|\bar{\vec{v}}|=\bar{v}$ B．$|\vec{v}|\neq v$，$|\bar{\vec{v}}|=\bar{v}$

    C．$|\vec{v}|\neq v$，$|\bar{\vec{v}}|\neq\bar{v}$ D．$|\vec{v}|=v$，$|\bar{\vec{v}}|\neq\bar{v}$

（二）填空题

1．一质点沿 X 方向运动，其加速度随时间变化的关系为 $a=3+2t$（SI），如果初始时质点的速度 v_0 为 $5\mathrm{m\cdot s^{-1}}$，则当 t 为 $3\mathrm{s}$ 时，质点的速度 $v=$ _____。

2．一质点的运动方程为 $x=6t-t^2$（SI），则在 t 由 0 到 4s 的时间间隔内，质点的位移大小为_____；在 t 由 0 到 4s 的时间间隔内质点走过的路程为_____。

3．在表达式 $\bar{v}=\lim\limits_{\Delta x\to 0}\dfrac{\Delta\bar{r}}{\Delta t}$ 中，位置矢量是_____；位移矢量是_____。

4．距河岸（河岸看成直线）500m 处有一艘静止的船，船上的探照灯以速度为 $n=1\,\text{rev/min}$ 转动，当探照灯的光束与岸边成 60°角时，光束沿岸边移动的速度 $v=$_____。

5．一质点做直线运动，其 $v-t$ 曲线如图 1-1 所示，则 BC 和 CD 段时间内的加速度分别为 $a_{BC}=$_____，$a_{CD}=$_____。

6．如图 1-2 所示，灯距地面高度为 h_1，一个人身高为 h_2，在灯下以速率 v 沿水平直线行走，则他的头顶在地面上的影子 M 点沿着地面移动的速度大小为 $v_M=$_____。

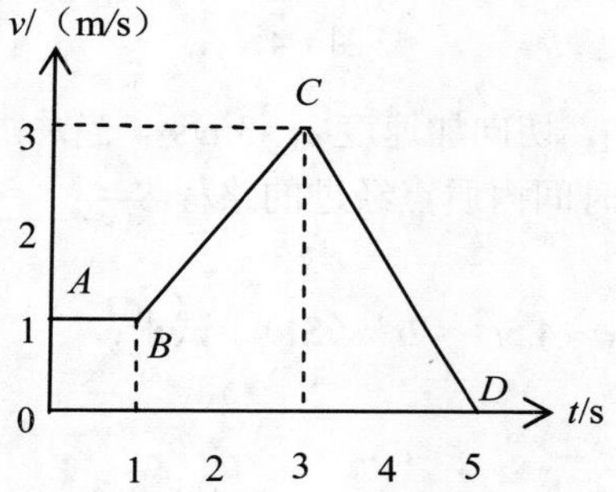

图 1-1 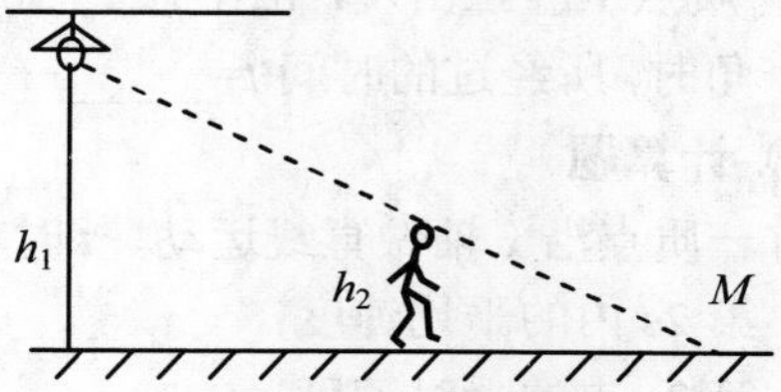　　　　　　　　图 1-2

7．一质点沿 x 轴做直线运动，它的运动方程为 $x=3+5t+6t^2-t^3$（SI）
则（1）质点在 $t=0$ 时刻的速度 $v_0=$_____；
（2）加速度为零时，该质点的速度 $v=$_____。

8．物体在某瞬时，以初速度 $\overline{v_0}$ 从某点开始运动，在 Δt 时间内，经长度为 S 的曲线路径后，又回到出发点，此时速度为 $-\overline{v_0}$，则在这段时间：
（1）物体的平均速率是_____；
（2）物体的平均加速度是_____。

9．质点沿半径为 R 的圆周运动，运动方程为 $\theta=3+2t^2$（SI），则 t 时刻质点的法向加速度大小为 $a_n=$_____，角加速度 $\beta=$_____。

10．半径为 $r=1.5\text{m}$ 的飞轮，初角速度 $\omega_0=10\,\text{rad/s}$，角加速度 $\beta=-5\,\text{rad/s}^2$，则在 $t=$_____时角位移为零，而此时边缘上点的线速度 $v=$_____。

11．一质点沿半径为 R 的圆周运动，在 $t=0$ 时经过 P 点，此后它的速率 v 按 $v=A+Bt$（A，B 为正的已知常量）变化。则质点沿圆周运动一周再经过 P 点的切向加速度 $a_\tau=$_____，法向加速度 $a_n=$_____。

12．以初速率 v_0、抛射角 θ_0 抛出一物体，则其抛物线轨道最高点处的曲率半径为_____。

13．如图 1-3 所示，利用皮带传动，用电动机拖动一个真空泵。电动机上装一半径为 0.1m 的轮子，真空泵上装一半径为 0.29m 的轮子，如果电动机的转速为 $1450\,\text{rev/min}$，则真空泵上的轮子的边缘上一点的线速度为_____；真空泵的转速为_____。

14．一质点做直线运动，其坐标 x 与时间 t 的函数曲线如图 1-4 所示。则该质点在第_____s 瞬时速度为零；在第_____s 到第_____s 间速度与加速度同方向。

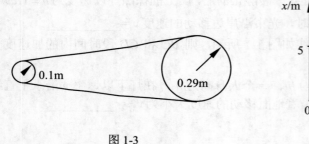

图 1-3

图 1-4

15．一质点从静止出发，沿半径 $R=3$m 的圆周运动。切向加速度 $a_\tau=3$m/s²，当总加速度与半径成45°角时，所经过的时间 $t=$_____，在上述时间内质点经过的路程 $S=$_____。

（三）计算题

1．有一质点沿 x 轴做直线运动，t 时刻的坐标为 $x = 4.5t^2 - 2t^3$（SI）。试求：

（1）第 2s 内的平均速度；

（2）第 2s 末的瞬时速度；

（3）第 2s 内的路程。

2．质点沿 X 轴运动，其加速度为 $a = 4t$（SI），已知 $t=0$ 时，质点位于 $x_0=10$m 处，初速度 $V_0 = 0$。试求其位置和时间的关系式。

3．已知一质点在 x、y 平面内，以原点 O 为圆心做匀速圆周运动，且当 $t = 0$ 时，$y = 0$，$x = r$，角速度如图 1-5 所示。

（1）试用半径 r、角速度 ω 和单位矢量 $\vec{i}$、$\vec{j}$ 表示 t 时刻的位置矢量。

（2）由结果（1）导出速度与加速度的矢量表达式。

（3）试证加速度指向圆心。

4．一质点沿 x 轴运动，其加速度 a 与位置坐标 x 的关系为 $a = 2 + 6x^2$（SI）。如果质点在原点处的速度为零，试求其在任意位置处的速度。

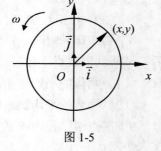

图 1-5

5．已知一质点沿着半径为 R 的圆做圆周运动，质点所经过的弧长与时间的关系为 $S = bt + \dfrac{1}{2}ct^2$。其中 b、c 是大于零的常量，求从 $t=0$ 时开始到切向加速度和法向加速度相等时所经历的时间。

6．如图 1-6 所示，质点 P 在水平面内沿一半径为 $R = 2$m 的圆轨道转动，转动的角速度 ω 与时间 t 的函数关系为 $\omega = kt^2$（k 为常量），已知 $t=2$s 时，质点 P 的速度大小为 32m/s，试求 $t=1$s 时，质点 P 的速度与加速度的大小。

7．质点 M 在水平面内运动轨迹如图 1-7 所示。OA 段为直线，AB、BC 段分别为不同半径的两个 1/4 圆周。$t=0$ 时，M 在 O 点，已知运动方程为 $S=30t+5t^2$（SI），求 $t=2$ 时刻，质点 M 的切向加速度和法向加速度。

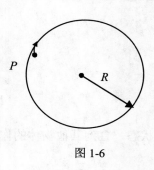

图 1-6

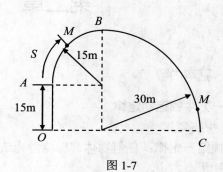

图 1-7

第二章　质点动力学

一、基本内容

（一）牛顿运动定律

1. 牛顿定律

牛顿第一定律：任何物体都保持静止或匀速直线运动状态，直到其他物体的作用迫使它改变这种状态为止。

惯性：任何物体都具有保持静止或匀速直线运动状态的性质。

力：一个物体对另一个物体的作用称为力。

力是改变物体运动状态的原因。

牛顿第二定律：物体受到外力作用时，物体所获得的加速度的大小与合外力成正比，与物体的质量成反比，加速度的方向与外力的方向相同。即：

$$\vec{F} = m\vec{a}$$

质点运动微分方程为

$$\vec{F} = m\frac{\mathrm{d}^2\vec{r}}{\mathrm{d}t^2}$$

质点运动微分方程在平面直角坐标系中的分量形式为

$$F_x = m\frac{\mathrm{d}^2x}{\mathrm{d}t^2}, \quad F_y = m\frac{\mathrm{d}^2y}{\mathrm{d}t^2}$$

质点运动微分方程在自然坐标系中的分量形式为

$$F_n = m\frac{v^2}{r}, \quad F_t = m\frac{\mathrm{d}v}{\mathrm{d}t}$$

牛顿第三定律：两个物体之间的作用力 $\vec{F}$ 和反作用力 $\vec{F}'$ 大小相等，方向相反，作用在同一条直线上。即：

$$\vec{F} = -\vec{F}'$$

2. 惯性参考系

惯性参考系（简称"惯性系"）：牛顿定律适用的参考系。

非惯性参考系（简称"非惯性系"）：牛顿定律不适用的参考系。

已知相对参考系存在某种运动，如果这种运动是匀速直线运动，该参考系就是惯性系；如果是变速运动，该参考系就是非惯性系。

3. 常见的几种力

万有引力：由于物体的质量而存在的相互吸引力。

万有引力定律：两个质点之间的万有引力的方向沿着两个质点的连线方向，引力的大小与两个质点的质量 m_1，m_2 的乘积成正比，与它们之间距离 r 的平方成反比。即

$$F = G_0 \frac{m_1 m_2}{r^2}$$

万有引力常量： $G_0 = 6.67 \times 10^{-11} \text{N} \cdot \text{m}^2 / \text{kg}^2$

弹性力： 相互接触的两个物体发生弹性形变时，企图使物体恢复原状的力。

摩擦力： 当接触并相互挤压的物体存在相对滑动或有相对滑动趋势时，在接触面上产生的阻碍它们相对滑动的力。

静摩擦力： 物体有滑动趋势但并未滑动时产生的摩擦力。

静摩擦力 $\overrightarrow{F_{f0}}$ 与使物体产生滑动趋势的外力 $\overrightarrow{F}$ 之间的关系为

$$\overrightarrow{F_{f0}} = -\overrightarrow{F}$$

最大静摩擦力为

$$F_{\max} = \mu_0 F_N$$

式中：μ_0 为静摩擦系数，它与接触面的材料性质、粗糙程度等因素有关。

滑动摩擦力：物体在滑动过程中受到的摩擦力。表达式为

$$F_f = \mu F_N$$

式中：μ 为滑动摩擦系数。

4. 力学单位制和量纲

基本量： 几个被选出的物理量。

基本单位： 基本量的单位。

导出量： 由基本量利用定义和定理导出的物理量。

导出单位： 导出量的单位。

在 SI 单位制中，力学的基本量是长度 L、质量 M 和时间 T，基本单位分别是米（m）、千克（kg）和秒（s）。

量纲： 表示一个物理量是由哪些基本量导出的以及如何导出的式子。在力学中，用 L、M 和 T 分别表示长度、质量和时间这三个基本量的量纲，导出量 A 的量纲（用 dimA 表示）与基本量的量纲之间的关系为

$$\dim A = L^p M^q T^r$$

式中：p，q 和 r 称为量纲系数

（二）动量和角动量

1. 质点的动量、冲量和动量定理

动量： 质点的质量 m 和它的速度 $\vec{v}$ 的乘积。即：

$$\vec{p} = m\vec{v}$$

动量的方向与质点的速度方向相同。

牛顿第二定律的普通形式： 质点受到的合外力等于质点的动量对时间的变化率。即：

$$\overrightarrow{F} = \frac{\mathrm{d}\vec{p}}{\mathrm{d}t}$$

冲量： 作用在质点上的力在一段时间内的积累量。即：

$$\bar{I} = \int_{t_1}^{t_2} \vec{F} \mathrm{d}t$$

质点动量定理：质点在某段时间内所受合外力的冲量等于质点在同样时间内的动量增量。即：

$$\bar{I} = \int_{t_1}^{t_2} \vec{F} \mathrm{d}t = \overline{p_2} - \overline{p_1}$$

质点动量定理在平面直角坐标系下的分量式为

$$I_x = \int_{t_1}^{t_2} F_x \mathrm{d}t = mv_{2x} - mv_{1x}$$

$$I_y = \int_{t_1}^{t_2} F_y \mathrm{d}t = mv_{2y} - mv_{1y}$$

平均冲力于冲量的关系为

$$\bar{I} = \bar{F}(t_2 - t_1) = \bar{F}\Delta t$$

冲量的方向与质点动量增加的方向一致，也与平均冲力的方向一致，用平均冲力表达的动量定理为

$$\bar{I} = \bar{F}\Delta t = \overline{p_2} - \overline{p_1}$$

用平均冲力表达的动量定理的平面直角坐标系分量式为

$$\overline{F_x}\Delta t = mv_{2x} - mv_{1x}$$

$$\overline{F_y}\Delta t = mv_{2y} - mv_{1y}$$

2. 质点系的动量定理和动量守恒定律

质点系动量定理：质点系所受的合外力的冲量等于该系统的动量增量。即：

$$\bar{I} = \int_{t_1}^{t_2} \vec{F} \mathrm{d}t = \overline{p} - \overline{p_0}$$

式中：$\vec{F} = \sum_{i=1}^{n} \overline{F_i}$ 为质点系受到的合外力，$\overline{p} = \sum_{i=1}^{n} m_i \overline{v_i}$ 和 $\overline{p_0} = \sum_{i=1}^{n} m_i \overline{v_{i0}}$ 分别为质点系末态和初态的动量。

注意：只有外力才对整个系统的动量变化有贡献，内力不能改变系统的动量。质点系动量原理在平面直角坐标系下的分量式为

$$I_x = \int_{t_1}^{t_2} F_x \mathrm{d}t = p_x - p_{x0}$$

$$I_y = \int_{t_1}^{t_2} F_y \mathrm{d}t = p_y - p_{y0}$$

动量守恒恒定律：如果质点系在运动过程所受的合外力 $\sum_{i=1}^{n} \overline{F_i} = 0$，则质点系的总动量保持不变。即：

$$\overline{p} = \overline{p_0}$$

动量守恒定律在平面直角坐标系下的分量式为

如果 $F_x = \sum_{i=1}^{n} F_{ix} = 0$，则 $p_x = p_{x0}$

如果 $F_y = \sum_{i=1}^{n} F_{iy} = 0$ ，则 $p_y = p_{y0}$

即使整个质点系所受的合外力不为零，但如果合外力在某一方向的分量等于零，系统的总动量在该方向的分量也可以保持不变。

当外力远小于内力时，可以认为系统的动量守恒。动量定理、动量守恒定律只在惯性参考系中成立。

3. 质点的角动量和角动量守恒定律

角动量（或动量矩）：动量为 $\vec{p} = m\vec{v}$ 的质点相对于某定点的位矢为 $\vec{r}$ ，则该质点相对于这个定点的角动量为

$$\vec{L} = \vec{r} \times \vec{p} = \vec{r} \times m\vec{v}$$

角动量方向为 $\vec{r} \times \vec{p}$ 的方向，其大小为

$$L = pr\sin\theta = mvr\sin\theta = mvd$$

式中：θ 为 $\vec{r}$ 与 $\vec{p}$ 之间的夹角，$d = r\sin\theta$ 。

力矩：作用于质点 A 上的力为 F ，质点相对于某定点的位矢为 $\vec{r}$ ，则力 F 对相对于这个定点的力矩为

$$\vec{M} = \vec{r} \times \vec{F}$$

角动量方向为 $\vec{r} \times \vec{F}$ 的方向，其大小为

$$M = Fr\sin\theta = Fd$$

式中：θ 为 $\vec{r}$ 与 $\vec{F}$ 之间的夹角，$d = r\sin\theta$ 。

质点的角动量定理：

质点角动量定理的微分形式为

$$\vec{M} = \frac{d\vec{L}}{dt}$$

即作用于质点的合力对某定点的力矩等于质点对该定点的角动量随时间的变化率。

质点角动量定理的积分形式为

$$\int_{t_1}^{t_2} \vec{M} dt = \vec{L_2} - \vec{L_1}$$

式中：$\int_{t_1}^{t_2} \vec{M} dt$ 为质点在 $\Delta t = t_2 - t_1$ 时间内受到的冲量矩，即质点所受的冲量矩等于质点角动量的增量。

质点角动量守恒定律：如果合力对某定点的力矩为零，则质点对该点的角动量保持不变。

（三）功、动能和动能定理

功是描述力在空间积累效应的物理量。

1. **恒力做功**

质点在恒力作用下做曲线运动时，恒力所做的功等于恒力 $\vec{F}$ 与运动过程中的位移 $\Delta\vec{r}$ 的数量积。即：

$$W = \vec{F} \cdot \Delta\vec{r} = F|\Delta\vec{r}|\cos\theta$$

式中：θ 为力 $\vec{F}$ 与位移 $\Delta\vec{r}$ 之间的夹角。

2．变力做功

变力 $\vec{F}$ 对质点所做的元功为

$$\mathrm{d}W = \vec{F} \cdot \mathrm{d}\vec{r} = F\cos\theta \mathrm{d}s$$

质点在变力 $\vec{F}$ 的作用下沿曲线运动过程中所做的功为

$$W = \int_{a(\bar{L})}^{b} \vec{F} \cdot \mathrm{d}\vec{r} = \int_{a(\bar{L})}^{b} F\cos\theta \mathrm{d}s$$

上式在一维、二维直坐标系下的表达式分别为

$$W = \int_{a(\bar{L})}^{x_b} F \cdot \mathrm{d}x$$

$$W = \int_{x_a}^{y_b} F_x \cdot \mathrm{d}x + \int_{y_a}^{y_b} F_y \cdot \mathrm{d}y$$

3．合力做功

合力对质点所做的功等于各个分力所做功的代数和。即：

$$W = W_1 + W_2 + \cdots + W_n$$

功率：物体在单位时间内所做的功。即：

$$P = \frac{\mathrm{d}W}{\mathrm{d}t} = F \cdot \vec{v} = Fv\cos\theta$$

功率是描述物体做功快慢程度的物理量。

4．动能和动能定理

能量是描述物体做功的能力或做功本领的物理量。

动能：物体由于运动所具有的能量。

质点的动能

$$E_k = \frac{1}{2}mv^2$$

质点的动能定理：合外力对质点所做的功等于质点动能的增量。即：

$$W = \frac{1}{2}mv_2^2 - \frac{1}{2}mv_1^2$$

质点系的动能定理：外力对质点系所做的功与内力对质点系所做的功的和等于质点系的动能增量。即

$$W_{\text{外}} + W_{\text{内}} = E_k - E_{k0}$$

注意：①动能是状态量，即是由运动状态决定的函数，而功与质点动能的变化过程有关，是过程量；②动能定理仅适用于惯性参考系。

（四）保守力、势能

保守力 $\vec{F}_c$：做功仅与质点的始末位置有关，而与质点经历的路径无关的力；或质点沿任意闭合路径运动一周时，对它做的功为零的力。

典型的保守力有重力、弹性力、万有引力、静电力等。

非保守力：对质点所做的功既与质点的始末位置有关，也与质点经历的路径有关的力，或质点沿任意闭合路径运动一周时，对它做的功不等于零的力。

典型的非保守力有摩擦力、汽车的牵引力等。

势能 E_p：由质点位置所确定的能量。

保守力所做的功等于相应势能增量的负值，即：

$$W_{AB} = E_{PA} - E_{PB} = -(E_{PB} - E_{PA})$$

零势能参考点 E_{PB_0}：为了确定质点在某一位置的势能值而选定的势能零点。

势能的定义式为

$$E_{PA} = W_{AB_0} = \int_A^{B_0} \vec{F}_c \cdot d\vec{r}$$

即质点在某一位置的势能等于质点从这个位置沿任意路径移至零势能参考点时保守力所做的功。

注意：①势能增量 ΔE_p 具有绝对意义，但势能 E_p 只具有相对意义；②势能属于相互作用的物体系统。

几种典型势能：

（1）重力势能　$E_p = mgy$

（2）弹性势能　$E_p = \dfrac{1}{2} kx^2$

（3）万有引力势能　$E_p = -G_0 \dfrac{Mm}{r}$

（五）功能原理、机械能守恒定律

机械能：动能与势能之和。

功能原理：外力和非保守内力对质点系所做的功之和等于质点系的机械能增量。即：

$$W_{\text{外}} + W_{\text{非保内}} = E - E_0$$

机械能守恒定律：当质点系统内只有保守内力（$W_{\text{外}} = 0$、$W_{\text{非保守}} = 0$）做功时，系统的总机械能保持不变。即：

$$E_k + E_p = \text{恒量}$$

$W_{\text{外}} = 0$ 表明系统与外界没有能量交操；$W_{\text{非保守}} = 0$ 表明系统内部不发生机械能与其他形式的能的转换。

能量守恒定律：与自然界无任何联系的系统（称为"孤立系统"），内部各种形式的能量是可以相互转换的，在转换过程中一种形式的能量减少多少，其他形式的能量就增加多少，而能量的总和保持不变。

碰撞：两个或两个以上物体发生相互作用的力很大，作用时间又很短的作用过程。

设两个物体的质量分别为 m_1 和 m_2，它们碰撞前的速度分别 $\vec{v}_{10}$ 和 $\vec{v}_{20}$，碰撞后的速度分别为 $\vec{v}_1$ 和 $\vec{v}_2$，它们遵守的动量守恒方程为

$$m_1 \vec{v}_1 + m_2 \vec{v}_2 = m_1 \vec{v}_{10} + m_2 \vec{v}_{20}$$

完全弹性碰撞：没有机械能损失的碰撞过程。

这种碰撞中系统的机械能守恒。即：

$$\frac{1}{2} m_1 v_1^2 + \frac{1}{2} m_2 v_2^2 = \frac{1}{2} m_1 v_{10}^2 + \frac{1}{2} m_2 v_{20}^2$$

（1）完全非弹性碰撞。

完全非弹性碰撞：机械能损失最多的碰撞过程。

这种情况下的动量守恒方程为

$$m_1 v_{10} + m_2 v_{20} = (m_1 + m_2) v$$

这种碰撞中的机械能损失为

$$|\Delta E| = \left(\frac{1}{2} m_1 v_{10}^2 + \frac{1}{2} m_2 v_{20}^2\right) - \frac{1}{2}(m_1 + m_2)v^2 = \frac{m_1 m_2 (v_{10} - v_{20})^2}{2(m_1 + m_2)}$$

（2）非弹性碰撞、恢复系数。

非弹性碰撞：有机械能损失的碰撞过程。

恢复系数 e：恢复系数等于碰撞后两物体的分离速度与碰撞前两物体的接近速度之比。即：

$$e = \frac{v_2 - v_1}{v_{10} - v_{20}}$$

恢复系数是一个只与碰撞物体材料有关的物理量。

对完全非弹性碰撞，$e = 0$，对完全弹性碰撞，$e = 1$。一般情况下恢复系数通过实验方法测定。

二、例题分析

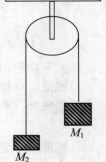

例题 1　如图 2-1 所示，一条轻绳跨过一个质量可以忽略的定滑轮，绳的两端各系一个物体，它们的质量分别为 M_1 和 M_2，已知 $M_1 > M_2$，并且滑轮以及轴上的摩擦均忽略不计，此时重物的加速度的大小为 a，现在将物体 M_1 卸掉，而用一个竖直向下的恒力 $F = M_1 g$ 直接作用于绳端，这时质量为 M_2 的物体的加速度与原来相比有什么变化？

图 2-1

解：在物体 M_1 卸掉以前，M_1 和 M_2 两重物作为一个整体运动的加速度设为 a_1，对 M_2 而言，有

$$F_{T_1} - M_2 g = M_2 a_1$$

其中，F_{T_1} 是这时绳中的张力。

对 M_1 应用牛顿第二定律，有

$$F_{T_1} = M_1 g - M_1 a_1 < M_1 g$$

在将物体 M_1 卸掉，而用一个竖直向下的恒力 $F = M_1 g$ 直接作用于绳端时，M_2 的加速度为 a_2，对 M_2 应用牛顿第二定律，有

$$F_{T_2} - M_2 g = M_2 a_2$$

其中，F_{T_2} 是这时绳中的张力。

依题意有

$$F_{T_2} = F = M_1 g > F_{T_1}$$

将 $F_{T_1} - M_2 g = M_2 a_1$ 和 $F_{T_2} - M_2 g = M_2 a_2$ 两式比较，由于 $F_{T_2} > F_{T_1}$，因此 $a_2 > a_1$，即质量为 M_2 的物体的加速度与原来相比变大了。

例题 2 质量为 M 的物体在空中从静止开始下落，它除了受到重力作用外，还受到一个与速度平方成正比的阻力作用，已知比例系数为 k （ k 为大于零的常数）。该物体下落的最大速度（收尾速度）是多少？

解： 依题意，物体在空中从静止开始下落的过程中所满足的牛顿第二定律为

$$Mg - kv^2 = Ma$$

式中：a 为物体下落的加速度。由上式可以看出，随着物体下落速度的增大，加速度逐渐减小，当 $a = 0$ 时，有

$$Mg - kv^2 = 0$$

解之得

$$v = \sqrt{\frac{Mg}{k}}$$

这是物体下落速度的最大值。此后物体将以这个速度匀速下降，即它就是物体下落的收尾速度。

例题 3 如图 2-2 所示，圆锥摆的摆球质量为 m，其速率为 v，圆周半径为 R，当摆球在轨道上运动半周时，摆球所受重力、合力以及摆绳的拉力的冲量大小分别为多少？

解： 摆球在轨道上运动半周时所用的时间为

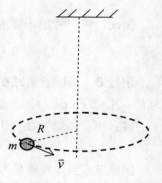

图 2-2

$$t = \frac{\pi R}{v}$$

由于摆球在做圆周运动的过程中，重力的方向不变，因此摆球所受重力的冲量大小为

$$I_G = mgt = \frac{\pi mgR}{v}$$

根据动量定理，摆球在轨道上运动半周时，合力的冲量大小等于摆球动量的增量，即：

$$I_F = |\Delta\vec{p}| = 2mv$$

设摆绳拉力的冲量为 $\vec{I}_T$，由于 $\vec{I}_F = \vec{I}_G + \vec{I}_T$，依题意得冲量合成示意图如图 2-3 所示，由示意图的几何关系得摆绳拉力的冲量大小为

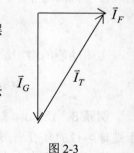

$$I_T = \sqrt{I_G^2 + I_F^2} = m\sqrt{\left(\frac{\pi gR}{v}\right)^2 + 4v^2}$$

图 2-3

例题 4 两个质量分别 3.0g 和 6.0g 的小球在光滑的水平面上运动。已知它们的速度分别为 $\vec{v}_1 = 0.5\vec{i}$ m/s 和 $\vec{v}_2 = (0.6\vec{i} + 0.9\vec{j})$m/s，这两个小球碰撞以后合为一体，则它们碰撞后的速度为多少？与 x 轴正方向的夹角等于多少？

解： 依题意，根据动量守恒定律，有

$$m_1\vec{v}_1 + m_2\vec{v}_2 = (m_1 + m_2)\vec{v}$$

由此得它们碰撞后的速度为

$$\vec{v} = \frac{m_1}{m_1 + m_2}\vec{v}_1 + \frac{m_1}{m_1 + m_2}\vec{v}_2 = 0.57\vec{i} + 0.60\vec{j}\,（\text{m/s}）$$

$\vec{v}$ 与 x 轴正方向的夹角为

$$\varphi = \arctan\frac{0.60}{0.57} = 46.6°$$

例题 5　质量为 10g 的子弹以 500m/s 的速度沿图 2-4 所示的方向射入质量为 0.49kg 的静止摆球中，设摆线长度不能伸缩，则子弹射入摆球后与摆球一起开始运动的速率大小为多少？

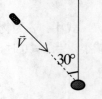

解：在子弹射入摆球的过程中角动量守恒。设子弹射入摆球后与摆球的共同速率为 V，则

$$mvl\sin 30° = (m + M)Vl$$

因此，可以算出子弹射入摆球后与摆球一起开始运动的速率大小为

图 2-4

$$V = \frac{m}{m + M}v\sin 30° = 5\,（\text{m/s}）$$

例题 6　某质点同时在几个力的作用下发生的位移为 $\Delta\vec{r} = 6\vec{i} + 5\vec{j} + 4\vec{k}\,（\text{m}）$，其中一个力为 $\vec{F} = 2\vec{i} - 7\vec{j} + 6\vec{k}\,（\text{N}）$，此力在该位移过程中所做的功等于多少？

解：由于该质点在恒力作用下发生位移，因此，这个力在该位移过程中所做的功为

$$W = \vec{F}\cdot\Delta\vec{r} = (2\vec{i} - 7\vec{j} + 6\vec{k})\cdot(6\vec{i} + 5\vec{j} + 4\vec{k}) = 1\,（\text{J}）$$

例题 7　当一艘质量为 m 的宇宙飞船关闭发动机返回地球时，可以认为该飞船只在地球的引力场中运动。已知地球质量为 M，万有引力恒量为 G，则当这艘飞船从中心 R_1 处下降到 R_2 处时，飞船动能增加了多少？

解：由于宇宙飞船只在地球的引力场中运动，而万有引力是保守力，因此宇宙飞船在运动过程中机械能守恒。即：

$$E_{k_1} - G\frac{mM}{R_1} = E_{k_2} - G\frac{mM}{R_2}$$

飞船动能的增加量为

$$\Delta E_k = E_{k_2} - E_{k_1} = G\frac{mM}{R_2} - G\frac{mM}{R_1} = GmM\left(\frac{1}{R_2} - \frac{1}{R_1}\right)$$

例题 8　已知地球的半径 R，质量为 M。一颗质量为 m 的人造地球卫星在地球表面上两倍于地球半径的高度沿圆形轨道运行。这颗卫星的动能和引力势能分别为多少？

解：依题意，由牛顿定律得

$$G_0\frac{mM}{(3R)^2} = m\frac{v^2}{3R}$$

因此，该卫星的动能为

$$E_k = \frac{1}{2}mv^2 = \frac{1}{2}G_0\frac{mM}{3R} = \frac{G_0 mM}{6R}$$

该卫星的势能为

$$E_p = -G_0\frac{mM}{3R} = -\frac{G_0 mM}{3R}$$

例题 9　质量为 1kg 的静止物体，从坐标原点出发在水平面内沿 x 轴正方向运动，它所受的合力方向与运动方向一致，合力的大小为 $F=2+3x^2$，式中的各个物理量均采用国际单位。在物体运动 4m 的过程中，该合力所做的功等于多少？在 $x=4$m 处，物体的速率等于多少？

解： 在物体运动 4m 的过程中，该合力所做的功为

$$W = \int_0^4 (2+3x^2)\mathrm{d}x = 72\,（\mathrm{J}）$$

由动能定理得

$$W = \frac{1}{2}mv^2$$

因此，物体在 $x=4$m 处的速率为

$$v = \sqrt{\frac{2W}{m}} = 12\,（\mathrm{m/s}）$$

例题 10　一个质点在两个恒力的共同作用下发生的位移为 $\Delta\vec{r} = 3\vec{i} + 8\vec{j}$（m）。已知在此过程中的动能增量为 24J，如果其中一个恒力为 $\vec{F}_1 = 12\vec{i} - 3\vec{j}$（N），则另一个恒力所做的功等于多少？

解： 已知恒力做的功为

$$W_1 = \vec{F}_1 \cdot \Delta\vec{r} = (12\vec{i}-3\vec{j})\cdot(3\vec{i}+8\vec{j}) = 12\,（\mathrm{J}）$$

由动能定理得

$$W_1 + W_2 = \Delta E_k$$

因此，另一个恒力做的功为

$$W_2 = \Delta E_k - W_1 = 12\,（\mathrm{J}）$$

例题 11　有一个质量为 4kg 的物体，在 0～10s 内受到如图 2-5 所示的变力 F 的左作用。物体由静止开始沿 x 轴正向运动，力的方向始终与 x 轴的正方向相同，则在 10s 内变力 F 所做的功为多少？

解： 由冲量的定义可知，在物体沿直线运动的情况下，F-t 曲线下所包围的面积等于物体受到的冲量，因此，

$$I = 5\times10 + \frac{1}{2}\times(10-5)\times20 = 100\,（\mathrm{N}\cdot\mathrm{s}）$$

依题意，由动量定理得

$$I = p - 0 = p$$

因此该物体在 10s 末的动量为

$$p = I = 100\,\mathrm{kg}\cdot\mathrm{m/s}$$

依题意，由动能定理得该变力在 10s 内所做的功为

$$W = \frac{p^2}{2m} - 0 = \frac{p^2}{2m} = 1250\,（\mathrm{J}）$$

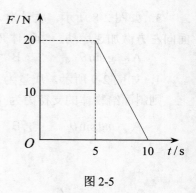

图 2-5

三、练习题

（一）选择题

1. 两物体 A 和 B，质量分别为 m_1 和 m_2，互相接触放在光滑水平面上如图 2-6 所示，对物体 A 施以水平推力 F，则物体 A 对物体 B 的作用力等于（   ）。

A. $\dfrac{m_1}{m_1+m_2}F$ B. F C. $\dfrac{m_2}{m_1+m_2}F$ D. $\dfrac{m_2}{m_1}F$

2. 如图 2-7 所示，滑轮、绳子质量忽略不计，忽略一切摩擦力，物体 A 的质量 m_A 大于物体 B 的质量 m_B。在 A、B 运动过程中弹簧秤的读数是（   ）。

A. $(m_A+m_B)g$ B. $(m_A-m_B)g$ C. $\dfrac{2m_Am_B}{m_A+m_B}g$ D. $\dfrac{4m_Am_B}{m_A+m_B}g$

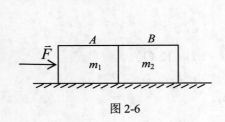

图 2-6

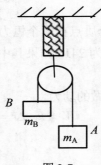

图 2-7

3. 如图 2-8 所示，质量为 m 的物体 A 用平行于斜面的细线连结置于光滑的斜面上，若斜面向左方做加速运动，当物体开始脱离斜面时，它的加速度的大小为（   ）。

A. $g\sin\theta$ B. $g\cos\theta$ C. $g\cot\theta$ D. $g\tan\theta$

4. 如图 2-9 所示，质量为 m 的物体用细绳水平拉住，静止在倾角为 θ 的固定的光滑斜面上，则斜面给物体的支持力为（   ）。

A. $mg\sin\theta$ B. $mg\cos\theta$ C. $\dfrac{mg}{\sin\theta}$ D. $\dfrac{mg}{\cos\theta}$

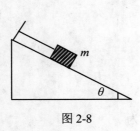

图 2-8

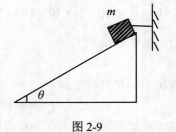

图 2-9

5. 质量分别为 m_1 和 m_2 的两滑块 A 和 B 通过一轻弹簧水平连结后置于水平桌面上，滑块与桌面间的摩擦系数均为 μ，系统在水平拉力 $\vec{F}$ 作用下匀速运动，如图 2-10 所示，如

突然撤消拉力，则刚撤消后瞬间，二者的加速度 a_1 和
a_2 分别为（　　）。

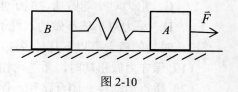

图 2-10

  A． $a_1 = 0, a_2 = 0$

  B． $a_1 > 0, a_2 < 0$

  C． $a_1 < 0, a_2 > 0$

  D． $a_1 < 0, a_2 = 0$

6．质量分别为 m_A 和 $m_B (m_A > m_B)$、速度分别为 $\vec{v_A}$ 和 $\vec{v_B}$ $(v_A > v_B)$ 的两质点 A 和 B，受到相同的冲量作用，则（　　）。

  A．A 的动量增量的绝对值比 B 的小 B．A 的动量增量的绝对值比 B 的大

  C．A、B 的动量增量相等   D．A、B 的速度增量相等

7．炮弹由于特殊原因在水平飞行过程中，突然炸裂成两块，其中一块自由下落，则另一块着地点（飞行过程中阻力不计）（　　）。

  A．比原来更远   B．比原来更近

  C．仍和原来一样远   D．条件不足，不能判定

8．A、B 两木块质量分别为 m_A 和 m_B，且 $m_B = 2m_A$，两者用一轻弹簧连接后静止于光滑水平桌面上，如图 2-11 所示，若用外力将两木块压近使弹簧被压缩，然后将外力撤去，则此后两木块运动动能之比 E_{kA} / E_{kB} 为（　　）。

  A．$\dfrac{1}{2}$

  B．2

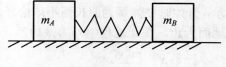

图 2-11

  C．$\sqrt{2}$

  D．$\sqrt{2}/2$

9．力 $\vec{F} = 12t\vec{i}$（SI）作用在质量 m=2kg 的物体上，使物体由原点从静止开始运动，则它在 3 秒末的动量应为（　　）。

  A．$-54\vec{i}$ kg·m/s   B．$54\vec{i}$ kg·m/s

  C．$-27\vec{i}$ kg·m/s   D．$27\vec{i}$ kg·m/s

10．有一人造地球卫星，绕地球做椭圆轨道运动，地球在椭圆的一个焦点上，则卫星的（　　）。

  A．动量不守恒，动能守恒   B．动量守恒，动能不守恒

  C．角动量守恒，动能不守恒   D．角动量不守恒，动能守恒

11．一质点受力 $\vec{F} = 3x^2\vec{i}$（SI）作用，沿 X 轴正方向运动。从 $x = 0$ 到 $x = 2\text{m}$ 的过程中，力 F 做功为（　　）。

  A．8J   B．12J

  C．16J   D．24J

12．如图 2-12 所示，圆锥摆的小球在水平面内做匀速率圆周运动，下列说法中正确的是（　　）。

  A．重力和绳子的张力对小球都不做功

  B．重力和绳子的张力对小球都做功

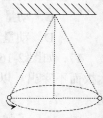

图 2-12

C．重力对小球做功，绳子张力对小球不做功

D．重力对小球不做功，绳子张力对小球做功

13．对功的概念有以下几种说法：

（1）保守力做正功时，系统内相应的势能增加

（2）质点运动经一闭合路径，保守力对质点做的功为零

（3）作用力和反作用力大小相等、方向相反，所以两者所做功的代数和必为零

在上述说法中：（   ）。

A．（1）、（2）是正确的   B．（2）、（3）是正确的

C．只有（2）是正确的   D．只有（3）是正确的

14．如图 2-13 所示，一物体挂在一弹簧下面，平衡位置在 O 点，现用手向下拉物体，第一次把物体由 O 点拉倒 M 点，第二次由 O 点拉倒 N 点，再由 N 点送回 M 点，则在这两个过程中（   ）。

A．弹性力做的功相等，重力做的功不相等

B．弹性力做的功相等，重力做的功也相等

C．弹性力做的功不相等，重力做的功相等

D．弹性力做的功不相等，重力做的功也不相等

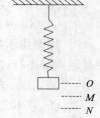

图 2-13

15．今有一倔强系数为 k 的轻弹簧，竖直放置，下端悬一质量为 m 的小球，如图 2-14 所示，开始时使弹簧为原长而小球恰好与地接触，今将弹簧上端缓慢地提起，直到小球刚能脱离地面为止，在此过程中外力做功为（   ）。

A．$\dfrac{m^2 g^2}{4k}$

B．$\dfrac{m^2 g^2}{3k}$

C．$\dfrac{m^2 g^2}{2k}$

D．$\dfrac{2m^2 g^2}{k}$

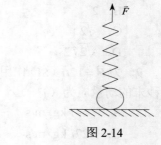

图 2-14

16．如图 2-15 所示，一个小球先后两次从 P 点由静止开始，分别沿着光滑的固定斜面 l_1、圆弧面 l_2 下滑，则小球滑到两面的底端 Q 时的（   ）。

A．动量相同，动能也相同

B．动量相同，动能不同

C．动量不同，动能也不同

D．动量不同，动能相同

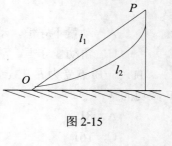

图 2-15

17．如图 2-16 所示，子弹射入放在水平光滑地面上静止的木板而不穿出。以地面为参照系，指出下列说法中正确的说法是（   ）。

A．子弹的动能转变为木块的动能

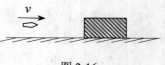

图 2-16

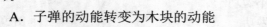

B．子弹－木块系统的机械能守恒

C．子弹动能的减少等于子弹克服木块阻力做的功

D．子弹克服木块阻力所做的功等于这一过程中产生的热

18．一质点在外力作用下运动时，下述说法正确的是（ ）。

A．质点的动量改变时，质点的动能一定改变

B．质点的动能不变时，质点的动量也一定不变

C．外力的冲量是零，外力的功一定为零

D．外力的功是零，外力的冲量一定为零

19．如图 2-17 所示，置于水平光滑桌面上质量分别为 m_1 和 m_2 的物体 A 和 B 之间夹有一轻弹簧。首先用双手挤压 A 和 B 使弹簧处于压缩状态，然后撤掉外力，则在 A 和 B 被弹开的过程中（ ）。

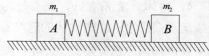

A．系统的动量守恒，机械能不守恒

B．系统的动量守恒，机械能守恒

C．系统的动量不守恒，机械能守恒

D．系统的动量与机械能不守恒

图 2-17

20．如图 2-18 所示，质量分别为 m_1 和 m_2 的物体 A 和 B，置于光滑桌面上，A 和 B 之间连有一轻弹簧，另有质量为 m_1 和 m_2 的物体 C 和 D 分别置于物体 A 与 B 上，且物体 A 和 C、B 和 D 之间的摩擦系数均不为零。首先用外力沿水平方向相向推压 A 和 B，使弹簧被压缩，然后撤掉外力，则在 A 和 B 弹开的过程中，对 A、B、C、D 弹簧组成的系统（ ）。

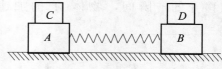

A．动量守恒，机械能守恒

B．动量不守恒，机械能守恒

C．动量不守恒，机械能不守恒

D．动量守恒，机械能不一定守恒

图 2-18

21．如图 2-19 所示，外力 $\vec{F}$ 通过不可伸长的绳子和一倔强系数 $k=200\text{N/m}$ 的轻弹簧缓慢地拉地面上的物体，物体的质量 $M=2\text{kg}$，忽略滑轮质量及摩擦。刚开始拉时弹簧为自然长度，则往下拉绳子，拉下 20cm 的过程中 $\vec{F}$ 所做的功为（重力加速度 g 取 10m/s^2）（ ）。

A．2J

B．1J

C．3J

D．4J

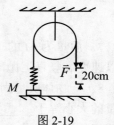

图 2-19

（二）填空题

1．如图 2-20 所示，在光滑水平桌面上，有两个物体 A 和 B 紧靠在一起。它们的质量分别为 $m_A=2\text{kg}$，$m_B=1\text{kg}$。今用一水平力 $F=3\text{N}$ 推物体 B，则 B 推 A 的力等于_____；如用同样大小的水平力从右边推 A，则 A 推 B 的力等于_____。

2．如图 2-21 所示，物体质量为 M，置于光滑水平地板上，今用一水平力 F 通过一质量为 m 的绳拉动物体前进，则物体的加速度 $a=$_____；绳作用于物体上的力的大小

$T = $ ＿＿＿＿＿＿。

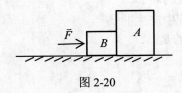

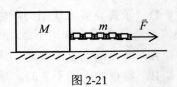

图 2-20 　　　　　　　　　　　　　　　　图 2-21

3．设作用在质量为 1kg 的物体上的力 $F = 6t + 3$（SI），如果物体在这个力的作用下，由静止开始沿直线运动，在 0 到 2.0s 的时间间隔内，这个力作用在物体上的冲量大小 $I = $ ＿＿＿＿＿＿。

4．物体质量 $M=2$kg，在合外力 $\vec{F} = (3 + 2t)\vec{i}$（SI）的作用下，从静止出发沿水平轴 X 做直线运动，则当 $t=1$s 时物体的速度 $\overline{v_1} = $ ＿＿＿＿＿＿。假设作用在一质量为 10kg 的物体上的力，在 4 秒内均匀地从零增加到 50N，使物体沿力的方向由静止开始做直线运动．则物体最后的速率 $v=$＿＿＿＿＿＿。

5．质量为 1kg 的物体，它与水平桌面间的摩擦系数 $\mu=0.2$，现对物体施以 $F=10t$（SI）的力，（t 表示时刻），力的方向保持一定，如图 2-22 所示。如 $t=0$ 时物体静止，则 $t=3$s 时它的速度大小 $v=$＿＿＿＿＿＿。

6．质量相等的两物体 A 和 B，分别固定在弹簧的两端，竖直放在光滑水平面 C 上，如图 2-23 所示，弹簧的质量与物体 A、B 的质量相比，可以忽略不计，若把支持面 C 迅速移走，则在移开的一瞬间，物体 A 的加速度大小 $a_A = $ ＿＿＿＿＿＿；物体 B 的加速度大小 $a_B = $ ＿＿＿＿＿＿。

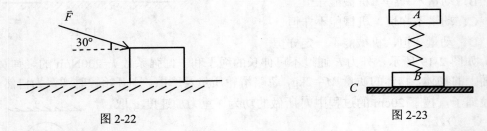

图 2-22 　　　　　　　　　　　　　　　　图 2-23

7．质量为 M 的车以速度 v_0 沿光滑水平面直线前进。车上的人将一质量为 m 的物体相对车以速度 u 竖直上抛，则此时车的速度 $v=$＿＿＿＿＿＿。

8．一物体质量为 10kg，受到方向不变的力 $F = 30+40t$（SI）作用，在开始的 2s 内，此力冲量的大小等于＿＿＿＿＿＿；若物体的初速度为 10m/s，方向与 $\vec{F}$ 的方向相同，则在 2s 末物体速度的大小等于＿＿＿＿＿＿。

9．质量为 m 的小球自高为 y_0 处沿水平方向以速度 v_0 抛出，与地面碰撞后跳起的最大高度为 $0.5y_0$，水平速度为 $0.5v_0$，则碰撞过程中：

（1）地面对小球的垂直冲量的大小为＿＿＿＿＿＿；

（2）地面对小球的水平冲量的大小为＿＿＿＿＿＿。

10. 一个质量为 m 的质点，仅受到力 $\vec{F} = \dfrac{k}{r^3}\vec{r}$ 的作用。式中：k 为常数，$\vec{r}$ 为从某一定点到质点的矢径。该质点在 $r = r_0$ 处被释放，由静止开始运动，则当它到达无穷远时的速率为_____。

11. 已知地球质量为 M，半径为 R。一质量为 m 的火箭从地面上升到距地面高度为 $2R$ 处。在此过程中，地球引力对火箭做的功为_____。

12. 今有倔强系数为 k 的弹簧，一端固定在墙壁上，另一端连一质量为 m 的物体，如图 2-24 所示（弹簧长度为原长）。物体与桌面间的摩擦系数为 μ。若在不变的外力 $\vec{F}$ 作用下物体由静止自图示位置向右移动，则物体到达最远位置时系统的弹性势能 $E =$ _____。

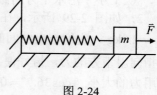

图 2-24

13. 某质点在力 $\vec{F} = (4 + 5x)\vec{i}$（SI）的作用下沿 x 轴做直线运动，在从 $x = 0$ 移动到 $x = 10\text{m}$ 的过程中，力 $\vec{F}$ 所做功为_____。

14. 已知地球质量为 M，半径为 R。现有一质量为 m 的物体，在离地面高度为 $2R$ 处，以地球和物体为系统，若取地面为势能零点，则系统的引力势能为_____；若取无穷远处为势能零点，则系统的引力势能为_____（G 为万有引力常数）。

15. 如图 2-25 示，一弹簧原长 $l_0 = 0.1\text{m}$，倔强系数 $k = 50\text{N/m}$，其一端固定在半径为 $R = 0.1\text{m}$ 的半圆环的端点 A，另一端与一套在半圆环上的小环相连。在小环由半圆环中点 B 移到另一端 C 的过程中，弹簧的拉力对小环所做的功为_____J。

16. 如图 2-26 示，一圆锥摆，质量为 m 的小球在水平面内以一角速度 ω 匀速转动，在小球转动一周的过程中：

（1）小球动量增量的大小等于_____。

（2）小球所受重力的冲量大小等于_____。

（3）小球所受绳子拉力的冲量大小等于_____。

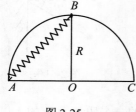

图 2-25

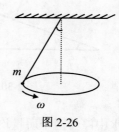

图 2-26

17. 质量 $m = 1\text{kg}$ 的物体，在坐标原点处从静止出发沿 x 轴运动，其所受合力方向与运动方向相同，合力大小为 $F = 3 + 2x$（SI），则物体在开始运动的 3m 内，合力所做功 $W =$ _____；且 $x = 3m$ 时，其速率 $v =$ _____。

18. 有一质量 $m = 5\text{kg}$ 的物体，在 0 到 10s 内，受到如图 2-27 所示的变力 F 的作用，由静止开始沿 x 轴正向运动，而力的方向始终为 x 轴的正方向，则 10s 内变力 F

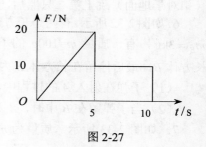

图 2-27

所做的功为_____。

（三）计算题

1．如图 2-28 所示，质量为 m 的摆球 A 悬挂在车架上，求在下述各种情况下，摆线与竖直方向的夹角和线中的张力 T：

（1）小车沿水平方向做匀速运动；

（2）小车沿水平方向做加速度为 a 的运动。

2．如图 2-29 所示，在水平桌面上有两个物体 A 和 B，它们的质量分别为 $m_1 = 1.0\text{kg}$，$m_2 = 2.0\text{kg}$，它们与桌面间的滑动摩擦系数 $\mu = 0.5$，现在 A 上施加一个与水平成 $\theta = 36.7°$ 角的指向斜下方的力，恰好使 A 和 B 做匀速直线运动，求所施力的大小和物体 A 与 B 间的相互作用力的大小（$\cos 36.7° = 0.8$）。

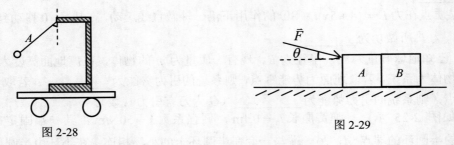

图 2-28　　　　　　　　　　　　　　图 2-29

3．如图 2-30 所示，质量为 $m = 2\text{kg}$ 的物体 A 放在坡角 $\theta = 30°$ 的斜面上，斜面与物体 A 之间的摩擦系数 $\mu = 0.2$。今以水平力 $F=19.6\text{N}$ 的力作用在 A 上，求物体 A 的加速度的大小。

4．如图 2-31 所示，质量为 m，速率为 v 的小球，以入射角 θ 斜向与墙壁相碰，又以原速率沿反射角 θ 方向从墙壁弹回。设碰撞时间为 Δt，求墙壁受到的平均冲力。

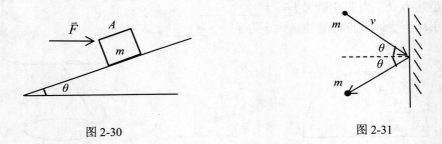

图 2-30　　　　　　　　　　　　　　图 2-31

5．静水中停着两个质量均为 M 的小船，当第一只船中的一个质量为 m 的人以水平速度 $\vec{v}$（相对于地面）跳上第二只船后，两只船运动的速度各多大？（忽略水对船的阻力）

6．如图 2-32 所示，有两个长方形的物体 A 和 B 紧靠放在光滑的水平桌面上，已知 $m_A = 2\text{kg}$，$m_B = 3\text{kg}$，有一质量 $m=100\text{g}$ 的子弹以速率 $v_0 = 800\text{m/s}$ 水平射入长方体 A，经 0.01s，又射入长方体 B，最后停留在长方体 B 内未射出。设子弹射入 A 时所受的摩擦力为 $3 \times 10^3\text{N}$，求：

（1）子弹在射入 A 的过程中，B 受到 A 的作用力的大小。

（2）当子弹留在 B 中时，A 和 B 的速度大小。

7．如图 2-33 所示，质量为 m_2 的物体与轻弹簧相连，弹簧另一端用一质量可忽略的支架支起，静止在光滑桌面上，弹簧倔强系数为 k，今有一质量为 m_1，速度为 $\bar{v}_0$ 的物体向弹簧运动并与弹簧正碰。求弹簧被压缩的最大距离。

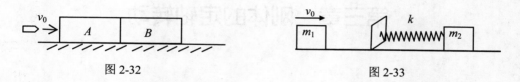

图 2-32　　　　　　　　　　　图 2-33

8．质量为 $m = 2\text{kg}$ 的质点在力 $\vec{F} = 12t\vec{i}$（SI）的作用下，从静止出发沿 x 轴正向做直线运动，求前三秒内该力该做的功。

9．有一人从 10m 深的井中提水。起始时桶中装有 10kg 的水，桶的质量为 1kg，由于水桶漏水，每升高 1m 要漏去 0.2kg 的水。求水桶匀速地从井中提到井口的过程中人所做的功。

10．如图 2-34 所示，质量为 0.1kg 的木块，在一个水平面上和一个倔强系数 k 为 20N/m 轻弹簧碰撞，木块将弹簧由原长压缩了 0.4m。假设木块与水平面间的滑动摩擦系数 μ_k 为 0.25，问在将要发生碰撞时木块的速率 v 为多少？

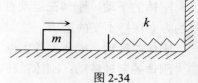

图 2-34

11．一个力 F 作用在质量为 1.0kg 的质点上，使之沿 x 轴运动，已知在此力作用下质点的运动方程为 $x = 3t - 4t^2 + t^3$（SI）。在 0 到 4s 的时间间隔内，

（1）力 F 的冲量大小 I 为多少？

（2）力 F 对质点所做的功 W 为多少？

12．一光滑半球面固定于水平面上，今使一小物块从球面顶点几乎无初速度地下滑，如图 2-35 所示，求物块脱离球面处的半径与竖直方向的夹角 θ。

13．一质量为 m 的子弹，水平射入悬挂着的静止砂袋中，如图 2-36 所示，砂袋质量为 M，摆长为 l。为使砂袋能在竖直平面内完成整个圆周运动，子弹至少应以多大的速度射入？

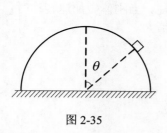

图 2-35

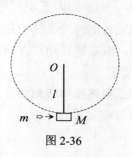

图 2-36

第三章　刚体的定轴转动

一、基本内容

（一）刚体的定轴转动

刚体： 在外力作用下形状和大小不发生变化的物体，或在外力作用下任意两点之间的距离保持不变的物体。

刚体也是一种理想化的物理模型。

刚体的平动： 刚体在运动过程中，其中所有质点的运动轨迹都相同，或者任意两质点连线的方向保持不变的运动。

刚体的转动： 刚体上各质点都绕同一直线（称为"转轴"）做圆周运动。

刚体的定轴转动： 刚体在转动过程中，转轴相对于选定的参考系始终静止。

转动平面和转心： 在任取一点 P，过刚体上任一点所作的垂直于固定轴的平面称为转动平面。转动平面与固定轴的交点称为转心。

质点做圆周运动的运动学知识也是刚体的定轴转动的运动学知识。

（二）刚体定轴转动的转动定律

1. 刚体定轴转动的力矩

对刚体做定轴转动真正有贡献的力是在转轴平面内、垂直于矢径 $\vec{r}$ 的分力。

在转轴平面内的力 $\vec{F}$ 使刚体做定轴转动的力矩大小为

$$M = rF_\perp = rF\sin\varphi = Fd$$

式中：$d = r\sin\varphi$ 为力 $\vec{F}$ 对转轴的力臂大小。

刚体做定轴转动时受到的力矩 $\vec{M}$ 的方向沿着转轴。当刚体做加速转动时，其方向与角速度的方向相同；做减速转动，方向与角速度的方向相反。

2. 转动惯量

转动惯量是描述刚体转动惯性大小的量度。

转动惯量的定义式为

$$J = \sum_i \Delta m_i r_i^2$$

对于离散的质点系统可以直接利用上式求转动惯量。如果刚体的质量是连续分布的，则转动惯量

$$J = \int_\Omega r^2 \mathrm{d}m$$

式中：Ω 泛指刚体质量分布的区域。

转动惯量的单位为 $\mathrm{kg \cdot m^2}$。

决定刚体转动惯量的因素：①刚体的质量；②刚体的质量分布；③转轴位置。

3．刚体定轴转动的转动定律

刚体定轴转动的转动定律：刚体的角加速度与它所受的合外力矩成正比，与刚体的转动惯量成反比。即：

$$M = J\alpha$$

该定律只适用于惯性参考系。

（三）刚体定轴转动的动能定理

刚体定轴转动的动能

$$E_k = \frac{1}{2}J\omega^2$$

刚体做定轴转动时，力矩对刚体所做的功

$$W = \int_{\omega_1}^{\omega_2} J\omega \, \mathrm{d}\omega$$

如果力矩 M 为恒量，则

$$W = M\Delta\theta$$

刚体做定轴转动的动能定理：合外力矩对定轴转动的刚体所做的功等于刚体转动动能的增量。即：

$$W = \int_{\omega_1}^{\omega_2} J\omega \, \mathrm{d}\omega = \frac{1}{2}J\omega_2^2 - \frac{1}{2}J\omega_1^2$$

（四）刚体定轴转动的角动量定理和角动量守恒定律

刚体绕定轴转动的角动量为

$$L = J\omega$$

刚体定轴转动的转动定律的另外一种表达方式为

$$M = \frac{\mathrm{d}L}{\mathrm{d}t}$$

刚体定轴转动的角动量定理：作用在刚体上的冲量矩（$\int_{t_1}^{t_2} M\mathrm{d}t$）等于刚体角动量的增量。即：

$$\int_{t_1}^{t_2} M\mathrm{d}t = L_2 - L_1 = J\omega_2 - J\omega_1$$

刚体绕定轴转动的角动量守恒定律：如果做定轴转动的刚体所受的合外力为零，则刚体对定轴的角动量保持不变。即：

$$L = J\omega = 恒量$$

二、例题分析

例题 1　如图 3-1 所示，用电动机拖动真空泵时采用皮带转动。电动机上装一个半径 $r_1 = 0.1\mathrm{m}$ 的轮子，真空泵上装一个半径 $r_2 = 0.3\mathrm{m}$ 的轮子，如果电动机的转速为 1500r/min，则真空泵上的轮子边缘上一点的线速度等于多少？真空泵的转速是多少？

解：真空泵上的轮子边缘上一点的线速度等于电动机上的轮子边缘上一点的线速度，因此，真空泵上的轮子边缘上一点的线速度为

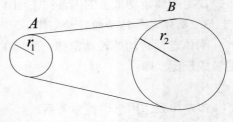

$$v_1 = v_2 = r_1\omega_1 = 2\pi n_1 r_1 = 15.7 \ (\text{m/s})$$

由 $v_1 = v_2$ 得

$$2\pi n_1 r_1 = 2\pi n_2 r_2$$

因此，真空泵的转速

$$n_2 = \frac{r_1}{r_2}n_1 = 500 \ (\text{r/min})$$

图 3-1

例题 2   绕定轴转动的飞轮均匀地减速，$t = 0$ 时的角速度为 $\omega_0 = 5\text{rad/s}$，$t = 10\text{s}$ 时的角速度为 $\omega = 0.5\omega_0$，则飞轮的角加速度 α 为多少？$t = 0$ 到 $t = 50\text{s}$ 的时间内飞轮所转过的角度 θ 为多少？

解：依题意，飞轮的角加速度

$$\alpha = \frac{\omega_t - \omega_0}{\Delta t} = \frac{0.5\omega_0 - \omega_0}{\Delta t} = \frac{-0.5\omega_0}{\Delta t} = -0.25 \ (\text{rad/s}^2)$$

设飞轮停止转动的时间为 T，由式 $\omega_t = \omega_0 + \alpha t$ 得

$$T = -\frac{\omega_0}{\alpha} = 20 \ (\text{s})$$

因此，当 $t = 50\text{s}$ 时飞轮已经停止转动了。由式 $\omega_t^2 = \omega_0^2 + 2\alpha\theta$ 得 $t = 0$ 到 $t = 50\text{s}$ 的时间内飞轮所转过的角度

$$\theta = -\frac{\omega_0^2}{2\alpha} = 50 \ (\text{rad})$$

例题 3   半径为 0.3m 的飞轮从静止开始以 0.5rad/s 的均匀角加速度转动，则飞轮边缘上一点在飞轮转过 300° 时的切向加速度 α_τ 为多少？法向加速度 α_n 为多少？

解：飞轮边缘上一点的切向加速度为

$$\alpha_\tau = r\alpha = 0.15 \ (\text{m/s}^2)$$

飞轮边缘上一点在飞轮转过 300° 时的法向加速度

$$\alpha_n = \omega^2 r = 2\alpha\theta r = 0.52 \ (\text{m/s}^2)$$

例题 4   如图 3-2 所示，A、B 是两个相同的绕着轻绳的定滑轮。A 滑轮上挂一个质量为 m 的物体，B 滑轮受拉力 F，并且 $F = mg$。在不考虑滑轮轴的摩擦的情况下，两个定滑轮的角加速度哪一个大一些？

解：设使定滑轮转动的绳拉力为 F_T，滑轮半径为 R，由转动定律得

$$F_T = J\alpha$$

对于滑轮 A，对物体 m 应用牛顿定律，有

$$mg - F_{T_1} = ma$$

由此解得

$$F_{T_1} = mg - ma$$

对于滑轮 B

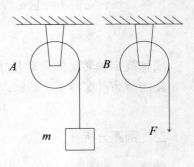

图 3-2

$$F_{T_2} = mg > F_{T_1}$$

因此，B 定滑轮的角加速度比 A 定滑轮的角加速度大。

例题 5　一个以角速度 8.0rad/s 做匀速定轴转动的刚体，对转轴的转动惯量为 J。当对该刚体加一个恒定的制动力矩 0.4N·m 时，经过 4.0s 停止了转动。该刚体的转动惯量等于多少？

解：依题意，由公式 $\omega_t = \omega_0 + \alpha t$ 得该刚体的角加速度

$$\alpha = \frac{\omega_t + \omega_0}{\Delta t} = -\frac{\omega_0}{\Delta t}$$

由转动定律 $M = J\alpha$ 得该刚体的转动惯量

$$J = \frac{M}{\alpha} = -\frac{M \Delta t}{\omega_0} = 0.2 \ (\text{kg} \cdot \text{m}^2)$$

例题 6　一个半径为 R、质量为 m 的匀质圆盘 A 以角速度 ω 绕过圆盘中心且垂直于盘面的固定轴做匀速转动。另一个质量也为 m 的物体 B 从距地面 h 的高度处做自由落体运动，如果物体 B 落到地面时的动能恰好等于圆盘 A 的动能，则 h 应该等于多少？

解：本题的匀质圆盘 A 的转动动能为

$$E_{k_1} = \frac{1}{2} J \omega^2 = \frac{1}{2} \left(\frac{1}{2} m R^2 \right) \omega^2 = \frac{1}{4} m R^2 \omega^2$$

根据机械能守恒定律，物体 B 从地面高度 h 处自由落体落到地面时的动能为

$$E_{k_2} = mgh$$

由题意知 $E_{k_1} = E_{k_2}$，即：

$$\frac{1}{4} m R^2 \omega^2 = mgh$$

由此解得

$$h = \frac{R^2 \omega^2}{4g}$$

例题 7　如图 3-3 所示，一个圆盘正绕过盘心且垂直于盘面的水平光滑固定轴 C 转动，有两颗质量相同、速度大小相同、飞行方向相反并在一条直线上的子弹射入圆盘并且留在盘内，在子弹射入圆盘后的瞬间，圆盘的角速度 ω 会发生变化吗？如果发生变化，会发生怎样的变化？

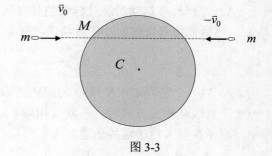

图 3-3

解：在子弹射入圆盘的过程中，系统对固定轴 C 的角动量守恒，因此

$$J\omega_0 + mv_0 d - mv_0 d = (J + J')\omega$$

式中：J 为圆盘对固定轴的转动惯量；J' 为两颗留在盘内的子弹对固定轴 C 的转动惯量；ω_0 为圆盘的初角速度；d 为从 C 到 $\bar{v}_0$ 的垂直距离；ω 为系统的末角速度。由上式解得

$$\omega = \frac{J}{J + J'} \omega_0$$

可见，圆盘的角速度发生了变化，由于 $J + J' > J$，因此 ω 变小了。

例题 8　一个半径为 R 的圆盘正在绕过盘心且垂直于盘面的光滑固定轴转动且沿逆时针方向转动，圆盘对该转轴的转动惯量为 J，这时有一只质量为 m 的甲壳虫在圆盘边缘上沿顺时

针方向爬行。已知圆盘相对于地面的角速度为 ω_0，甲壳虫相对于地面的速率为 v。如果甲壳虫爬行，则圆盘的角速度变为多少？

解：圆盘、甲壳虫系统对盘心的角动量守恒，因此

$$J\omega_0 - mvR = (J + mR^2)\omega$$

解之得圆盘的角速度变为

$$\omega = \frac{J\omega_0 - mvR}{J + mR^2}$$

三、练习题

（一）选择题

1．光滑的水平桌面上有长为 $2l$、质量为 m 的匀质细杆，可绕过其中点且垂直于桌面的竖直轴自由转动，转动惯量为 $ml^2/3$，起初杆静止，有一质量为 m 的小球沿桌面正对着杆的一端，在垂直于杆长的方向，以速率 v 运动，如图 3-4 所示。当小球与杆端发生碰撞后，就与杆粘在一起随杆转动。则这一系统碰撞后的转动角速度是（　　）。

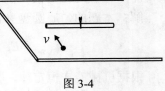

图 3-4

A．$\dfrac{lv}{12}$　　　　　B．$\dfrac{2v}{3l}$

C．$\dfrac{3v}{4l}$　　　　　D．$\dfrac{3v}{l}$

2．一个半径为 R 的水平圆盘以角速度 ω 做匀速转动。一质量为 m 的人要从圆盘边缘走到盘中心处，圆盘对他所做的功为（　　）。

A．$mR^2\omega^2$　　　　B．$-mR^2\omega^2$　　　　C．$\dfrac{1}{2}mR^2\omega^2$　　　　D．$-\dfrac{1}{2}mR^2\omega^2$

3．花样滑冰运动员绕过自身的竖直轴转动，开始时两臂伸开，转动惯量为 J_0，角速度为 ω_0。然后他将双臂收回，使转动惯量减少为 $J_0/2$。这时她转动的角速度变为（　　）。

A．$\dfrac{1}{2}\omega_0$　　　　B．$\dfrac{1}{\sqrt{2}}\omega_0$　　　　C．$2\omega_0$　　　　D．$\sqrt{2}\omega_0$

4．对一个绕固定水平轴 O 匀速转动的转盘，沿如图 3-5 所示的同一水平直线从相反方向射入两质量相同、速率相等的子弹，并留在盘中，则子弹射入后转盘的角速度（　　）。

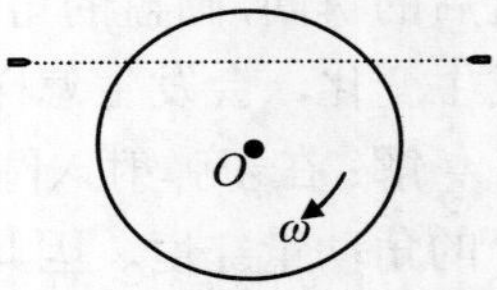

A．增大　　　　　B．减小

C．不变　　　　　D．无法确定

图 3-5

5．如图 3-6 所示，A、B 为两个相同的绕着轻绳的定滑轮。A 滑轮挂一质量为 M 的物体，B 滑轮受拉力 F，而且 $F = Mg$，设 A、B 两滑轮的角加速度分别为 β_A 和 β_B，不计滑轮轴的摩擦，则有（　　）。

A．$\beta_A = \beta_B$

B．$\beta_A > \beta_B$

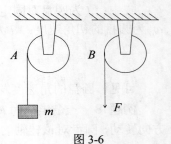

图 3-6

  C. $\beta_A < \beta_B$

  D. 开始时 $\beta_A = \beta_B$，以后 $\beta_A < \beta_B$

 6. 关于刚体对轴的转动惯量，下列说法正确的是（　　）。

  A. 只取决于刚体的质量，与质量的空间分布和轴的位置无关

  B. 取决于刚体的质量和质量的空间分布，与轴的位置无关

  C. 取决于刚体的质量、质量的空间分布和轴的位置

  D. 只取决于转轴的位置，与刚体的质量和质量的空间分布无关

 7. 几个力同时作用在一个具有固定转轴的刚体上，如果这几个力的矢量和为零，则此刚体（　　）。

  A. 必然不会转动   B. 转速必然不变

  C. 转速必然改变   D. 转速可能不变，也可能改变

 8. 一圆盘绕过盘心且与盘面垂直的轴 O 以角速度 ω 按图 3-7 所示方向移动，若如图 3-7 所示的情况那样，将两个大小相等、方向相反但不在同一条直线的力 F 沿盘面同时作用到圆盘上，则圆盘的角速度 ω（　　）。

  A. 必然增大   B. 必然减小

  C. 不会改变   D. 不能确定如何变化

 9. 如图 3-8 所示，一水平刚性轻杆，质量不计，杆长 $l = 20\text{cm}$，其上穿有两个小球。初始时，两个小球相对杆中心 O 对称放置，与 O 的距离 $d = 5\text{cm}$，二者之间用细线拉紧。现在让细杆绕通过中心 O 的竖直固定轴做匀角速的转动，转速为 ω_0，再烧断细线让两球向杆的两端滑动，不考虑转轴和空气的摩擦，当两球都滑至杆端时，杆的角速度为（　　）。

  A. ω_o B. $2\omega_o$ C. $\omega_o/2$ D. $\omega_o/4$

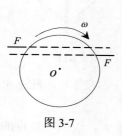

图 3-7

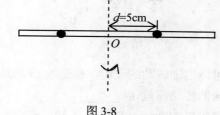

图 3-8

 10. 如图 3-9 所示，一匀质细杆可绕通过上端与杆垂直的水平光滑固定轴 O 旋转，初始状态为静止悬挂。现有一个小球自左方水平打击细杆。设小球与细杆之间为非弹性碰撞，则在碰撞过程中对细杆与小球这一系统（　　）。

  A. 只能机械能守恒

  B. 只有动量守恒

  C. 只有对转轴 O 的角动量守恒

  D. 机械能、动量和角动量均守恒

 11. 刚体的转动惯量只决定于（　　）。

  A. 刚体的质量

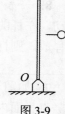

图 3-9

B．刚体质量的空间分布

C．刚体质量对给定转轴的分布

D．转轴的位置

（二）填空题

1．一杆长 $l = 50\text{cm}$，可绕上端的光滑固定轴 O 在竖直平面内转动，相对于 O 轴的转动惯量 $J = 5\text{kg}\cdot\text{m}^2$。原来杆静止并自然下垂。若在杆的下端水平射入质量 $m = 0.01\text{kg}$、速率 $v = 400\text{m/s}$ 的子弹，子弹陷入杆内。此时杆的角速度 $\omega =$ _____。

2．有一半径为 R 的匀质圆形水平转台，可绕通过盘心 O 且垂直于盘面的竖直固定轴 OO' 转动，转动惯量为 J，台上有一个人，质量为 m。当他站在离轴 r 处（$r < R$），转台和人一起以 ω_1 的角速度转动。若转轴处摩擦可以忽略，当人走到转台边缘时，转台和人一起转动的角速度 $\omega_2 =$ _____。

3．长为 l、质量为 M 的杆如图 3-10 所示悬挂。O 为水平光滑转轴，平衡时杆铅直下垂，一子弹质量为 m，以水平速度 v_0 在轴下方 $2l/3$ 处射入杆中，则在此过程中，_____系统对转轴 O 的_____守恒。子弹射入杆中后，杆将以初角速度 $\omega_0 =$ _____ 绕 O 轴转动（已知杆绕一端 O 轴的转动惯量 $J = Ml^2/2$）。

4．如图 3-11 所示，钢球 A 和 B 质量相等，正被绳牵着以 4rad/s 的角速度绕竖直轴转动，二球与轴的距离都为 15cm，现在把轴环 C 下移，使得两球离轴的距离缩减 5cm。则此时钢球的角速度 $\omega =$ _____。

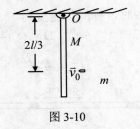

图 3-10

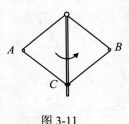

图 3-11

5．一可绕定轴转动的飞轮，在 20N·m 的总力矩作用下，在 10s 内转速由零均匀地增加到 8rad/s，飞轮的转动惯量 $J =$ _____。

6．一飞轮以 600r/min 的转速旋转，转动惯量为 2.5kg·m^2，现加一恒定的制动力矩使飞轮在 1s 内停止转动，则该恒定制动力矩的大小 $M =$ _____。

7．可绕水平轴转动的飞轮，直径为 1.0m，一条绳子绕在飞轮的外周边缘上。在绳的一端加一不变拉力，如果从静止开始在 4s 内绳被展开 10m，则飞轮的角速度为 _____。

8．一长为 l，质量可以忽略的直杆，可绕通过其一端的水平光滑轴的竖直平面内做定轴转动，在杆的另一端固定着一质量为 m 的小球，如图 3-12 所示。现将杆由水平位置无初转速地释放。则杆刚被释放时的角加速度 $\beta_0 =$ _____，杆与水平方向夹角为 60°时的角加速度 $\beta =$ _____。

9．如图 3-13 所示，一长为 L 的轻质细杆，两端分别固定质量为 m 和 $2m$ 的小球，此系统在竖直平面内可绕过中点 O 且与杆垂直的水平光滑固定轴（O 轴）转动。开始时杆与水平成

60°角，处于静止状态。无初转速地释放以后，杆球这一刚体系统绕 O 轴转动。系统绕 O 轴的转动惯量 $J=$_____；释放后，当杆转到水平位置时，刚体受到的合外力矩 $M=$_____，角加速度 $\beta=$_____。

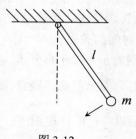

图 3-12

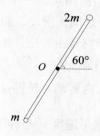

图 3-13

10. 可绕水平轴转动的飞轮，直径为 1.0m，一条绳子绕在飞轮的外周围边缘上。如果从静止开始做匀角加速度运动且在 4s 内绳被展开 10m，则飞轮的角加速度为_____。

11. 如图 3-14 所示，P、Q、R 和 S 是附于刚性轻质细杆上的质量分别为 4m、3m、2m 和 1m 的四个质点，$PQ=QR=RS=l$，则系统对 OO' 轴的转动惯量为_____。

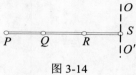

图 3-14

12. 质量为 m、长为 l 的棒，可绕通过棒中心且与其垂直的竖直光滑固定轴 O 在水平面内自由转动（转动惯量 $J=ml^2/12$）。开始时棒静止，现有一子弹，质量也是 m，以速度 $\overrightarrow{v_0}$ 垂直射入棒端并镶嵌在其中，则子弹和棒碰后的角速度 $\omega=$_____。

13. 地球的自转角速度可以认为是恒定的。地球对于自转轴的转动惯量 $J=9.8\times10^{37}\text{kg}\cdot\text{m}^2$。地球对自转轴的角动量 $L=$_____。

（三）计算题

1. 一长为 1m 的均匀直棒可绕其一端与棒垂直的水平光滑固定转轴转动。抬起另一端使棒向上与水平面成 60°，然后无初转速地将棒释放。已知棒对轴的转动惯量为 $ml^2/3$，其中 m 和 l 分别为棒的质量和长度。求：

（1）放手时棒的角加速度；

（2）棒转到水平位置时的角加速度。

2. 如图 3-15 所示，半径为 $r_1=0.3\text{m}$ 的 A 轮通过皮带被半径为 $r_2=0.75\text{m}$ 的 B 轮带动，B 轮以匀角加速度 $\pi\text{rad}/\text{s}^2$ 由静止启动，轮与皮带间无滑动发生，试求 A 轮达到转速 3000 r/min 所需要的时间。

3. 一质量 $m=6.00\text{kg}$、长 $l=1.00\text{m}$ 的匀质棒，放在水平桌面上，可绕通过其中心的竖直固定轴转动，对轴的转动惯量 $J=ml^2/12$。$t=0$ 时棒的角速度 $\omega_o=10\text{rad}/\text{s}$。由于受到恒定的阻力矩的作用，$t=20\text{s}$ 时，棒停止运动。求：

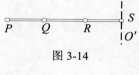

图 3-15

（1）棒的角加速度的大小；

（2）棒所受阻力矩的大小；

（3）从 $t=0$ 到 $t=10s$ 时间内棒转过的角度。

4．如图 3-16 所示，一个质量为 m 的物体与绕在定滑轮上的绳子相连，绳子质量可以忽略，它与定滑轮之间无滑动。假设定滑轮质量为 M、半径为 R，其转动惯量为 $MR^2/2$，滑轮轴光滑，试求该物体由静止开始下落的过程中，下落速度与时间的关系。

5．如图 3-17 所示，长为 l 的轻杆，两端各固定质量分别为 m 和 $2m$ 的小球，杆可绕水平光滑轴在竖直面内转动，转轴 o 距两端分别为 $\frac{1}{3}l$ 和 $\frac{2}{3}l$。今有一原来静止在竖直位置，质量为 m 的小球，以水平速度 v_0 与杆下端小球 m 做对心碰撞，碰后以 $\frac{1}{2}v_0$ 的速度返回，试求碰撞后轻杆所获得的角速度。

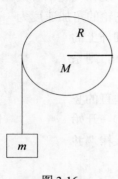

图 3-16

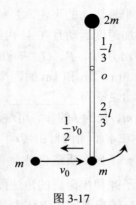

图 3-17

第四章 机械振动

一、基本内容

（一）简谐振动

1. 简谐振动的描述

简谐振动：物体在运动过程中，离开平衡位置的位移（或者角位移）按余弦函数（或者正弦函数）规律随时间变化。

简谐振动的动力学特征为

$$F = -kx$$

简谐振动的运动学特征为

$$a = -\omega^2 x$$

式中：$\omega = \sqrt{\dfrac{k}{m}}$ 。

简谐振动方程为

$$x = A\cos(\omega t + \varphi)$$

简谐振动的速度为

$$v = -\omega A\sin(\omega t + \varphi)$$

简谐振动的加速度为

$$a = -\omega^2 A\cos(\omega t + \varphi)$$

2. 简谐运动的特征量

振幅 A：谐振子离开平衡位置的最大位移的绝对值。

周期 T：谐振子做一次完全振动所需要的时间。

频率 υ：谐振子在单位时间内做完全振动的次数。

角频率（或者圆频率）ω：谐振子在 2πs 内做完全振动的次数。

周期 T、频率 υ、角频率 ω 之间的关系为

$$\omega = 2\pi\upsilon = \frac{2\pi}{T}$$

弹簧振子的固有角频率 ω、固有频率 υ、固有周期 T 分别为

$$\omega = \sqrt{\frac{k}{m}}, \quad \upsilon = \frac{1}{2\pi}\sqrt{\frac{k}{m}}, \quad T = 2\pi\sqrt{\frac{m}{k}}$$

周期、频率、角频率是描述谐振子振动快慢程度的物理量。

3. 简谐运动的旋转矢量描述法

旋转矢量：从坐标原点出发，以谐振动振幅 A 为长度、以角频率 ω 为角速度沿逆时针方向做匀速圆周运动的矢量，如图 4-1 所示。

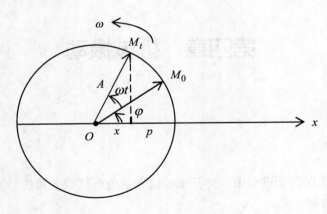

图 4-1

（二）简谐振动的能量

简谐振动的动能和势能分别为

$$E_k = \frac{1}{2} m\omega^2 A^2 \sin^2(\omega t + \varphi) = \frac{1}{2} kA^2 \sin^2(\omega t + \varphi)$$

$$E_p = \frac{1}{2} kA^2 \cos^2(\omega t + \varphi)$$

动能和势能之和为机械能 E，其值

$$E = E_k + E_p = \frac{1}{2} kA^2$$

由此可知，简谐振动的动能和势能都随时间做周期性变化，动能和势能可以相互转换，整个系统的机械能守恒。

（三）简谐振动的合成

1. 两个同方向、同频率简谐振动的合成

设某质点同时参与的两个同方向、同频率简谐振动的振动方程分别为

$$x_1 = A_1 \cos(\omega t + \varphi_1)$$

$$x_2 = A_2 \cos(\omega t + \varphi_2)$$

则合振动仍然是简谐振动，其振动方程为

$$x = A \cos(\omega t + \varphi)$$

其中，合振动的振幅 A 和初相 φ 分别为

$$A = \sqrt{A_1^2 + A_2^2 + 2 A_1 A_2 \cos(\varphi_2 - \varphi_1)}$$

$$\varphi = \arctan \frac{A_1 \sin \varphi_1 + A_2 \sin \varphi_2}{A_1 \cos \varphi_1 + A_2 \cos \varphi_2}$$

2. 两个相互垂直、同频率简谐振动的合成

设某质点同时参与的两个振动方向互相垂直、同频率的简谐振动的振动方程分别为

$$x = A_1 \cos(\omega t + \varphi_1)$$

$$y = A_2 \cos(\omega t + \varphi_2)$$

则质点的运动轨迹为椭圆，其方程为

$$\frac{x^2}{A_1^{\,2}} + \frac{y^2}{A_2^{\,2}} - \frac{2xy}{A_1 A_2}\cos(\varphi_2 - \varphi_1) = \sin^2(\varphi_2 - \varphi_1)$$

对椭圆形状的讨论：

（1）若 $\varphi_2 - \varphi_1 = 0$，椭圆方程变为通过原点、斜率 $k = \dfrac{A_2}{A_1}$ 的直线方程，其形式为

$$y = \frac{A_2}{A_1} x$$

（2）若 $\varphi_2 - \varphi_1 = \pi$，椭圆方程变为通过原点、斜率 $k = -\dfrac{A_2}{A_1}$ 的直线方程，其形式为

$$y = -\frac{A_2}{A_1} x$$

（3）若 $\varphi_2 - \varphi_1 = \dfrac{\pi}{2}$ 或者 $\varphi_2 - \varphi_1 = \dfrac{3\pi}{2}$，椭圆方程为以坐标轴为主轴的正椭圆，其形式为

$$\frac{x^2}{A_1^{\,2}} + \frac{y^2}{A_2^{\,2}} = 1$$

当 $\varphi_2 - \varphi_1 = \dfrac{\pi}{2}$ 时，质点以顺时针方向沿椭圆轨道运动；当 $\varphi_2 - \varphi_1 = \dfrac{3\pi}{2}$ 时，质点以逆时针方向沿椭圆轨道运动。

（4）若 $\varphi_2 - \varphi_1$ 并不等于上述几种特殊值的时候，则质点的运动轨迹是一些方位不同的斜椭圆。

（四）阻尼振动、受迫振动和共振

1. 阻尼振动

振动物体在阻尼力的作用下，振动能量逐渐减少、振幅越来越小的运动。

振动物体在阻尼力 $F = -bv$（b 为阻力系数）和弹力 $F = -kx$ 的共同作用下，满足的微分方程为

$$\frac{\mathrm{d}^2 x}{\mathrm{d}t^2} + 2\delta \frac{\mathrm{d}x}{\mathrm{d}t} + \omega_0^{\,2} x = 0$$

式中：$\omega_0 = \sqrt{\dfrac{k}{m}}$，为系统的固有频率；$\delta = \dfrac{b}{2m}$，为阻尼系数。

2. 受迫振动

自由振动：振动系统只在回复力和阻尼力的作用下的振动。

受迫振动：振动系统在周期性外力（也叫驱动力）作用下的振动。

振动物体在驱动力 $F' = F_d \cos\omega_d t$（ω_d 为驱动力的角频率）、阻尼力 $F = -bv$ 和弹力 $F = -kx$ 的共同作用下，满足的微分方程为

$$\frac{\mathrm{d}^2 x}{\mathrm{d}t^2} + 2\delta \frac{\mathrm{d}x}{\mathrm{d}t} + \omega_0^{\,2} x = A_d \cos\omega_d t$$

式中：$\omega_0 = \sqrt{\dfrac{k}{m}}$；$\delta = \dfrac{b}{2m}$；$A_d = \dfrac{F_d}{m}$。

3．共振

受迫振动的振幅达到最大值的现象。

共振角频率为

$$\omega_r = \sqrt{{\omega_0}^2 - 2\delta^2}$$

共振振幅为

$$A_r = \frac{A_d}{2\delta\sqrt{{\omega_0}^2 - \delta^2}}$$

二、例题分析

例题 1　两个质点各自做简谐振动，它们的振幅、周期均相同。第一个质点的振动方程为 $x_1 = A\cos(\omega t + \varphi)$。当第一个质点在平衡位置且向负向运动时，第二个质点在正的最大位移处，求第二个质点的振动方程。

解：假设第二个质点的初相位为 φ_2，由题意可知质点一的振动比质点二振动的相位超前 $\dfrac{\pi}{2}$，即：

$$\varphi - \varphi_2 = \frac{\pi}{2}$$

则有

$$\varphi_2 = \varphi - \frac{\pi}{2}$$

所以，第二个质点的振动方程为

$$x_2 = A\cos\left(\omega t + \varphi - \frac{\pi}{2}\right)$$

例题 2　已知某简谐振动的振动曲线如图 4-2 所示，根据此振动曲线试写出该简谐振动的振动方程。

解：根据质点的简谐振动曲线，可以画出其运动旋转矢量图，如图 4-3 所示，由旋转矢量图可得简谐振动的初相为

$$\varphi = \frac{2}{3}\pi$$

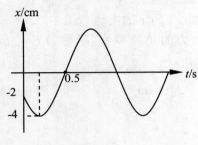

图 4-2

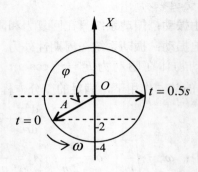

图 4-3

谐振子从初始位置第一次回到平衡位置，所用时间 $t = 0.5\text{s}$，旋转矢量转过的角度为 $\dfrac{5}{6}\pi$，即有

$$\omega \times 0.5 = \frac{5}{6}\pi$$

由此可得

$$\omega = \frac{5}{3}\pi$$

简谐振动的振幅 $A = 0.04\text{m}$，故该简谐振动的振动方程为

$$x = 0.04\cos\left(\frac{5}{3}\pi t + \frac{2}{3}\pi\right)\ (\text{m})$$

例题 3　有一个做简谐振动的弹簧振子，当其位移为振幅的一半时，则其动能为总能量的多少倍？

解： 做简谐振动的弹簧振子的总能量为

$$E = \frac{1}{2}kA^2$$

当简谐振动的位移为振幅的一半时，其弹性势能为

$$E_p = \frac{1}{2}k\left(\frac{A}{2}\right)^2 = \frac{1}{4} \times \frac{1}{2}kA^2 = \frac{1}{4}E$$

其动能为

$$E_k = E - E_p = E - \frac{1}{4}E = \frac{3}{4}E$$

即此时弹簧振子的动能等于总能量的 $\dfrac{3}{4}$ 倍。

例题 4　一质点同时参与两个方向相同的简谐振动，它们的振动方程分别为

$$x_1 = 0.05\cos\left(\omega t + \frac{\pi}{4}\right)$$

$$x_2 = 0.05\cos\left(\omega t + \frac{3}{4}\pi\right)$$

试写出质点的合振动方程（SI）。

解： 由题意画出旋转矢量图，如图 4-4 所示。
由旋转矢量图可看出，矢量 $\vec{A}_1$ 与 $\vec{A}_2$ 互相垂直，
因此合振动的振幅

$$A = \sqrt{2}A_1 = 0.07\text{m}$$

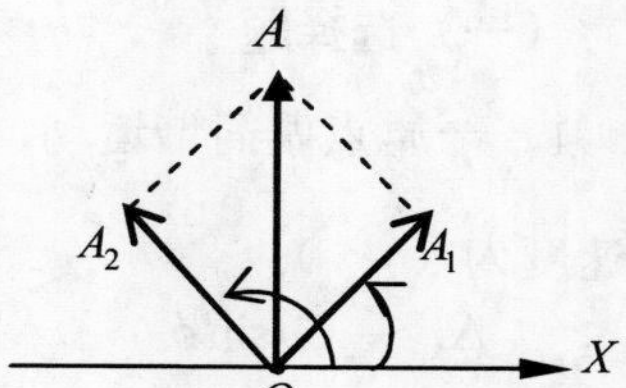

合振动的初相为

$$\varphi = \frac{\pi}{2}$$

合振动方程为

$$x = 0.07\cos\left(\omega t + \frac{\pi}{2}\right)\ (\text{m})$$

图 4-4

例题 5　一质点同时参与两个振动方向互相垂直、同频率的简谐振动，其合成运动的轨道和旋转方向如图 4-5 所示，旋转周期为 2s。初始时刻质点位于图中 x 轴上的 P 点，试写出两个

分振动的数值表达式。

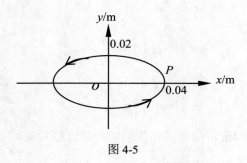

图 4-5

解：由图 4-5 可知：

$$A_x = 0.04\text{m}, \quad A_y = 0.02\text{m}$$

两个分振动的角频率为：

$$\omega = \frac{2\pi}{T} = \frac{2\pi}{2} = \pi\,(\text{rad/s})$$

依据题意可知：

$$\varphi_x = 0$$

由于动点在椭圆上沿逆时针方向运动，因此有

$$\varphi_y - \varphi_x = \frac{3}{2}\pi$$

由此可以解得

$$\varphi_y = \frac{3}{2}\pi + \varphi_x = \frac{3}{2}\pi$$

因此，在 x, y 两个方向的分振动的数值表达式分别为

$$x = 0.04\cos \pi t$$
$$y = 0.02\cos\left(\pi t + \frac{3\pi}{2}\right)$$

三、练习题

（一）选择题

1．一质点做简谐运动，振动方程为 $x = A\cos(\omega t + \phi)$，当时间 $t = \dfrac{T}{2}$（T 为周期）时，质点的速度为（   ）。

A．$-A\omega\sin\phi$ B．$A\omega\sin\phi$ C．$-A\omega\cos\phi$ D．$A\omega\cos\phi$

2．对一个做简谐振动的物体，下面说法正确的是（   ）。

A．物体处在运动正方向的端点时，速度和加速度都达到最大值

B．物体位于平衡位置且向负方向运动时，速度和加速度都为零

C．物体位于平衡位置且向正方向运动时，速度最大，加速度为零

D．物体处在负方向的端点时，速度最大，加速度为零

3. 如图 4-6 所示，质量为 m 的物体由倔强系数为 k_1 和 k_2 的两个轻弹簧连接在光滑导轨上做微小振动，则该系统的振动频率为（　　）。

A. $\upsilon = 2\pi\sqrt{\dfrac{k_1+k_2}{m}}$

B. $\upsilon = \dfrac{1}{2\pi}\sqrt{\dfrac{k_1+k_2}{m}}$

C. $\upsilon = \dfrac{1}{2\pi}\sqrt{\dfrac{k_1+k_2}{mk_1k_2}}$

D. $\upsilon = \dfrac{1}{2\pi}\sqrt{\dfrac{k_1k_2}{m(k_1+k_2)}}$

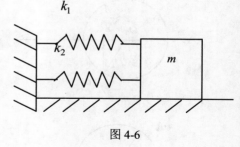

图 4-6

4. 一倔强系数为 k 的轻弹簧，下端挂一质量为 m 的物体，系统的振动周期为 T_1，若将此弹簧截去一半的长度，下端挂一质量为 $\dfrac{m}{2}$ 的物体，则系统振动周 T_2 等于（　　）。

A. $2T_1$ 　　　　　　　　　　 B. T_1

C. $\dfrac{T_1}{2}$ 　　　　　　　　　　 D. $\dfrac{T_1}{4}$

5. 一长度为 l、倔强系数为 k 的均匀轻弹簧分割成长度分别为 l_1 和 l_2 的两部分，且 $l_1 = nl_2$，n 为整数，则相应的倔强系数 k_1 和 k_2 为（　　）。

A. $k_1 = \dfrac{kn}{n+1}$，$k_2 = k(n+1)$ 　　　　 B. $k_1 = \dfrac{k(n+1)}{n}$，$k_2 = \dfrac{k}{n+1}$

C. $k_1 = \dfrac{k(n+1)}{n}$，$k_2 = k(n+1)$ 　　　　 D. $k_1 = \dfrac{kn}{n+1}$，$k_2 = \dfrac{k}{n+1}$

6. 如图 4-7 所示，质量为 m 的物体由倔强系数为 k_1 和 k_2 的两个轻弹簧连接，在光滑导轨上做微小振动，则系统的振动频率为（　　）。

A. $\upsilon = 2\pi\sqrt{\dfrac{k_1+k_2}{m}}$ 　　　　　 B. $\upsilon = \dfrac{1}{2\pi}\sqrt{\dfrac{k_1+k_2}{m}}$

C. $\upsilon = \dfrac{1}{2\pi}\sqrt{\dfrac{k_1+k_2}{mk_1k_2}}$ 　　　　 D. $\upsilon = \dfrac{1}{2\pi}\sqrt{\dfrac{k_1k_2}{m(k_1+k_2)}}$

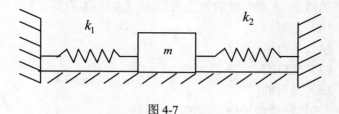

图 4-7

7. 一个质点做简谐振动，振幅为 A，在起始时刻质点的位移为 $\dfrac{1}{2}A$，且向 x 轴的正方向运动，代表此简谐振动的旋转矢量图为（　　）。

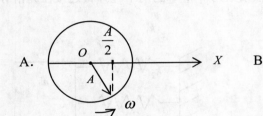
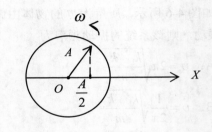

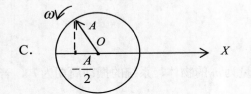
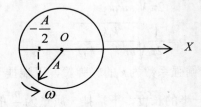

8. 已知两个简谐振动曲线如图 4-8 所示。x_1 的位相比 x_2 的位相（　　）。

A. 落后 $\frac{1}{2}\pi$　　　　B. 超前 $\frac{1}{2}\pi$

C. 落后 π　　　　D. 超前 π

9. 一 质 点 做 简 谐 振 动，其 振 动 方 程 为 $x = A\cos(\omega t + \phi)$。在求质点的振动动能时，得出下面 5 个表达式：

（1）$\frac{1}{2}m\omega^2 A^2 \sin^2(\omega t + \phi)$

（2）$\frac{1}{2}m\omega^2 A^2 \cos^2(\omega t + \phi)$

（3）$\frac{1}{2}kA^2 \sin^2(\omega t + \phi)$

（4）$\frac{1}{2}kA^2 \cos^2(\omega t + \phi)$

（5）$\frac{2\pi^2}{T^2}mA^2 \cos^2(\omega t + \phi)$

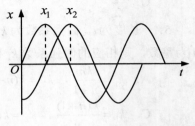

图 4-8

其中 m 是质点的质量，k 是弹簧的倔强系数，T 是振动的周期。上面结论正确的是（　　）。

　　A.（1）、（4）是对的

　　B.（2）、（4）是对的

　　C.（1）、（3）是对的

　　D.（3）、（5）是对的

10. 用余弦函数描述一谐振子的运动情况。若其 $v\text{-}T$（速度—周期）关系曲线如图 4-9 所示，则位移的初相位为（　　）。

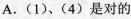

　　A. $\pi/6$　　　　　B. $\pi/3$

　　C. $\pi/2$　　　　　D. $2\pi/3$

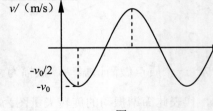

图 4-9

11. 一倔强系数为 k 的轻弹簧截成三等份，取出其中的两根，将他们并联在一起，下面挂一质量为 m 的物体，如图 4-10 所示。则振动系统的频率为（　　）。

A. $\dfrac{1}{2\pi}\sqrt{\dfrac{k}{m}}$ 　　　B. $\dfrac{1}{2\pi}\sqrt{\dfrac{k}{6m}}$ 　　　C. $\dfrac{1}{2\pi}\sqrt{\dfrac{3k}{m}}$ 　　　D. $\dfrac{1}{2\pi}\sqrt{\dfrac{6k}{m}}$

12. 一质点在 x 轴上做简谐振动，振幅 $A=4\text{cm}$，周期 $T=2\text{s}$，其平衡位置取作坐标原点。若 $t=0$ 时刻质点第一次通过 $x=-2\text{cm}$ 处，且向 x 轴负方向运动，则质点第二次通过 $x=-2\text{cm}$ 处的时刻为（　　）。

A. 1s 　　　　B.（2/3）s 　　　　C.（4/3）s 　　　　D. 2s

13. 图 4-11 中所画的是两个简谐振动曲线。若这两个简谐振动可叠加，则合成的余弦振动的初相位为（　　）。

A. π/2 　　　　B. π 　　　　C. 3π/2 　　　　D. 0

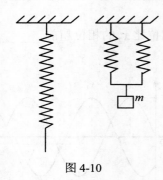

图 4-10

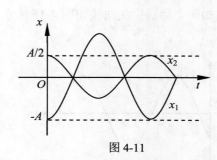

图 4-11

14. 一弹簧振子做简谐振动，当其偏离平衡位置的位移的大小为振幅的 1/4 时，其动能为振动总能量的（　　）。

A. 7/16 　　　　B. 9/16 　　　　C. 11/16 　　　　D. 15/16

15. 一质点做简谐振动，已知振动周期为 T，则其振动动能变化的周期为（　　）。

A. $T/4$ 　　　　B. $T/2$ 　　　　C. T 　　　　D. $2T$

（二）填空题

1. 已知一简谐振动曲线如图 4-12 所示，在 0～2s 时间内，由图确定：

（1）在_____s 时，速度为零。

（2）在_____s 时，动能最大。

（3）在_____s 时，加速度取最大值。

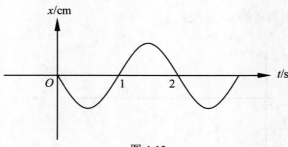

图 4-12

2. 如图 4-13 中，用旋转矢量法表示了一个简谐振动。已知旋转矢量的长度为 0.04m，旋转角速度 $\omega = 4\pi \, \text{rad/s}$，此简谐运动以余弦函数表示的振动方程为

$x = \underline{\hspace{2cm}}$（SI）

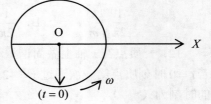

图 4-13

3. 两个同方向、同频率的简谐振动，其振动表达式分别为

$$x_1 = 6 \times 10^{-2} \cos\left(5t + \frac{1}{2}\pi\right) \text{（SI）}$$

$$x_2 = 2 \times 10^{-2} \sin(\pi - 5t) \text{（SI）}$$

它们的合振动的振幅为 $\underline{\hspace{2cm}}$，初相位为 $\underline{\hspace{2cm}}$。

4. 一质点做简谐振动。其振动曲线如图 4-14 所示。根据此图，它的周期 $T = \underline{\hspace{2cm}}$，用余弦函数描述时初始相位 $\varphi = \underline{\hspace{2cm}}$。

5. 已知两个简谐振动曲线如图 4-15 所示。x_1 的相位比 x_2 的相位超前 $\underline{\hspace{2cm}}$。

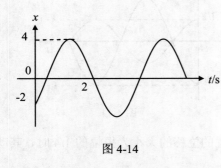

图 4-14

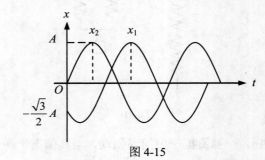

图 4-15

6. 将质量为 0.2kg 的物体，系于倔强系数 $k = 19\text{N/m}$ 的竖直悬挂的弹簧下端。假定在弹簧不变形的位置将物体由静止释放，然后物体做简谐振动，则振动频率为 $\underline{\hspace{2cm}}$，振幅为 $\underline{\hspace{2cm}}$。

7. 用 40N 的力拉一轻质弹簧，可使其伸长 20cm。此弹簧下应挂 $\underline{\hspace{2cm}}$ kg 的物体，才能使弹簧振子的谐振动的周期 $T = 0.2\pi \text{s}$。

8. 两个简谐振动方程分别为

$$x_1 = A\cos\omega t$$

$$x_2 = A\cos\left(\omega t + \frac{\pi}{3}\right)$$

在同一坐标上面画出两者的 x-t 曲线。

9．一弹簧振子做简谐振动，振幅为 A，周期为 T，其运动方程用余弦函数表示。当时间 $t=0$ 时：

（1）振子在负的最大位移处，其初相位为_____；

（2）振子在平衡位置向正方向运动，初相位为_____；

（3）振子在位移为 $\dfrac{A}{2}$ 处，且向负方向运动，初相位为_____。

10．一竖直悬挂的弹簧振子，自然平衡时弹簧的伸长量为 x_0，此振子自由振动的周期 $T =$_____。

11．一质点做谐振动，速度的最大值 $v_{\max} = 6\mathrm{cm/s}$，振幅 $A = 2\mathrm{cm}$。若以速度具有正最大值的那一时刻为 $t = 0$，则振动表达式为_____。

12．已知三个简谐振动曲线如图 4-16 所示，则振动方程分别为

$x_1 =$_____；

$x_2 =$_____；

$x_3 =$_____；

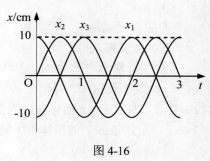

图 4-16

13．两个弹簧振子的周期都是 0.4s，设开始时第一个振子从平衡位置向负向运动，经过 0.5s 后，第二个振子才从正方向的端点开始运动，则这两个振子间相位差为_____。

14．两个同方向的简谐振动曲线如图 4-17 所示。合振动的振幅为_____，合振动的振动方程为_____。

15．一简谐振动曲线如图 4-18 所示，试由图 4-18 确定在 $t = 2s$ 时刻质点的位移为_____，速度为_____。

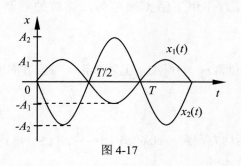

图 4-17

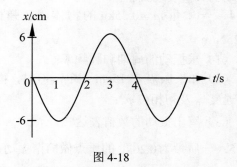

图 4-18

16．质量为 m 的物体和一个弹簧组成弹簧振子。其固有振动周期为 T。当它做振幅为 A 的自由谐振动时，此系统的振动能量 $E =$_____。

17．一物块悬挂在弹簧下方做谐振动。当这个物块的位移等于振幅的一半时，其动能是总能量的_____（设平衡位置处势能为零）。当这个物块在平衡位置时，弹簧的长度比原长长 Δl，这一振动系统的周期为_____。

18．一质点同时参与了三个简谐振动，它们的振动方程分别为

$$x_1 = A\cos\left(\omega t + \frac{\pi}{3}\right)$$

$$x_2 = A\cos\left(\omega t - \frac{\pi}{3}\right)$$

$$x_3 = A\cos(\omega t + \pi)$$

其合成运动方程为 $x = $ _____。

19．两个同方向、同频率的简谐振动：

$$x_1 = 3\times10^{-2}\cos\left(\omega t + \frac{\pi}{3}\right)$$

$$x_2 = 4\times10^{-2}\cos\left(\omega t - \frac{\pi}{6}\right) \text{（SI）}$$

它们的合振幅是 _____。

（三）计算题

1．在一轻弹簧下悬挂 $m_0 = 100\mathrm{g}$ 砝码时，弹簧伸长 8cm。现在这根弹簧下端悬挂 $m = 250\mathrm{g}$ 的物体，构成弹簧振子。将物体从平衡位置向下拉动 4cm，并给以向上的 21cm/s 的初速度（这时 $t = 0$），以向下为 x 轴正向，求振动方程的数值式。

2．一质点按如下的规律沿 x 轴做简谐振动：

$$x_1 = 0.1\cos\left(8\pi t + \frac{2}{3}\pi\right)$$

求此振动的周期、振幅、初相位、速度最大值和加速度最大值。

3．有一轻弹簧，当下端挂一个质量 $m_1 = 10\mathrm{g}$ 的物体而平衡时，伸长量为 4.9cm。用这个弹簧和质量 $m_2 = 16\mathrm{g}$ 的物体连成一弹簧振子。若取平衡位置为原点，向上为 x 轴的正方向。将 m_2 从平衡位置向下拉 2cm 后，给予向上的初速度 $v_0 = 5\mathrm{cm/s}$ 并开始计时，试求 m_2 的振动周期和振动的数值表达式。

4．一质量 $m = 0.25\mathrm{kg}$ 的物体，在弹性恢复力作用下沿 x 轴运动，弹簧的倔强系数 $k = 25\mathrm{N/m}$。

（1）求振动的周期和圆频率；

（2）如果振幅 $A = 15\mathrm{cm}$，当 $t = 0$ 时，物体在位移 $m_2 = 16\mathrm{g}$ 处，且物体沿 x 轴反方向运动，求初速度 v_0 及初相位 φ_0；

（3）写出振动的数值表达式。

5．一质量为 0.20kg 的质点做简谐振动，其运动方程为 $x = 0.60\cos\left(5t - \frac{1}{2}\pi\right)$ （SI）求：

（1）质点的初速度；

（2）质点在正向最大位移一半处所受力的大小。

6．质量为 2kg 的质点，按方程 $x = 0.2\sin(5t - \pi/6)$ （SI）沿着 x 轴振动。求：

（1）$t = 0$ 时，作用于质点的力的大小；

（2）作用于质点的力的最大值和此时质点的位置。

7．如图 4-19，有一水平弹簧振子，弹簧的倔强系数 $k = 36\mathrm{N/m}$，重物的质量 $m = 9\mathrm{kg}$，重

物静止在平衡位置上。设以一水平恒力 $F=10\text{N}$ 向左作用于物体（不计摩擦），使之由平衡位置向左运动了 0.05m，此时撤去力 F。当重物运动到左方最远位置时开始计时，求物体的运动方程。

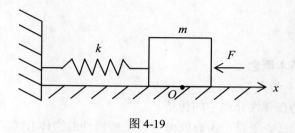

图 4-19

8. 一质点同时参与两个同方向的简谐振动，其振动方程分别为

$$x_1 = 4\times10^{-2}\cos\left(4t+\frac{1}{3}\pi\right)\quad(\text{SI})$$

$$x_2 = 3\times10^{-2}\cos\left(4t-\frac{\pi}{6}\right)\quad(\text{SI})$$

画出两振动的旋转矢量图，并求合振动的振动方程。

第五章　机械波

一、基本内容

（一）机械波的基本概念

1. 机械波及其基本形式

机械波：机械振动在弹性介质中的传播。

产生机械波的两个必备条件：①有波源（做机械振动的物体）；②有传播机械振动的弹性介质。

横波：质点的振动方向与波的传播方向垂直的波。

纵波：质点的振动方向与波的传播方向平行的波。

2. 波的传播速度、波长和周期

波速 u：在单位时间内，振动状态（或相位）传播的距离。

波长 λ：在波的传播方向上两个相邻的、相位差为 2π 的振动质点之间的距离，或者一个完整波形的长度。

周期 T：波前进一个完整波长所需要的时间。

频率 υ：单位时间内，在波的传播方向上通过某点的完整波的个数。

波速 u 与波长 λ、周期 T（或频率 υ）关系为

$$u = \frac{\lambda}{T} = \lambda \upsilon$$

3. 波的几何描述

波线（波射线）：用来表示波的传播方向的一系列有向线。

波面（波阵面）：在波的传播方向上相位相同的点所连成的面。

波前：最前面的波面。

平面波：波前为平面的波。无限远传来的波可看成平面波。

球面波：波前为球面的波。

4. 机械波的传播速度与介质的关系

弹性形变：物体的形变不超过一定限度，当施加的外力撤消后，物体仍然会恢复原状的形变。

应力（或胁强）：物体内单位截面上的恢复力。

应变（或胁变）：物体发生弹性形变时，变化几何量的增加值与原值之比。

弹性模量：应力和应变的比值。

物体的三种基本形变：

（1）长变：棒状物体在外力作用下长度发生变化的形变。

$$张应变 = \frac{\Delta l}{l}$$

$$张应力 = \frac{F}{S}$$

杨氏模量 E：张应力与张应变的比值，即：

$$E = \frac{F/S}{\Delta l/l} = \frac{Fl}{S\Delta l}$$

（2）体变：块状物体在外力作用下体积发生变化的形变。

$$体应变 = \frac{\Delta V}{V}$$

$$体应力 = \frac{F}{S}$$

体变模量：体应力与体应变的比值，即：

$$K = \frac{F/S}{\Delta V/V} = \frac{FV}{S\Delta V}$$

（3）切变：只改变形状不改变体积的形变。

切应变：上下底面的相对位移与它们之间的距离之比。

$$切应变 = \tan\theta \approx \theta$$

$$切应力 = \frac{F}{S}$$

切变模量：切应力与切应变的比值，即：

$$G = \frac{F/S}{\theta}$$

横波只能在固体里传播，纵波可以在固体、液体、气体里传播。

横波在固体里传播的速度

$$u = \sqrt{\frac{G}{\rho}}$$

纵波在块状固体里传播的速度

$$u = \sqrt{\frac{K}{\rho}}$$

纵波在棒状固体里传播的速度

$$u = \sqrt{\frac{E}{\rho}}$$

式中：ρ 为介质的密度。

（二）平面简谐波的波函数

波函数：描述波传播情况的函数。

简谐波：波源做简谐振动的波动。

平面简谐波的波函数：描述平面简谐波各点振动情况的函数。

在图 5-1 中，设原点处质点的振动方程为

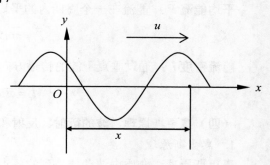

图 5-1

$$y = A\cos(\omega t + \varphi_0)$$

则沿 x 轴正方向传播的平面简谐波的波函数为

$$y = A\cos\left[\omega\left(t - \frac{x}{u}\right) + \varphi_0\right] = A\cos\left[2\pi\left(\frac{t}{T} - \frac{x}{\lambda}\right) + \varphi_0\right]$$

沿 x 轴负方向传播的平面简谐波的波函数为

$$y = A\cos\left[\omega\left(t + \frac{x}{u}\right) + \varphi_0\right] = A\cos\left[2\pi\left(\frac{t}{T} + \frac{x}{\lambda}\right) + \varphi_0\right]$$

（三）波的能量及其传播

1. 波的能量

一列平面简谐波在棒中，沿着棒长传播，该简谐波的的波函数为

$$y = A\cos\omega\left(t - \frac{x}{u}\right)$$

棒上体积元 ΔV 的振动动能和势能为

$$\Delta W_k = \Delta W_p = \frac{1}{2}\rho\Delta V\omega^2 A^2 \sin^2\omega\left(t - \frac{x}{u}\right)$$

体积元 ΔV 的总机械能为

$$\Delta W = \Delta W_k + \Delta W_p = \rho\Delta V\omega^2 A^2 \sin^2\omega\left(t - \frac{x}{u}\right)$$

体积元 ΔV 的机械能不守恒。某体积元不断地从后面的体积元获得能量，同时又不断地把自身的能量传递给前面的体积元。

能量密度 ϖ：弹性介质中单位体积的能量，即：

$$\varpi = \frac{\Delta W}{\Delta V} = \rho\omega^2 A^2 \sin^2\omega\left(t - \frac{x}{u}\right)$$

平均能量密度 $\overline{\varpi}$：能量密度在一个周期内的平均值，即：

$$\overline{\varpi} = \frac{1}{2}\rho\omega^2 A^2$$

2. 波能量的传播

能流 P：单位时间内垂直通过某一面积的能量。

$$P = \varpi uS = \rho uS\omega^2 A^2 \sin^2\omega\left(t - \frac{x}{u}\right)$$

平均能流 $\overline{P}$：能流在一个周期内的平均值，即：

$$\overline{P} = \overline{\varpi}uS = \frac{1}{2}\rho uS\omega^2 A^2$$

能流密度 I：通过垂直于波的传播方向的单位面积的平均能流，即：

$$\overline{I} = \overline{\varpi}\overline{u} = \frac{1}{2}\rho\omega^2 A^2\overline{u}$$

（四）惠更斯原理，波的衍射、反射和折射

1. 惠更斯原理

惠更斯原理：介质中波动传播到的各点都可以看作发射新的子波的波源。

2．波的衍射、反射和折射

波的衍射：波偏离直线传播的现象。

波的反射：当波传播到两种介质的分界面时，一部分从界面上返回到原来介质中的现象。

波的折射：当波传播到两种介质的分界面时，一部分进入另一种介质的情况。

波的折射定律：$\dfrac{\sin i}{\sin r} = \dfrac{n_2}{n_1}$

（五）波的叠加原理、波的干涉

1．波的叠加原理

波传播的独立性：不同波源发出的波在同一种介质中传播时，各列波仍然保持自己的特性（频率、波长及振动方向），互不干扰。

波的叠加原理：从不同波源发出的波在同一种介质中传播时，在相遇区域内任一点的振动，为各列波单独存在时在该点所引起的振动位移的矢量和。

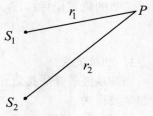

图 5-2

2．波的干涉

波的干涉：两列波在空间相遇时，如果某些地方始终是振动加强，而另外一些地方始终振动减弱的现象。

如图 5-2 所示，设两个相干波源 S_1 和 S_2 的振动方程分别为

$$y_{01} = A_{01} \cos(\omega t + \varphi_1)$$
$$y_{02} = A_{02} \cos(\omega t + \varphi_2)$$

它们在 P 点引起的振动分别为

$$y_1 = A_1 \cos\left(\omega t + \varphi_1 - \frac{2\pi r_1}{\lambda}\right)$$

$$y_2 = A_2 \cos\left(\omega t + \varphi_2 - \frac{2\pi r_2}{\lambda}\right)$$

它们的合振动方程为

$$y = A\cos(\omega t + \varphi)$$

合振动初相为

$$\tan\varphi = \frac{A_1 \sin\left(\varphi_1 - \dfrac{2\pi r_1}{\lambda}\right) + A_2 \sin\left(\varphi_2 - \dfrac{2\pi r_2}{\lambda}\right)}{A_1 \cos\left(\varphi_1 - \dfrac{2\pi r_1}{\lambda}\right) + A_2 \cos\left(\varphi_2 - \dfrac{2\pi r_2}{\lambda}\right)}$$

合振动的合振幅为

$$A = \sqrt{A_1^2 + A_2^2 + 2A_1 A_2 \cos\Delta\varphi}$$

式中：$\Delta\varphi$ 为相位差，$\Delta\varphi = \varphi_2 - \varphi_1 - 2\pi\dfrac{\delta}{\lambda}$。

（六）驻波

1．驻波的产生

驻波：由振幅相等、频率相同、波速相同的两列简谐波，在同一条直线上沿相反方向传播叠加形成的波。

2. 驻波方程

设两列沿着 x 轴方向传播的简谐波函数为

$$y_1 = A\cos 2\pi\left(\upsilon t - \frac{x}{\lambda}\right), \quad y_2 = A\cos 2\pi\left(\upsilon t + \frac{x}{\lambda}\right)$$

驻波方程：

$$y = \left(2A\cos 2\pi\frac{x}{\lambda}\right)\cos 2\pi\upsilon t$$

波腹的位置坐标：

$$x = \pm n\frac{\lambda}{2} \qquad (n = 0, 1, 2, \cdots)$$

波节的位置坐标：

$$x = \pm(2n+1)\frac{\lambda}{4} \qquad (n = 0, 1, 2, \cdots)$$

3. 相位突变

当波从波疏介质接近正入射到波密介质时，入射波和反射波之间存在 π 的相位突变，从而引起半波损失。

4. 驻波的能量

在介质中形成驻波时，动能和势能相互转换，在转换过程中，能量不断地由波腹附近向波节附近转移，再由波节附近向波腹附近转移。

（七）多普勒效应

多普勒效应：波源和观察者相对于介质运动时，观察者接收到的波频率与波源发出的频率不相同的现象。

1. 机械波的多普勒效应

如图 5-3 所示，设波源 S 和观察者 R 都在直线 x 上运动，向右为正。观察者 R 接收到的频率为 $\upsilon_R = \dfrac{u - v_R}{u - v_s}\upsilon$

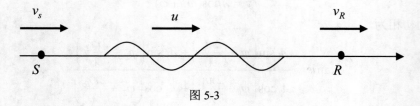

图 5-3

2. 电磁波的多普勒效应

接收器接收到的电磁波频率：

$$\upsilon_R = \sqrt{\frac{c+u}{c-u}}\upsilon_s$$

紫移：当波源接近接收器时，接收器所接收到的频率比发射频率高，相应的波长更短的现象。

红移：当波源远离接收器时，接收器所接收到的频率比发射频率低，相应的波长更长的现象。

二、例题分析

例题 1 一列简谐波沿着轴正方向传播，波长为 8m，周期为 4s，已知 $x=0$ 处质点的振动曲线如图 5-4 所示。

（1）求出 $x=0$ 处质点的振动方程；

（2）求该波的波函数。

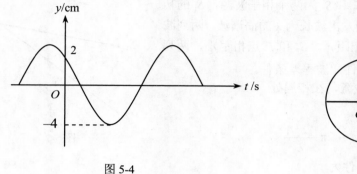

图 5-4

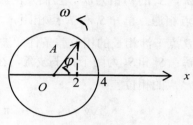

图 5-5

解：（1）已知波的振幅为 $4\times10^{-2}\text{m}$，波长为 8m，周期为 4s，根据旋转矢量图 5-5 可以求出 $x=0$ 处质点的初相

$$\varphi = \frac{1}{3}\pi$$

因此 $x=0$ 处质点的振动方程为

$$y = 4\times10^{-2}\cos\left(\frac{2\pi}{4}t + \frac{1}{3}\pi\right) = 4\times10^{-2}\cos\left(\frac{\pi}{2}t + \frac{1}{3}\pi\right)$$

（2）该简谐波沿着轴正方向传播，波长为 8m，周期为 4s，故可以算出波的传播速度

$$u = \frac{\lambda}{T} = \frac{8}{4} = 2\text{m/s}$$

则该简谐波的波函数为

$$y = 4\times10^{-2}\cos\left[\frac{\pi}{2}\left(t - \frac{x}{2}\right) + \frac{1}{3}\pi\right]$$

例题 2 一列沿 x 轴负向传播的平面简谐波在 2s 时的波形曲线如图 5-6 所示，试求出原点 O 的振动方程。

解： 设原点 O 的振动方程为

$$y = A\cos(\omega t + \varphi_0)$$

由已知的波形曲线和条件可知

振幅：$A = 0.8\text{m}$

角频率：$\omega = \frac{2\pi}{T} = \frac{2\pi u}{\lambda} = \pi$

根据原点 O 在 2s 时的相位为 $-\frac{\pi}{2}$，即：

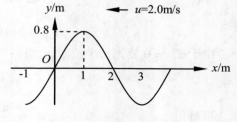

图 5-6

$$-\frac{\pi}{2} = \omega t + \varphi_0 = \pi \times 2 + \varphi_0$$

可解得 $\varphi_0 = -\frac{5}{2}\pi$，令 $-\pi \leqslant \varphi_0 \leqslant \pi$，所以初相 $\varphi_0 = -\frac{1}{2}\pi$。

因此原点 O 的振动方程为

$$y = 0.8\cos\left(\pi t - \frac{\pi}{2}\right)$$

例题 3 如图 5-7 所示，S_1 和 S_2 为两个相干波源，S_1 的初相为 φ_1，S_2 的初相为 φ_2，它们发出波长为 λ 的简谐波，两列波在 P 点相遇。已知 S_1 和 P 点相距 r_1，S_2 和 P 点相距 r_2，两列波在 P 点干涉相长的相位差条件和波程差条件。

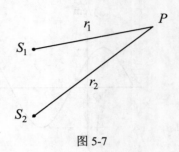

图 5-7

解： S_1 和 S_2 为两个相干波源，在相遇处

P 点的相位差

$$\Delta\varphi = \varphi_2 - \varphi_1 - 2\pi\frac{r_2 - r_1}{\lambda}$$

P 点干涉相长的相位差条件为

$$\Delta\varphi = \varphi_2 - \varphi_1 - 2\pi\frac{r_2 - r_1}{\lambda} = 2k\pi$$

波程差条件为

$$r_2 - r_1 = k\lambda + \frac{\varphi_2 - \varphi_1}{2\pi}\lambda$$

其中，$k = \pm 1, \pm 2, \cdots$。

例题 4 在弦上有一列简谐波。其波动方程为

$$y_1 = 2 \times 10^{-2}\cos\left[2\pi\left(\frac{t}{0.02} - \frac{x}{20}\right) + \frac{1}{3}\pi\right)\right]$$

为了在此弦上形成驻波，并且在 $x = 0$ 处为一个波节，此弦上应该还有一列简谐波 y_2，求其波动方程 y_2。

解： 假设另一列简谐波的波动方程为 y_2：

$$y_2 = 2 \times 10^{-2}\cos\left(2\pi\left(\frac{t}{0.02} + \frac{x}{20}\right) + \varphi_2\right)$$

两列波在 $x = 0$ 处引起的振动方程分别为

$$y_{10} = 2 \times 10^{-2}\cos\left(100\pi + \frac{1}{3}\pi\right)$$

$$y_{20} = 2 \times 10^{-2}\cos(100\pi + \varphi_2)$$

由于在 $x = 0$ 处为一个波节，因此：

$$\varphi_2 - \frac{\pi}{3} = \pm\pi,$$

可解得

$$\varphi_2 = \frac{4\pi}{3} \text{ 或 } \varphi_2 = -\frac{2\pi}{3}$$

另一列简谐波的波动方程为

$$y_2 = 2 \times 10^{-2} \cos\left[2\pi\left(\frac{t}{0.02} + \frac{x}{20}\right) + \frac{4\pi}{3}\right)\right]$$

$$y_2 = 2 \times 10^{-2} \cos\left[2\pi\left(\frac{t}{0.02} + \frac{x}{20}\right) - \frac{2\pi}{3}\right)\right]$$

例题 5　一辆警车以 30m/s 的速度追赶一辆以 26m/s 的速度行驶的汽车，警车的警笛频率为 800Hz，坐在前面汽车中的人听到警笛的频率是多少？

解：由于波源和观察者都在运动，因此观察者听到警笛的频率是：

$$\upsilon_R = \frac{u - v_R}{u - v_s}\upsilon = \frac{330 - 26}{330 - 30} = 811\,(\text{Hz})$$

三、练习题

（一）选择题

1. 一平面简谐波，其振幅为 A，频率为 υ。波沿 x 轴正方向传播。设 $t = t_0$ 时刻波形如图 5-8 所示。则 $x=0$ 处质点振动方程为（　　）。

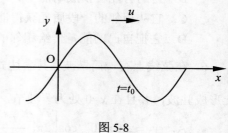

图 5-8

A.　$y = A\cos\left[2\pi\upsilon(t + t_0) + \dfrac{\pi}{2}\right]$

B.　$y = A\cos\left[2\pi\upsilon(t - t_0) + \dfrac{\pi}{2}\right]$

C.　$y = A\cos\left[2\pi\upsilon(t - t_0) - \dfrac{\pi}{2}\right]$

D.　$y = A\cos\left[2\pi\upsilon(t + t_0) - \dfrac{\pi}{2}\right]$

2. 一沿 x 轴负方向传播的平面简谐波在 $t=2$s 时的波形曲线如图 5-9 所示，则原点 O 的振动方程为（SI）（　　）。

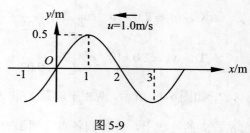

图 5-9

A.　$y = 0.05\cos\left(\pi t + \dfrac{\pi}{2}\right)$

B.　$y = 0.05\cos\left(\pi t - \dfrac{\pi}{2}\right)$

C.　$y = 0.05\cos\left(\dfrac{\pi t}{2} + \dfrac{\pi}{2}\right)$

D.　$y = 0.05\cos\left(\dfrac{\pi t}{2} - \dfrac{\pi}{2}\right)$

3. 一平面简谐波沿 x 轴负方向传播。已知 $x = b$ 处质点的振动方程为 $y = A\cos(\omega t + \varphi_0)$，波速为 u，则波动方程为（　　）。

A.　$y = A\cos\left[\omega\left(t + \dfrac{b + x}{u}\right) + \varphi_0\right]$

B.　$y = A\cos\left[\omega\left(t - \dfrac{b + x}{u}\right) + \varphi_0\right]$

C. $y = A\cos\left[\omega\left(t + \dfrac{x-b}{u}\right) + \varphi_0\right]$

D. $y = A\cos\left[\omega\left(t + \dfrac{b-x}{u}\right) + \varphi_0\right]$

4. 一列机械横波在 t 时刻的波形曲线如图 5-10 所示，则该时刻能量为最大值的媒质质元的位置是（   ）。

A. O', b, d, f

B. a, c, e, g

C. O', d

D. b, f

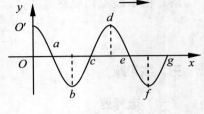

图 5-10

5. 一平面简谐波在弹性媒质中传播，在媒质质元从平衡位置运动到最大位移处的过程中（   ）。

A. 它的动能转换成势能

B. 它的势能转换成动能

C. 它从相邻的一段质元获得能量，其能量逐渐增大

D. 它把自己的能量传给相邻的一段质元，其能量逐渐减小

6. 在弦线上有一简谐波，其表达式是 $y_1 = 2.0\times10^{-2}\cos\left[2\pi\left(\dfrac{t}{0.02} - \dfrac{x}{20}\right) + \dfrac{\pi}{3}\right]$，为了在弦线上形成驻波，并且在 $x=0$ 处为一波节，此弦线上还应有一简谐波，其表达式为（   ）。

A. $y_2 = 2.0\times10^{-2}\cos\left[2\pi\left(\dfrac{t}{0.02} + \dfrac{x}{20}\right) + \dfrac{\pi}{3}\right]$

B. $y_2 = 2.0\times10^{-2}\cos\left[2\pi\left(\dfrac{t}{0.02} + \dfrac{x}{20}\right) + \dfrac{2\pi}{3}\right]$

C. $y_2 = 2.0\times10^{-2}\cos\left[2\pi\left(\dfrac{t}{0.02} + \dfrac{x}{20}\right) + \dfrac{4\pi}{3}\right]$

D. $y_2 = 2.0\times10^{-2}\cos\left[2\pi\left(\dfrac{t}{0.02} + \dfrac{x}{20}\right) - \dfrac{\pi}{3}\right]$

7. 如图 5-11 所示，两相干波源 S_1 和 S_2 相距 $\dfrac{\lambda}{4}$（λ 为波长），S_1 的相位比 S_2 的相位超前 $\dfrac{\pi}{2}$，在 S_1，S_2 的连线上，S_1 外侧各点（例如 P 点）两波引起的两简谐振动的相位差是（   ）。

A. 0

B. π

C. $\dfrac{\pi}{2}$

D. $\dfrac{\pi}{3}$

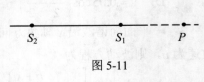

图 5-11

8. 如图 5-12 所示，S_1 和 S_2 为两个相干波源，它们的振动方向均垂直于图面，发出波长为 λ 的简谐波，P 点是两列波相遇区域中的一点。已知 S_1 和 P 点相距 2λ，S_2 和 P 点相距 2.2λ，

两列波在 P 点发生相消干涉。若 S_1 的振动方程为 $y_2 = A\cos\left(2\pi t + \dfrac{\pi}{2}\right)$，则 S_2 的振动方程为（ ）。

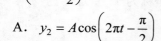

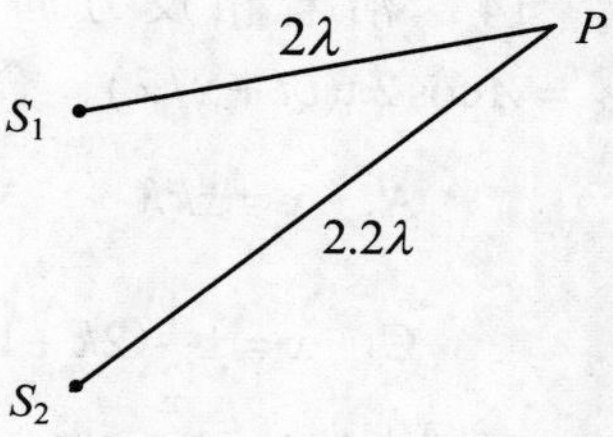

A. $y_2 = A\cos\left(2\pi t - \dfrac{\pi}{2}\right)$

B. $y_2 = A\cos\left(2\pi t + \dfrac{\pi}{2}\right)$

C. $y_2 = A\cos(2\pi t - 0.1\pi)$

D. $y_2 = A\cos(2\pi t + 0.1\pi)$

图 5-12

9. 机械波波动方程为 $y = 0.03\cos 6\pi(t + 0.01x)$（SI），则（ ）。

    A. 其周期为 $\dfrac{1}{3}$ s   B. 其振幅为 3m

    C. 其波速为 10m/s   D. 波沿 x 轴正向传播

10. 一横波沿绳子传播时的波动方程为 $y = 0.05\cos(4\pi x - 10\pi t)$（SI），则（ ）。

    A. 其波长为 0.05m   B. 波速为 5m/s

    C. 波速为 25m/s   D. 频率为 5Hz

11. 假设有一横波以波速 u 沿 x 轴的负方向传播，已知 t 时刻波形曲线如图 5-13 所示，则该时刻（ ）。

    A. A 点振动速度大于零

    B. B 点静止不动

    C. C 点向下运动

    D. D 点振动速度小于零

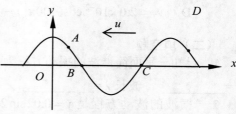

12. 一平面简谐波以速度 u 沿 x 轴正方向传播，在 $t = t'$ 时波形曲线如图 5-14 所示。则坐标原点 O 的振动方程为（ ）。

图 5-13

    A. $y = a\cos\left[\dfrac{u}{b}(t - t') + \dfrac{\pi}{2}\right]$

    B. $y = a\cos\left[2\pi\dfrac{u}{b}(t - t') - \dfrac{\pi}{2}\right]$

    C. $y = a\cos\left[\pi\dfrac{u}{b}(t + t') + \dfrac{\pi}{2}\right]$

    D. $y = a\cos\left[\pi\dfrac{u}{b}(t - t') + \dfrac{\pi}{2}\right]$

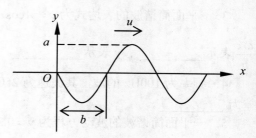

图 5-14

13. 如图 5-15 所示为一平面简谐机械波在 t 时刻的波形曲线。若此时 A 点处媒质质元的振动动能在增大，则（ ）。

    A. 波沿 x 轴负方向传播

    B. A 点处质元的弹性势能在减小

    C. B 点处质元的振动动能在减小

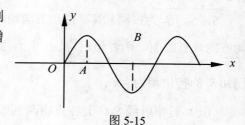

图 5-15

D．各点的波的能量密度都不随时间变化

14．沿着相反方向传播的两列相干波，其波动方程为 $y_1 = A\cos 2\pi(\upsilon t - x/\lambda)$ 和 $y_2 = A\cos 2\pi(\upsilon t + x/\lambda)$。叠加后形成的驻波中，波节的位置坐标为（　　）。

A．$x = \pm k\lambda$　　　　　　　　B．$x = \pm \dfrac{1}{2}k\lambda$

C．$x = \pm \dfrac{1}{2}(2k+1)\lambda$　　　　D．$x = \pm(2k+1)\dfrac{\lambda}{4}$

（其中的 $k = 0,1,2,3\cdots$）

15．在弦线上有一简谐波，其表达式为 $y_1 = 2.0 \times 10^{-2}\cos\left[100\pi\left(t + \dfrac{x}{20}\right) - \dfrac{4\pi}{3}\right]$（SI），为了在此弦线上形成驻波，并且在 $x = 0$ 处为一波腹，此弦线上还应有一简谐波，其表达式为（　　）。

A．$y_2 = 2.0 \times 10^{-2}\cos\left[100\pi\left(t - \dfrac{x}{20}\right) + \dfrac{\pi}{3}\right]$（SI）

B．$y_2 = 2.0 \times 10^{-2}\cos\left[100\pi\left(t - \dfrac{x}{20}\right) + \dfrac{4\pi}{3}\right]$（SI）

C．$y_2 = 2.0 \times 10^{-2}\cos\left[100\pi\left(t - \dfrac{x}{20}\right) - \dfrac{4\pi}{3}\right]$（SI）

D．$y_2 = 2.0 \times 10^{-2}\cos\left[100\pi\left(t - \dfrac{x}{20}\right) - \dfrac{\pi}{3}\right]$（SI）

（二）填空题

1．已知一平面简谐波的振动方程为 $y = A\cos(bt - dx)$（b、d 为正值常数），则此波的频率 $\upsilon =$ _____，波长 $\lambda =$ _____。

2．一横波的波动方程是 $y = 0.02\sin 2\pi(100t - 0.4x)$（SI），则振幅是_____，波长是_____，频率是_____，波的传播速度是_____。

3．一平面简谐波的表达式为 $y = A\cos\omega\left(t - \dfrac{x}{u}\right) = A\cos\left(\omega t - \dfrac{\omega x}{u}\right)$，其中 $\dfrac{x}{u}$ 表示_____；$\dfrac{\omega x}{u}$ 表示_____；y 表示_____。

4．频率为 100Hz 的波，其波速为 250m/s。在同一条波线上，相距为 0.5m 的两点的相位差为_____。

5．一平面简谐波的波动方程为 $y = 0.25\cos(125t - 0.5x)$（SI），其圆频率 $\omega =$ _____，波速 $u =$ _____，波长 $\lambda =$ _____。

6．S_1，S_2 为振动频率、振动方向均相同的两个点波源，振动方向垂直纸面，两者相距 $\dfrac{3}{2}\lambda$（λ 为波长），如图 5-16 所示。已知 S_1 的初位相为 $\dfrac{1}{2}\pi$。

（1）若使射线 S_2C 上各点由两列波引起的振动均干涉相

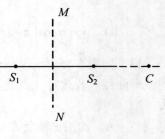

图 5-16

消,则 S_2 的初位相应为_____。

（2）若使 S_1S_2 的中垂线 MN 上各点由两列波引起的振动均干涉相消,则 S_2 的初位相应为_____。

7. 如图 5-17 所示,一平面简谐波沿 Ox 轴负方向传播,波长为 λ,若 P 处质点的振动方程是 $y = A\cos\left(2\pi\upsilon t + \dfrac{\pi}{2}\right)$,则该波的波动方程是_____;$P$ 处质点在_____时刻的振动状态与 O 处质点 t_1 时刻的振动状态相同。

8. 一余弦横波以速度 u 沿 x 轴正方向传播,t 时刻波形曲线如图 5-18 所示。

指出图中 A, B, C 各质点在该时刻的运动方向:A_____;B_____;C_____。

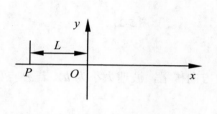

图 5-17

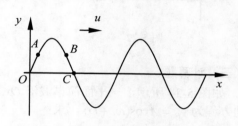

图 5-18

9. 已知空间有一平面简谐波沿 x 轴的正方向传播,在 $x = -1m$ 处质点的振动方程为 $y = A\cos(\omega t + \varphi)$,若波速为 u,则此波的波动方程为_____。

10. 设沿弦线传播的一入射波的表达式为 $y_1 = A\cos\left[2\pi\left(\dfrac{t}{T} - \dfrac{x}{\lambda}\right) + \varphi\right]$,波在 $x = L$ 处（B 点）发生反射,反射点为固定端,如图 5-19 所示。设波在传播和反射过程中振幅不变,则反射波的表达式为_____。

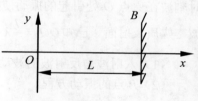

图 5-19

11. 如图 5-20 所示,为 $t = T/4$ 时某一平面简谐波的波形曲线,则此平面简谐波波动方程为_____。

12. 一沿 x 轴正方向传播的平面简谐波,频率为 υ,振幅为 A,已知 $t = t_0$ 时刻的波形如图 5-21 所示,则 $x = 0$ 点的振动方程为_____。

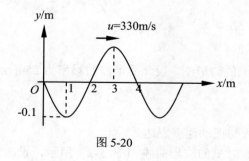

图 5-20

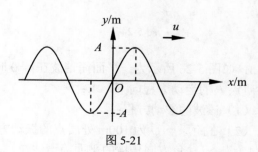

图 5-21

13. 沿弦线传播的一入射波在 $x=L$ 处（B 点）发生反射,反射点为固定端,如图 5-22 所示。设波在传播和反射过程中振幅不变，且反射波的表达式为 $y_2 = A\cos\left(\omega t + \dfrac{2\pi}{\lambda}x\right)$，则入射波的表达式为_____。

14．如图 5-23 所示，S_1 和 S_2 为同相位的两相干波源，波长为 λ，相距为 L，P 点距 S_1 为 r，S_1、S_2 在 P 点引起振动振幅分别为 A_1、A_2，则 P 点的振幅 $A=$_____。

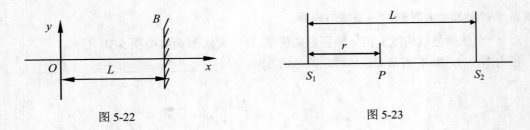

图 5-22　　　　　　　　　　　　　　图 5-23

（三）计算题

1．如图 5-24 所示，一平面简谐波沿 Ox 轴的负方向传播，波速大小为 u，若 P 点处质点的振动方程为 $y_P = A\cos(\omega t + \varphi)$，求：

（1）O 处质点的振动方程；

（2）该波的波动方程；

（3）与 P 处质点振动状态相同的那些点的位置。

2．如图 5-25 所示，一圆频率为 ω，振幅为 A 的平面简谐波沿 x 轴正方向传播，设在 $t=0$ 时刻波在原点 O 处引起的振动使媒质元由平衡位置向 y 轴的负方向运动。M 是垂直于 x 轴的波密媒质反射面。已知 $OO' = \dfrac{7}{4}\lambda$，$PO' = \dfrac{1}{4}\lambda$（$\lambda$ 为该波波长）。设反射波不衰减，求：

（1）入射波与反射波的波动方程；

（2）P 点的振动方程。

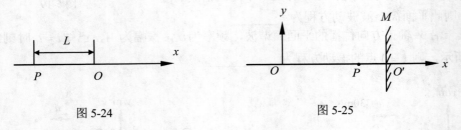

图 5-24　　　　　　　　　　　　　　图 5-25

3．如图 5-26 所示为一平面简谐波在 $t=0$ 时刻的波形图，设此简谐波的频率为 250Hz，且此时质点 P 的运动方程向下，求：

（1）该波的波动方程；

（2）在距原点 O 为 100m 处质点的振动方程与振动速度表达式。

4．沿 x 轴负方向传播的平面简谐波在 $t = 2$s 时刻的波形曲线如图 5-27 所示，设波速为 $u = 0.5$m/s 求：原点 O 的振动方程。

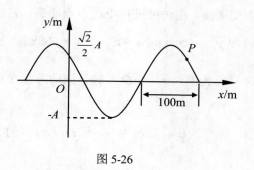

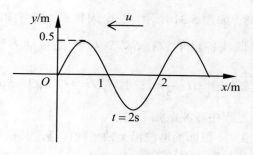

图 5-26

图 5-27

5. 一平面简谐波沿 Ox 轴的负方向传播，如图 5-28（a）所示，波长为 λ，距离原点 O 为 d 的 P 处质点振动规律如图 5-28（b）所示。求：

（1）P 处质点的振动方程；

（2）此波的波动方程；

（3）若图中 $d=\dfrac{\lambda}{2}$，求 O 处质点的振动方程。

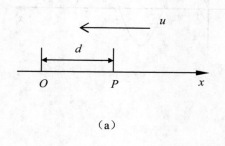

（a）

（b）

图 5-28

6. 如图 5-29 所示，一平面波在介质中以速度 $u=20\text{m/s}$ 沿 x 轴负方向传播时，已知 A 点的振动方程为 $y_A=3\cos 4\pi t$ （SI）。

（1）以 A 点为坐标原点写出波动方程；

（2）以距 A 点 5m 处的 B 点为坐标原点，写出波动方程。

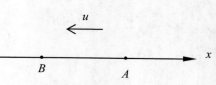

图 5-29

7. 如图 5-30 所示为一平面简谐波在 $t=0$ 时刻的波形图，试画出 P 处质点与 Q 处质点的振动曲线，然后写出相应的振动方程。其中波速 $u=20\text{m/s}$。

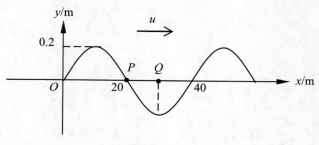

图 5-30

8. 如图 5-31 所示，三个同频率、同方向的平面简谐波，在传播过程中在 O 点相遇；若三个简谐波各自单独在 S_1、S_2 和 S_3 的振动方程分别为 $y_1 = A\cos\left(\omega t + \dfrac{1}{2}\pi\right)$，$y_2 = A\cos\omega t$ 和 $y_3 = 2A\cos\left(\omega t - \dfrac{1}{2}\pi\right)$；且 $S_2O = 4\lambda$，$S_1O = S_3O = 5\lambda$（λ 为波长），求 O 点的合振动方程（设传播过程中各波振幅不变）。

9. 一平面简谐波沿 x 轴正向传播，其振幅为 A，频率为 υ，波速为 u，设 $t = t'$ 时刻的波形曲线如图 5-32 所示。求：

（1）$x = 0$ 处质点振动方程；

（2）该波的波动方程。

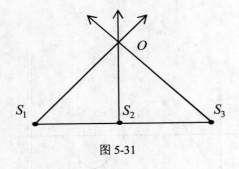

图 5-31

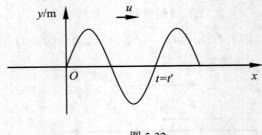

图 5-32

第六章 光的干涉

一、基本内容

（一）光的干涉基本知识

1. 光的相干性

光矢量 $\vec{E}$： 能引起视觉感应和使感光材料感光的电场矢量。

光的干涉条件： ①频率相同；②振动方向相同；③在相遇点的相位差恒定。

相干光：能产生干涉现象的两列光波。

相干光源：能产生相干光的光源。

获得相干光的方法： 分波面法和分振幅法。

分波面法：利用同一波面上的不同部分产生两束相干光。

分振幅法：利用光在透明介质薄膜两表面的反射和折射将同一光束分成振幅较小的两束相干光。

2. 光程和光程差

光程： 光在介质中所经历的几何路程 r 和该介质的折射率 n 的乘积，即：光程 $= nr$。

光经历几种介质时的光程为

$$光程 = \sum_{i=1}^{n} n_i r_i$$

式中：r_i 为光在介质 n_i 中经历的路程。

光程差 Δ：

$$\Delta = n_2 r_2 - n_1 r_1$$

相位差与光程差的关系为

$$\Delta\varphi = \varphi_2 - \varphi_1 = \frac{2\pi\Delta}{\lambda}$$

采用光程的概念，相当于将光在不同介质中所走的路程都折算为光在真空中所走的路程。

透镜的等光程性： 透镜不会引起额外的光程差。

光密介质和光疏介质：比较两种介质的折射率，折射率大的介质叫作光密介质，折射率小的介质叫作光疏介质。

半波损失： 当光从光疏介质入射到光密介质上时，反射光相对于入射光发生相位 π 的突变，相当于光多走（或少走）了半个波长的光程。

（二）杨氏双缝干涉

杨氏双缝干涉如图 6-1 所示，光波 S_1 和 S_2 是由同一光源经分波面法获得的。

S_1 和 S_2 发出的光到达 P 点的光程差

$$\Delta = r_2 - r_1 \approx d\sin\theta \approx d\frac{x}{D}$$

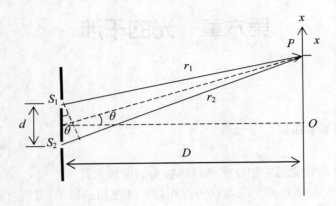

图 6-1

形成明暗条纹的条件：

（1）光程差条件：

$$\Delta = \pm k\lambda = \pm 2k\frac{\lambda}{2} \quad (k = 0,\ 1,\ 2,\ \cdots)\qquad\text{（明条纹）}$$

式中：k 称为干涉级，$k = 0,1,\ 2,\ \cdots$，分别为零级、第一级、第二级、……明条纹。

$$\Delta = \pm(2k-1)\frac{\lambda}{2} \quad (k = 1,\ 2,\ 3,\ \cdots)\qquad\text{（暗条纹）}$$

式中：$k = 1,\ 2,\ 3,\ \cdots$，分别为第一级、第二级、第三级、……暗条纹。

（2）坐标条件：

$$x = \pm k\frac{D}{d}\lambda \quad (k = 0,\ 1,\ 2,\ \cdots)\qquad\text{（明条纹）}$$

$$x = \pm(2k-1)\frac{D}{d}\frac{\lambda}{2} \quad (k = 1,\ 2,\ 3,\ \cdots)\qquad\text{（暗条纹）}$$

条纹间距：相邻明条纹（或暗条纹）间的距离均为

$$\Delta x = \frac{D}{d}\lambda$$

若实验装置处在折射率为 n 的介质中时，条纹间距变为

$$\Delta x = \frac{D}{d}\lambda_n = \frac{D\lambda}{nd}$$

式中：λ_n 为光在介质中的波长。

（三）薄膜干涉

同一束入射光经薄膜上下表面的反射而得到两束反射光，它们之间形成的干涉称为薄膜干涉，薄膜干涉是利用分振幅法获得相干光的。

1．等倾干涉

如图 6-2 所示，光波入射在厚度均匀的薄膜上，薄膜上下表面产生的两条反射光的光程差

$$\Delta = 2e\sqrt{n^2 - n_0^2 \sin^2 i} + \frac{\lambda}{2}$$

在薄膜厚度 e 一定的情况下，相同入射角 i 的光线光程差相同，干涉情况相同，这种干涉称为等倾干涉。

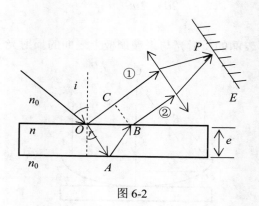

图 6-2

2. 等厚干涉

（1）劈尖干涉（图 6-3）。

两块平面玻璃片完全相同，则反射光①和②的光程差为

$$\Delta = 2e + \frac{\lambda}{2}$$

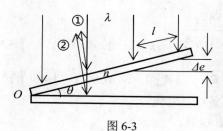

图 6-3

在薄膜厚度为 e 处出现明暗条纹的条件分别为

$$2e + \frac{\lambda}{2} = k\lambda \qquad (k = 1,\ 2,\ 3,\ \cdots) \quad （明条纹）$$

$$2e + \frac{\lambda}{2} = (2k+1)\frac{\lambda}{2} \qquad (k = 0,\ 1,\ 2,\ \cdots) \quad （暗条纹）$$

空气劈尖薄膜厚度相同的地方，两反射光的光程差相等，对应于同一个干涉级，因此劈尖干涉是一种等厚干涉。

相邻明条纹（或暗条纹）对应的薄膜厚度差

$$\Delta e = \frac{\lambda}{2}$$

条纹间距：相邻明条纹（或暗条纹）间的距离，均

$$l = \frac{\Delta e}{\sin\theta} \approx \frac{\Delta e}{\theta} = \frac{\lambda}{2\theta}$$

若实验装置处在折射率为 n 的介质中时，条纹间距变为

$$l = \frac{\lambda_n}{2\theta} = \frac{\lambda}{2n\theta}$$

（2）牛顿环（图 6-4）。

牛顿环是由平凸透镜下表面的反射光与平玻璃板上表面的反射光干涉形成的。

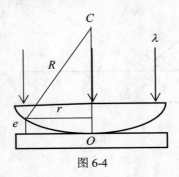

图 6-4

空气薄膜厚度为 e 处出现明暗圆环的条件分别为

$$2e + \frac{\lambda}{2} = k\lambda \qquad (k=1, 2, 3, \cdots) \quad (明环)$$

$$2e + \frac{\lambda}{2} = (2k+1)\frac{\lambda}{2} \qquad (k=0, 1, 2, \cdots) \quad (暗环)$$

各级明暗牛顿环的半径分别为

$$r = \sqrt{(2k-1)R\frac{\lambda}{2}} \qquad (k=1, 2, 3, \cdots) \quad (明环半径)$$

$$r = \sqrt{kR\lambda} \qquad (k=0, 1, 2, \cdots) \quad (暗环半径)$$

距离牛顿环中心越远处，条纹越密集。

（3）迈克尔逊干涉仪（图 6-5）。

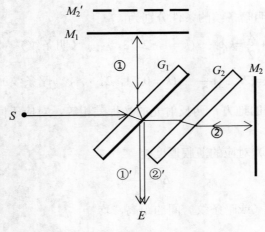

图 6-5

迈克尔逊干涉仪是利用分振幅法产生双光束以实现干涉的仪器。

分光板 G_1 的作用是将入射光分成振幅相等的两束光，补偿板 G_2 的作用是保证两束出射光不出现额外的光程差。

如果 S 是点光源，并且 M_1 和 M_2 严格垂直，E 处形成等倾干涉圆环；如果 S 是平行光源，并且 M_1 和 M_2 不严格垂直，E 处形成劈尖干涉条纹。

迈克尔逊干涉仪的实验原理：移动平面镜 M_1（或 M_2），如果在视场中移过 N 个等倾干涉中心暗斑，或移过 N 个劈尖干涉条纹，则平面镜 M_1（或 M_2）移动的距离 $\Delta d = N\dfrac{\lambda}{2}$。

二、例题分析

例题 1 一单色光照射到间距 $d = 0.1\text{mm}$ 的双缝上，双缝与光屏的垂直距离 $D = 1\text{m}$。

（1）测得第一级明条纹中心到同侧的第四级明条纹中心的距离 $\Delta x_{1,4} = 15.0\text{mm}$，求单色光的波长；

（2）如果入射光的波长 $\lambda = 600\text{nm}$，求相邻明条纹间的距离。

解：（1）对于空气中的双缝干涉，明条纹的坐标条件为

$$x = \pm k\frac{D}{d}\lambda \quad (k = 0,\ 1,\ 2,\ \cdots)$$

则第一级明条纹中心到同侧的第四级明条纹中心的距离

$$\Delta x_{1,4} = x_4 - x_1 = 4\frac{D}{d}\lambda - \frac{D}{d}\lambda = 3\frac{D}{d}\lambda$$

所以单色光的波长

$$\lambda = \frac{d \cdot \Delta x_{1,4}}{3D} = \frac{0.1 \times 15 \times 10^6}{3 \times 10^3}\text{nm} = 500 \ (\text{nm})$$

（2）当 $\lambda = 600\text{nm}$ 时，相邻明条纹的距离为

$$\Delta x = \frac{D}{d}\lambda = \frac{10^3}{0.1} \times 600 \times 10^{-6}\text{mm} = 6 \ (\text{mm})$$

例题 2 如图 6-6 所示，用折射率 $n = 1.5$ 的透明膜覆盖在狭缝 S_2 上，双缝间距 $d = 0.5\text{mm}$，双缝与光屏的垂直距离 $D = 2.5\text{m}$，当用一单色光照射双缝时，发现屏上的条纹移动的距离 $x = 1\text{cm}$，试求该透明膜的厚度 e。

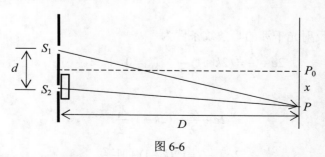

图 6-6

解：狭缝 S_2 未覆盖透明膜时，双缝到 P_0 的光程差等于零。当狭缝 S_2 被透明膜覆盖时，零光程差点从 P_0 移到 P，此时 P 点光程差

$$\Delta S = d\frac{x}{D} = 0.5 \times \frac{10}{2.5} = 2 \times 10^{-3} \text{（m）}$$

P 点光程差等于 S_2 到 P 点光程的增加：

$$\Delta S = ne - e = (n-1)e$$

因此可得

$$e = \frac{\Delta S}{n-1} = \frac{2 \times 10^{-3}}{1.5 - 1} = 4 \times 10^{-3} \text{（m）}$$

例题 3   如图 6-7 所示，薄膜介质的折射率为 n_2，薄膜上下介质的折射率分别为 n_1 和 n_3，并且 $n_2 > n_1$、$n_2 > n_3$。单色平行光垂直照射在薄膜上，薄膜上下两个表面反射的两束光发生干涉。已知薄膜的厚度为 e，λ_1 为入射光在折射率为 n_1 的介质中的波长，则两束反射光的光程差等于多少？

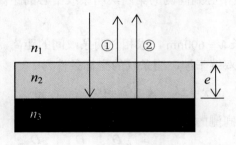

图 6-7

解：入射光在薄膜上表面从光疏介质入射到光密介质上存在半波损失，而薄膜下表面上的入射光从光密介质入射到光疏介质上没有半波损失。因此两束反射光的光程差

$$\Delta = 2n_2 e + \frac{\lambda}{2}$$

式中：λ 为光在真空中的波长，它与 λ_1 的关系为 $\lambda = n_1 \lambda_1$。因此：

$$\Delta = 2n_2 e + \frac{n_1 \lambda_1}{2}$$

例题 4   用波长为 λ_1 的单色光照射空气劈形膜，从反射光干涉条纹中观察到劈形膜装置的 A 点处是暗条纹。如果连续增大入射光波长，直到波长变为 λ_2 时，A 点再次变为暗条纹。求 A 点的空气薄膜厚度 e。

解：空气劈形膜反射光干涉的暗条纹条件为

$$2e + \frac{\lambda}{2} = (2k+1)\frac{\lambda}{2} \quad (k = 0,\ 1,\ 2,\ \cdots)$$

依题意有

$$2e + \frac{\lambda_1}{2} = (2k+1)\frac{\lambda_1}{2}$$

$$2e + \frac{\lambda_2}{2} = [2(k-1)+1]\frac{\lambda_2}{2}$$

由以上两式解得 A 点的空气薄膜厚度

$$e = \frac{\lambda_1 \lambda_2}{2(\lambda_2 - \lambda_1)}$$

例题 5 波长为 λ 的平行单色光垂直照射到劈形膜上，如果劈尖角为 θ，劈形膜的折射率为 n，则在反射光形成的干涉条纹中，相邻明条纹的间距等于多少？

解： 如果反射光在劈形膜的一个面有半波损失，则相邻明条纹对应的厚度差

$$\Delta e_1 = e_{k+1} - e_k = [2(k+1)-1]\frac{\lambda}{4n} - (2k-1)\frac{\lambda}{4n} = \frac{\lambda}{2n}$$

如果反射光在劈形膜的两个面都有或都没有半波损失，则相邻明条纹对应的厚度差

$$\Delta e_2 = e_{k+1} - e_k = (k+1)\frac{\lambda}{2n} - k\frac{\lambda}{2n} = \frac{\lambda}{2n}$$

显然，有

$$\Delta e_1 = \Delta e_2 = \Delta e$$

如图 6-8 所示，由几何关系容易得到

$$l \sin\theta = \Delta e$$

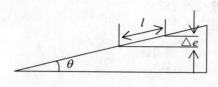

图 6-8

由于劈尖角 θ 很小，所以 $\sin\theta \approx \theta$。因此相邻明条纹的间距

$$l = \frac{\lambda}{2n\theta}$$

例题 6 牛顿环装置的平凸透镜和平板玻璃的折射率都是 1.52，如果将这个牛顿环装置由空气中搬入折射率为 1.33 的水中，则干涉条纹中心暗斑是否会变成亮斑？条纹的疏密程度会发生怎样的变化？

解：（1）设牛顿环装置的薄膜折射率为 n。

对于空气牛顿环，$n = 1 < 1.52$，空气薄膜上下表面反射光的光程差

$$\Delta_1 = 2e + \frac{\lambda}{2}$$

如果将牛顿环装置由空气中搬入水中，因为 $n = 1.33 < 1.52$，所以光程差

$$\Delta_2 = 2e + \frac{\lambda}{2}$$

因此干涉条纹中心仍然是暗斑，不会变成亮斑。

（2）以明条纹宽度为例讨论条纹疏密程度的变化。

第 k 级和 $k+1$ 级暗环半径公式分别为

$$r_k^2 = kR\lambda_n, \quad r_{k+1}^2 = (k+1)R\lambda_n$$

以上两式相减，可得明条纹的宽度

$$r_{k+1}^2 - r_k^2 = R\lambda_n = R\frac{\lambda}{n}$$

如果将牛顿环装置由空气中搬入折射率为 1.33 的水中，折射率 n 增大。由上式可以看出，当 n 增大时，$r_{k+1}^2 - r_k^2$ 减小，即条纹变密集。

例题 7　一个平凸透镜的顶点和一个平板玻璃接触，用单色光垂直照射，观察反射光形成的牛顿环。测得中央暗斑外第 k 个暗环半径为 r_1。现将透镜和玻璃板之间的空气换成折射率小于玻璃折射率的液体，第 k 个暗环的半径变为 r_2，由此可知该液体的折射率等于多少？

解：空气牛顿环和液体牛顿环的第 k 个暗环的半径 r_1、r_2 满足的关系式分别为

$$r_1^2 = kR\lambda \ , \quad r_2^2 = kR\lambda_n = kR\frac{\lambda}{n}$$

将以上两个公式相除，即得该液体的折射率

$$n = \frac{r_1^2}{r_2^2}$$

例题 8　如果在迈克尔逊干涉仪的可动反射镜 M 移动 0.620mm 的过程中，观察到干涉条纹移动 2300 条，则所用光波的波长等于多少？

解：由下述公式：

$$\Delta d = N\frac{\lambda}{2}$$

得所用光波的波长

$$\lambda = \frac{2\Delta d}{N} = \frac{2 \times 0.62 \times 10^6}{2300} = 539.1 \ \text{（nm）}$$

三、练习题

（一）选择题

1. 在相同的时间内，一束波长为 λ 的单色光在空气中和在玻璃中（　　）。
   A. 传播的路程相等，走过的光程相等
   B. 传播的路程相等，走过的光程不相等
   C. 传播的路程不相等，走过的光程相等
   D. 传播的路程不相等，走过的光程不相等

2. 在真空中波长为 λ 的单色光，在折射率为 n 的透明介质中的 A 点沿某路径传播到 B 点，若 A、B 两点相位差为 3π，则此路径 AB 的光程为（　　）。
   A. 1.5λ　　　B. $1.5n\lambda$　　　C. 3λ　　　　　D. $1.5\lambda/n$

3. 真空中波长为 λ 的单色光，在折射率为 n 的均匀透明介质中，从 A 点沿某一路径传播到 B 点，路径的长度为 l，A、B 两点光振动相位差记为 $\Delta\varphi$，则（　　）。
   A. $l = 3\lambda/2$，$\Delta\varphi = 3\pi$　　　　　B. $l = 3\lambda/(2n)$，$\Delta\varphi = 3n\pi$
   C. $l = 3\lambda/(2n)$，$\Delta\varphi = 3\pi$　　　　D. $l = 3n\lambda/2$，$\Delta\varphi = 3n\pi$

4. 两块平玻璃构成空气劈尖，左边为棱边，用单色平行光垂直入射，若上面的平玻璃以棱边为轴，沿逆时针方向做微小转动，则干涉条纹的（　　）。

A．间隔变小，并向棱边方向平移　　B．间隔变大，并向远离棱边方向平移

C．间隔不变，向棱边方向平移　　D．间隔变小，并向远离棱边方向平移

5．若把牛顿环装置（都用折射率为 1.52 的玻璃制成）由空气搬入折射率为 1.33 的水中，则干涉条纹（　　）。

    A．中心暗斑变成亮斑　　　　　　B．变疏

    C．变密　　　　　　　　　　　　D．间距不变

6．如图 6-9 所示，用单色光垂直照射在观察牛顿环的装置上，当平凸透镜垂直向上缓慢平移而远离平面玻璃时，可以观察到这些环状干涉条纹（　　）。

    A．向右平移　　　B．向中心收缩

    C．向外扩张　　　D．静止不动

    E．向左平移

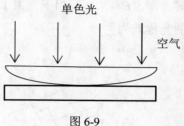

图 6-9

7．如图 6-10 所示，三种透明材料构成的牛顿环装置中，用单色光垂直照射，在反射光中观察干涉条纹，则在接触点 P 处形成的圆斑为（　　）。

    A．全明　　　　　　　　　　　　B．全暗

    C．右边都明，左边都暗　　　　　D．右边都暗，左边都明

8．如图 6-11 所示，平板玻璃和凸透镜构成的牛顿环装置，全部进入 $n_2 = 1.60$ 的液体中，凸透镜可沿 OO' 移动，用波长 $\lambda = 500$nm 的单色光垂直入射，从上向下观察，看到中心是一个暗斑，此时凸透镜顶点距平板玻璃的距离最少是（　　）。

    A．78.1nm　　　　B．74.4nm　　　　C．156.3nm　　　　D．148.8nm

    E．0

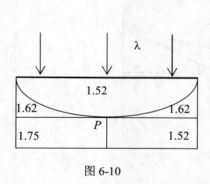

图 6-10

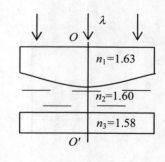

图 6-11

（二）填空题

1．在双缝干涉实验中，若两缝的间距为所用光波波长的 N 倍，观察屏到双缝的距离为 D，则屏上相邻明条纹的距离为_____。

2．在空气中用波长为 λ 的单色光进行双缝干涉实验时，相邻明条纹的间距为 1.33mm，当把实验装置放在水中时（水的折射率 $n = 1.33$），则相邻明条纹的间距变为_____。

3．若一双缝装置的两个缝分别被折射率为 n_1 和 n_2 的两块厚度均为 e 的透明介质遮盖，此时由双缝到屏上原中央极大所在处的两束光的光程差为_____。

4. 如图 6-12 所示，假设有两个同相位的相干点光源 S_1 和 S_2，发出波长为 λ 的光。A 是它们连线的中垂线上的一点，若在 S_1 与 A 之间插入厚度为 e、折射率为 n 的薄玻璃片，则两光源发出的光在 A 点的相位差 $\Delta\phi =$ _____，若已知 $\lambda = 500\text{nm}$，折射率 $n = 1.5$，A 点恰为第四级明条纹中心，则玻璃片的厚度 $e =$ _____ nm。

5. 如图 6-13 所示，S_1 和 S_2 为两个同相位的相干点光源，从 S_1 和 S_2 到观察点 P 的距离相等，即 $\overline{S_1P} = \overline{S_2P}$。相干光束 1 和 2 分别穿过折射率为 n_1 和 n_2、厚度皆为 l 的透明薄片，它们的光程差为_____。

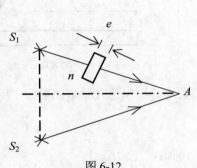

图 6-12

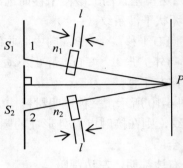

图 6-13

6. 如图 6-14 所示，在双缝干涉实验中 $SS_1 = SS_2$，用波长为 λ 的光照射双缝 S_1 和 S_2，通过空气后在屏幕 E 上形成干涉条纹。已知 P 点处为第三级明条纹，则 S_1 和 S_2 到 P 点的光程差为_____。若将整个装置放于某种透明液体中，P 点为第四级明条纹，则该液体的折射率 $n =$ _____。

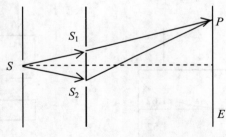

图 6-14

7. 用波长为 λ 的单色光垂直照射如图 6-15 所示的折射率为 n_2 的劈尖薄膜（$n_1 > n_2$，$n_3 > n_2$），观察反射光干涉。从劈尖棱边开始，第 2 条明条纹对应的薄膜厚度 $e =$ _____。

8. 波长为 λ 的平行单色光垂直照射到劈尖薄膜上，劈尖角为 θ，劈尖薄膜的折射率为 n，第 k 级明条纹与第 $k+5$ 级明条纹的间距是_____。

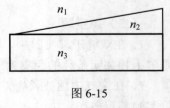

图 6-15

9. 如图 6-16 所示，用波长为 λ 的单色光垂直照射到空气劈尖上，从反射光中观察干涉条纹，距棱边 L 处是暗条纹，使劈尖角 θ 连续变大，直到该点处再次出现暗条纹为止，劈尖角的

改变量 $\Delta\theta$ 是_____。

10．图 6-17（a）为一块光学平板玻璃与一个加工过的平面一段接触构成的空气劈尖，用波长为 λ 的单色光垂直照射，看到的反射光干涉条纹（实线为暗条纹）如图 6-17（b）所示，则干涉条纹上 A 点处所对应的空气薄膜厚度为_____。

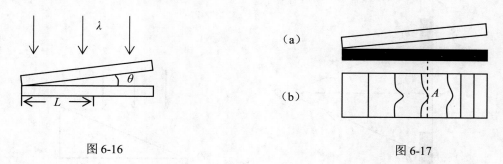

图 6-16　　　　　　　　　　　　　　　　　图 6-17

11．波长为 $\lambda=600nm$ 的单色光垂直照射到牛顿环装置上，第二级亮环与第五级亮环所对应的空气薄膜厚度差为_____ nm。

12．在迈克尔逊干涉仪的可动反射镜平移一微小距离的过程中，观察到干涉条纹恰好移动了 1848 条，所用单色光的波长为 546.1nm，由此可知反射镜平移的距离为_____ mm（给出四位有效数字）。

13．在迈克尔逊干涉仪的一支光路上，垂直于光路放入折射率为 n，厚度为 h 的透明介质薄膜，与未放入此薄膜时相比较，两光束光程差的改变量为_____。

（三）计算题

1．在双缝干涉实验中，若双缝间距为所用光波波长的 1000 倍，观察屏与双缝相距 50cm，求相邻明条纹的间距。

2．在双缝干涉实验中，用波长 $\lambda=500nm$ 的单色光垂直照射到双缝上，屏与双缝的距离 $D=200cm$，测得中央明条纹两侧的两条第十级明条纹中心之间的距离 $\Delta x=2.20cm$，求双缝之间的距离 d。

3．如图 6-18 所示，用波长为 λ 的单色光照射双缝干涉实验装置，并将一折射率为 n、劈角为 α（α 很小）的透明劈尖 b 插入光线 2 中，设缝光源 S、屏幕上的 O 点都在双缝 S_1 和 S_2 的中垂线上，要使 O 点的光强由最亮变为最暗，劈尖 b 至少应向上移动多大距离（只遮住 S_2）？

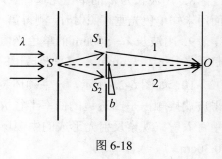

图 6-18

4．在图 6-19 所示的双缝干涉实验中，若用玻璃薄片（折射率 $n_1=1.4$）覆盖缝 S_1，用同样厚度的玻璃片（但折射率 $n_2=1.7$）覆盖缝 S_2，将使屏上原来未放玻璃时的中央明条纹所在处 O 点变为第五级明条纹，设单色光波长 $\lambda=4800\overset{0}{A}$，求玻璃片的厚度 d（可认为光线垂直穿过玻璃片）。

5．波长为 λ 的单色光垂直照射到折射率为 n_2 的劈尖薄膜上，如图 6-20 所示，图中 $n_1<n_2<n_3$，观察反射光形成的干涉条纹。

（1）从劈尖棱边 O 开始向右数起，第五条暗条纹中心所对应的薄膜厚度 e 是多少？

（2）相邻的两条明条纹所对应的薄膜厚度之差是多少？

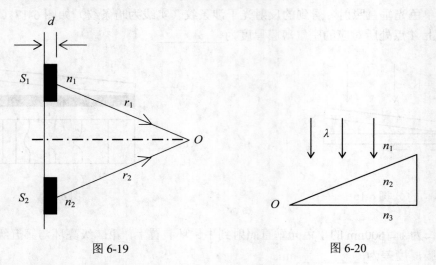

图 6-19

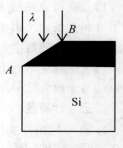

图 6-20

6. 如图 6-21 所示，在 Si 的平表面上镀了一层厚度均匀的 SiO_2 薄膜，为了测量薄膜厚度，将它的一部分磨成劈形（图 6-21 中的 AB 段）。先用波长 $\lambda = 600nm$ 的平行光垂直照射，观察反射光形成的等厚干涉条纹。在图 6-21 中 AB 段共有 8 条暗条纹，且 B 处恰好是一条暗条纹，求薄膜的厚度（Si 的折射率为 3.42，SiO_2 折射率为 1.50）。

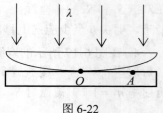

图 6-21

7. 波长 $\lambda = 650nm$ 的单色光垂直照射到劈尖形的液膜上，膜的折射率 $n = 1.33$，液面两侧是同一种介质，观察反射光的干涉条纹。

（1）离开劈尖棱边的第一条明条纹中心所对应的液膜厚度是多少？

（2）若相邻的明条纹间距 $l = 6mm$，上述第一条明条纹中心到劈尖棱边的距离 x 是多少？

8. 用波长为 λ_1 的单色光垂直照射牛顿环装置时，测得第一级和第四级暗环半径之差为 l_1，而用未知单色光垂直照射时，测得第一级和第四级暗环半径之差为 l_2，求未知单色光的波长 λ_2。

9. 用波长 $\lambda = 500nm$ 的单色光做牛顿环实验，测得第 k 个暗环半径 $r_k = 4mm$，第 $k+10$ 个暗环半径 $r_{k+10} = 6mm$，求平凸透镜的的曲率半径 R。

10. 如图 6-22 所示，一牛顿环装置，设平凸透镜中心恰好和平玻璃接触，平凸透镜的曲率半径 $R = 400cm$。用某单色平行光垂直入射，观察反射光形成的牛顿环，测得第 5 个明环的半径是 $0.30cm$。

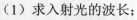

（1）求入射光的波长；

（2）设图 6-22 中 $OA = 100cm$，求在半径为 OA 的范围内可观察到的明环数目。

图 6-22

第七章　光的衍射

一、基本内容

（一）光的行射现象、惠更斯－菲涅耳原理

光的衍射现象：光在传播过程中遇到障碍物时，能够绕过障碍物的边缘进入光沿直线传播时所不能到达的阴影区。

光的衍射的基本条件：光的波长与障碍物的线度相近。

光的衍射的分类：①菲涅耳衍射：光源和接收屏或两者之一与衍射屏的距离为有限远；②夫琅禾费衍射：光源和接收屏与衍射屏的距离都为无限远。

惠更斯－菲涅耳原理：光波面上的每一点都可以看成是发出球面形子波的子波源，从同一波面上各点发出的子波，在传播过程中相遇时，也能相互叠加产生干涉现象；空间任一点波的强度，由各子波在该点的相干叠加所决定。

（二）夫琅禾费单缝衍射

图 7-1 是夫琅禾费单缝衍射的示意图。

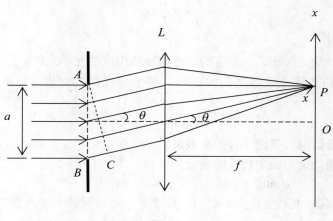

图 7-1

衍射角：子波射线与入射方向的夹角 θ。

半波带：从波面 AB 发出的各个子波沿 θ 方向传播，将波阵面 AB 划分成若干个等宽的带，使相邻两波带上的对应点发出的子波在 P 点相遇时的光程差等于 $\frac{\lambda}{2}$，这种等宽的波带就是半波带。

半波带数目

$$m = \frac{a\sin\theta}{\lambda/2}$$

单缝衍射明暗条纹条件：

$$\theta = 0 \text{ 或 } x = 0 \text{（中央明条纹）}$$

（1）单缝衍射明暗条纹的光程差条件为

$$a\sin\theta = \pm(2k+1)\frac{\lambda}{2} \quad (k=1,2,3,\cdots) \text{（明条纹）}$$

$k=1,2,3,\cdots$ 分别为第一级、第二级、第三级、……明条纹。

$$a\sin\theta = \pm 2k\frac{\lambda}{2} \quad (k=1,2,3,\cdots) \text{（暗条纹）}$$

$k=1,2,3,\cdots$ 分别为第一级、第二级、第三级、……暗条纹。

（2）单缝衍射明暗条纹的坐标条件为

$$x = \pm(2k+1)\frac{f}{a}\frac{\lambda}{2} \quad (k=1,2,3,\cdots) \text{（明条纹）}$$

$$x = \pm k\frac{f}{a}\lambda \quad (k=1,2,3,\cdots) \text{（暗条纹）}$$

上述公式中的正负号表示各级明条纹（或暗条纹）对称分布在中央明条纹的两侧。

中央明条纹宽度： 两个一级暗条纹之间的距离。

$$\Delta x_0 = 2\frac{f}{a}\lambda$$

其他条纹宽度： 相邻明条纹（或暗条纹）之间的距离。

$$\Delta x = \frac{f}{a}\lambda = \frac{1}{2}\Delta x_0$$

（三）光栅衍射

衍射光栅： 由大量等间距、等宽度的平行狭缝所组成的光学元件。

光栅常数 d： 相邻透光狭缝之间的距离，等于透光缝的宽度 a 与不透光缝的宽度 b 的和，即：

$$d = a+b$$

光栅衍射是单缝衍射与多缝干涉的总效果。

光栅方程： 光栅衍射形成主极大明条纹的条件，即：

$$d\sin\theta = \pm k\lambda \quad (k=0,1,2,\cdots)$$

$k=0$ 为零级（或中央）主极大，$k=1,2,3,\cdots$ 分别为第一级、第二级、第三级、……主极大。公式中的正负号表示各级主极大对称分布在零级主极大的两侧。

缺级现象： 如果光栅衍射的明条纹恰好处在单缝衍射暗条纹的位置上，这个主极大实际上并不出现的现象。

当衍射角 θ 同时满足光栅方程 $d\sin\theta = k\lambda$ 和单缝衍射暗条纹的条件 $a\sin\theta = k'\lambda$ 时发生缺级现象，缺少的级数

$$k = \frac{d}{a}k' = \frac{a+b}{a}k' \quad (k'=\pm1,\pm2,\pm3,\cdots)$$

光栅光谱： 光栅对白光衍射时，在中央主极大两侧形成的各级由紫到红对称排列的彩色光带。

（四）*圆孔衍射、光学仪器的分辨率

1. 圆孔衍射

圆孔夫琅禾费衍射：在单缝夫琅禾费衍射实验装置中，用一块开有圆孔的衍射屏代替单缝衍射屏，单色平行光垂直照射小孔衍射屏时，在透镜的焦平面上观察到的就是圆孔夫琅禾费衍射图样。

艾里斑：圆孔衍射的中央亮圆斑，相当于中央主极大。

艾里斑的角半径：艾里斑对透镜光心的半张角，即：

$$\theta = 1.22 \frac{\lambda}{D}$$

式中：λ 为入射单色光的波长；D 为圆孔的直径。

艾里斑的线半径：

$$r = \theta f = 1.22 \frac{f}{D} \lambda$$

其中 f 为透镜的焦距。

2. 光学仪器的分辨率

圆孔衍射会造成光学仪器的分辨本领降低。

瑞利判据：对于任一个光学仪器，如果一个物点衍射图样的艾里斑中央恰好与另一个物点衍射图样的第一个暗条纹重合，则认为这两个物点恰好可以被光学仪器分辨。

最小分辨角 θ_0：两个物点恰好能被光学仪器分辨时，这两个物点对透镜光心的张角。

显然，最小分辨角等于艾里斑的角半径，即：

$$\theta_0 = 1.22 \frac{\lambda}{D}$$

θ_0 越小，光学仪器的分辨本领越强。

分辨率：光学仪器最小分辨角的倒数，即：

$$\frac{1}{\theta_0} = \frac{D}{1.22\lambda}$$

二、例题分析

例题 1　在夫琅禾费单缝衍射实验中，波长为 λ 的单色光垂直入射到单缝上。在衍射角等于 $30°$ 的方向上，单缝处的波面可以划分成 4 个半波带，则狭缝宽度 a 等于 λ 的多少倍？

解：依题意有

$$\frac{a \sin 30°}{\lambda / 2} = 4$$

解之得

$$\frac{a}{\lambda} = 4$$

即此时狭缝宽度 a 等于 λ 的 4 倍。

例题 2　在夫琅禾费单缝衍射实验中，设第一级暗条纹的衍射角很小，如果波长 $\lambda_1 = 589\text{nm}$ 的黄光中央明条纹宽度 $\Delta x_{01} = 4.0\text{mm}$，则波长 $\lambda_2 = 442\text{nm}$ 的蓝紫色光的中央明

条纹宽度 Δx_{02} 为多少？

解： 对于同一个单缝衍射实验装置，两种波长光的中央明条纹宽度分别为

$$\Delta x_{01} = 2\frac{f}{a}\lambda_1, \quad \Delta x_{02} = 2\frac{f}{a}\lambda_2$$

两式相比，得

$$\frac{\Delta x_{02}}{\Delta x_{01}} = \frac{\lambda_2}{\lambda_1}$$

由此解得波长为 442nm 的蓝紫色光的中央明条纹宽度

$$\Delta x_{02} = \Delta x_{01}\frac{\lambda_2}{\lambda_1} = 4.0 \times \frac{442}{589} = 3.0 \quad (\text{mm})$$

例题 3 某元素的特征光谱中含有波长分别为 $\lambda_1 = 450\text{nm}$ 和 $\lambda_2 = 750\text{nm}$ 的光谱线。在光栅光谱中，这两种波长的谱线有重叠现象，重叠处波长为 λ_2 的谱线的级数应该是多少？

解： 两种波长的谱线的光栅方程分别为

$$d\sin\theta_1 = k_1\lambda_1, \quad d\sin\theta_2 = k_2\lambda_2$$

由于这两种谱线重叠，因此 $\theta_1 = \theta_2$，由上式容易得

$$k_1\lambda_1 = k_2\lambda_2$$

由此解得

$$\frac{k_1}{k_2} = \frac{\lambda_2}{\lambda_1} = \frac{5}{3}$$

可见，波长为 450nm 的光的第 5，10，15，20，…级光谱线分别与波长为 750nm 的光的第 3，6，9，12，…级光谱线重叠，即重叠处波长为 750nm 的谱线的级数应该是 3，6，9，12，…。

例题 4 已知平面透射光栅狭缝的宽度 $a = 1.582 \times 10^{-3}\text{mm}$，若以波长 $\lambda = 632.8\text{nm}$ 的氦氖激光垂直入射在这个光栅上，发现第四级缺级，凸透镜的焦距为 $f = 15\text{cm}$。试求：

（1）屏幕上第一级明条纹与第二级明条纹间的距离；

（2）屏幕上所呈现的全部明条纹数。

解：（1）设透射光栅中相邻两缝间不透明部分的宽度均等于 b，光栅常量 $d = a + b$。

当 $d = 4a$ 时，级数为 ± 4，± 8，± 12，…的谱线都消失，即缺级。

光栅常数 $d = 4a = 4 \times 1.582 \times 10^{-3} = 6.328 \times 10^{-3}\text{mm}$

由光栅方程 $d\sin\theta = k\lambda$ 可得 $d\sin\theta_1 = \lambda$，$d\sin\theta_2 = 2\lambda$

第一级、第二级明条纹的衍射角为

$$\sin\theta_1 = \frac{\lambda}{d}, \quad \sin\theta_2 = \frac{2\lambda}{d}$$

当 θ 很小时，$\sin\theta \approx \tan\theta = \frac{x}{f}$

则 $x_1 = f\tan\theta_1 \approx f\sin\theta_1 = \frac{f}{d}\lambda$，$x_2 = f\tan\theta_2 \approx f\sin\theta_2 = 2\frac{f}{d}\lambda$

屏幕上第一级与第二级明条纹间的距离为

$$\Delta x = x_2 - x_1 = \frac{f}{d}\lambda = \frac{1.5 \times 10^3}{6.328} \times 6.328 \times 10^{-3} = 1.5 \ (\text{mm})$$

（2）由光栅方程 $d\sin\theta = k\lambda$ 可得 $k = \dfrac{d\sin\theta}{\lambda}$

将 $\sin\theta = 1$ 代入可得 $k = 10$

考虑到缺级 $k = \pm 4$、± 8，则屏幕上显现的全部明条纹数为

$$2 \times (9-2) + 1 = 15$$

这里 $k = \pm 10$ 时，$\sin\theta = \pm 1$，对应衍射角 $\theta = \dfrac{\pi}{2}$，故无法观察到。

例题 5　汽车两盏前灯相距 l，与观察者相距 $L = 10\text{km}$。夜间人眼瞳孔直径 $d = 5.0\text{mm}$。人眼敏感波长 $\lambda = 550\text{nm}$，若只考虑人眼的圆孔衍射，则人眼可以分辨出汽车两前灯间距的最小值等于多少？

解：汽车两盏前灯对人眼瞳孔的最小可分辨张角

$$\theta_{\min} = 1.22\frac{\lambda}{d}$$

因此，人眼可以分辨出汽车两前灯间距的最小值

$$l_{\min} = L\theta_{\min} = 1.22\frac{L\lambda}{d} = \frac{1.22 \times 10^4 \times 550 \times 10^{-9}}{5.0 \times 10^{-3}} = 1.34 \ (\text{m})$$

三、练习题

（一）选择题

1. 在单缝夫琅和费衍射实验中波长为 λ 的单色光垂直入射到单缝上，对应于衍射角为 30° 的方向上，若单缝处波面可分成 3 个半波带，则缝宽度 a 等于（　　）。

　　A. λ　　　　　B. 1.5λ　　　　　C. 2λ　　　　　D. 3λ

2. 一束波长为 λ 的平行单色光垂直入射到一单缝 AB 上，装置如图 7-2 所示，在屏幕 D 上形成衍射图样，如果 P 是中央明条纹一侧第一个暗条纹所在的位置，则 BC 的长度为（　　）。

　　A. λ　　　　　B. $\dfrac{\lambda}{2}$　　　　　C. $\dfrac{3\lambda}{2}$　　　　　D. 2λ

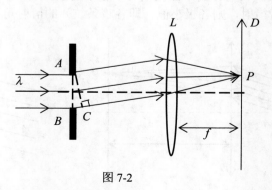

图 7-2

3. 在单缝夫琅和费衍射实验中，若增大缝宽，其他条件不变，则中央明条纹（　　）。

A. 宽度变小   B. 宽度变大

C. 宽度不变，且中心强度也不变   D. 宽度不变，但中心强度增大

4. 测量单色光的波长时，下列方法中最为准确的是（   ）。

A. 双缝干涉   B. 牛顿环   C. 单缝衍射   D. 光栅衍射

5. 一束白光垂直照射在一光栅上，在形成的同一级光栅光谱中，偏离中央明条纹最远的是（   ）。

A. 紫光   B. 绿光   C. 黄光   D. 红光

6. 某元素的特征光谱中含有波长分别为 $\lambda_1 = 450\text{nm}$ 和 $\lambda_2 = 750\text{nm}$ 的光谱线，在光栅光谱中，这两种波长的光谱线有重叠现象，重叠处 λ_2 的光谱线级数将是（   ）。

A. 2，3，4，5···   B. 2，5，8，11···

C. 2，4，6，8···   D. 3，6，9，12···

7. 波长 $\lambda = 5500\overset{0}{\text{A}}$ 的单色光垂直入射于光栅常数 $d = 2\times10^{-4}\text{cm}$ 的平面衍射光栅上，可能观察到的光谱线的最大级次为（   ）。

A. 2   B. 3   C. 4   D. 5

8. 设光栅平面、透镜均与屏幕平行，则当入射的平行单色光从垂直于光栅平面入射变为斜入射时能观察的光谱线的最高级数 k（   ）。

A. 变小   B. 变大   C. 不变   D. 改变无法确定

（二）填空题

1. 在单缝夫琅和费衍射实验中，波长为 λ 的单色光垂直入射在缝宽 $a = 2\lambda$ 的单缝上，对应于衍射角为 30°的方向，单缝处的波面可分成的半波带数目为_____个。

2. 在单缝夫琅和费衍射实验中，屏上第三级暗条纹对应的单缝处波面可划分成_____个半波带，若将缝宽减小一半，原来第三级暗条纹处将是第_____级_____纹。

3. 如图 7-3 所示，在单缝夫琅和费衍射示意图中，所画出的各条正入射光线间距相等，那么光线 1 与 3 在观察屏上 P 点上相遇时的相位差为_____，P 点应为第_____级_____纹。

4. 如图 7-4 所示，设波长为 λ 的平面波沿与单缝平面法线成 θ 角的方向入射，单缝 AB 的宽度为 a，观察夫琅和费衍射，则各极小值（即各暗条纹）的衍射角 $\varphi = $_____。

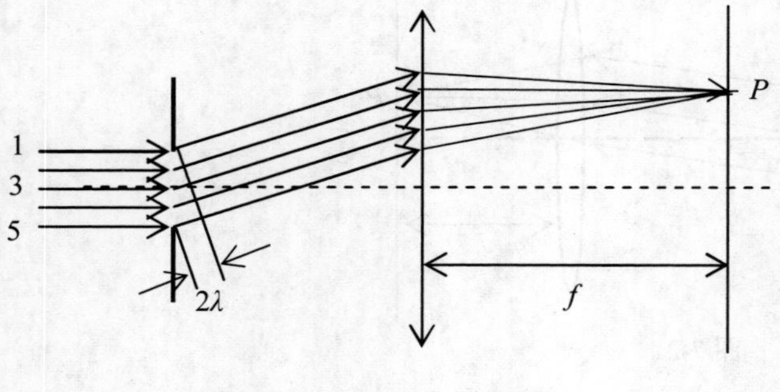

图 7-3

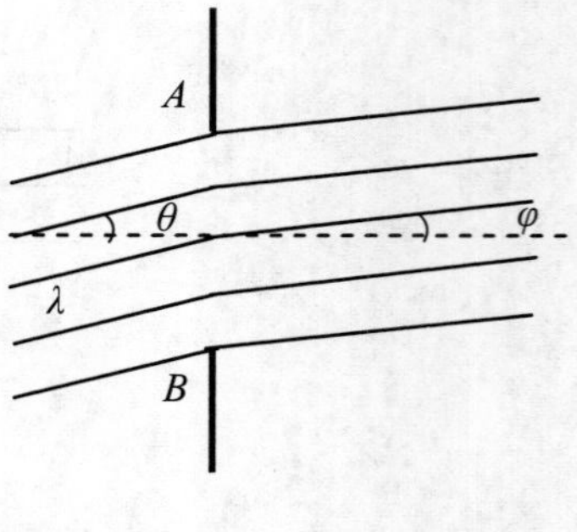

图 7-4

5．He-Ne 激光器发出 $\lambda = 632.8\text{nm}$ 的平行光束，垂直照射到一单缝上，在距单缝 3m 远的屏上观察夫琅和费衍射图样，测得两个第二级暗条纹间的距离是 10cm，则单缝的宽度 $a = $＿＿＿＿＿＿＿。

6．波长为 $\lambda = 600\text{nm}$ 的单色平行光，垂直入射到缝宽 $a = 0.60\text{mm}$ 的单缝上，缝后有一焦距 $f = 60\text{cm}$ 的凸透镜，在透镜焦平面上观察衍射图样。则中央明条纹的宽度为＿＿＿＿＿＿＿，两个第三级暗条纹之间的距离为＿＿＿＿＿＿＿。

7．平行单色光垂直入射在缝宽 $a = 0.12\text{mm}$ 的单缝上，缝后有焦距为 $f = 400\text{mm}$ 的凸透镜，在其焦平面上放置观察屏幕。现测得屏幕上中央明条纹两侧的两个第三级暗条纹之间的距离为 8mm，则入射光的波长 $\lambda = $＿＿＿＿＿＿＿。

8．波长为 λ 的单色光垂直入射于缝宽为 a、总缝数为 N、光栅常数为 d 的光栅上，光栅方程（表示出现主极大的衍射角 φ 应满足的条件）为＿＿＿＿＿＿＿。

9．用波长 $\lambda = 546.1\text{nm}$ 的单色光垂直照射在一透射光栅上，在分光计上测得第一级光谱线的衍射角 $\theta = 30°$，则该光栅每一毫米上有＿＿＿＿＿＿＿条刻痕。

10．某单色光垂直入射到一个每毫米有 800 条刻痕的光栅上，如果第一级光谱线的衍射角为 30°，则入射光的波长应为＿＿＿＿＿＿＿。

11．用平行的白光垂直入射在平面透射光栅上时，波长 $\lambda_1 = 400\text{nm}$ 的第三级光谱线，将与波长 $\lambda_2 = $＿＿＿＿＿＿＿的第二级光谱线重叠。

12．用波长为 λ 的单色光垂直入射在一块多缝光栅上，其光栅常数 $d = 3\mu\text{m}$，缝宽 $a = 1\mu\text{m}$，则在单缝衍射的中央明条纹内总共有＿＿＿＿＿＿＿条光谱线（主极大）。

13．用波长为 λ 的单色平行红光垂直照射在光栅常数 $d = 2.0\times10^3\text{nm}$ 的光栅上，用焦距 $f = 0.500\text{m}$ 的凸透镜将光会聚在屏上，测得夫琅和费图样的第一级光谱线与透镜主焦点的距离 $l = 0.1667\text{m}$。则可知该入射红光的波长 $\lambda = $＿＿＿＿＿＿＿。

（三）计算题

1．波长 $\lambda = 600\text{nm}$ 的单色光垂直入射到宽度 $a = 0.10\text{mm}$ 的单缝上，观察夫琅和费衍射图样，凸透镜焦距 $f = 1.0\text{m}$，屏在透镜的焦平面处，求：

（1）中央衍射明条纹的宽度 Δx_0；

（2）第二级暗条纹距透镜焦点的距离 l。

2．用波长 $\lambda = 632.8\text{nm}$ 的平行光垂直入射单缝，缝宽 $a = 0.15\text{mm}$，缝后用凸透镜把衍射光会聚在焦平面上，测得第二级与第三级暗条纹之间的距离为 1.7mm，求此透镜的焦距。

3．一双缝，缝间距 $d = 0.40\text{mm}$，两缝宽度都是 $a = 0.080\text{mm}$，用波长 $\lambda = 480.0\text{nm}$ 的平行光垂直照射双缝，在双缝后放一焦距 $f = 2.0\text{m}$ 的凸透镜。求：

（1）在透镜焦平面处的屏上，双缝干涉条纹的间距 Δx；

（2）在单缝衍射中央明条纹范围内的双缝干涉明条纹数目 N。

4．用波长 $\lambda = 589.3\text{nm}$ 的钠黄光垂直入射在每毫米有 500 条缝的光栅上，求第一级主极大的衍射角。

5．一束具有两种波长 λ_1 和 λ_2 的平行光垂直照射到一衍射光栅上，测得波长 λ_1 的第三级主极大衍射角和 λ_2 的第四级主极大衍射角均为 30°。已知 $\lambda_1 = 560.0\text{nm}$，试求：

（1）光栅常数 $a + b$；

（2）波长 λ_2 。

6．用一束具有两种波长的平行光垂直入射在光栅上，$\lambda_1 = 6000 \overset{0}{\text{A}}$，$\lambda_2 = 4000 \overset{0}{\text{A}}$，发现距中央明条纹 5cm 处入 λ_1 光的第 k 级主极大和 λ_2 光的第 $k+1$ 级主极大相重合，放置在光栅与屏之间的凸透镜的焦距 $f = 50\text{cm}$，问：

（1）上述 k 为多少？

（2）光栅常数 d 为多少？

7．一块每毫米 500 条缝的光栅，用钠黄光正入射，观察衍射光谱。钠黄光包含两种光谱线，其波长分别为 $\lambda_1 = 589.6\text{nm}$ 和 $\lambda_2 = 589.0\text{nm}$。求在第二级光谱线中这两条光谱线互相分离的角度。

8．某种单色光垂直入射到一个光栅上，由单色光波长和已知的光栅常数，按光栅方程算得 $k = 4$ 的主极大对应的衍射方向为 $90°$，并且知道无缺级现象。实际上可观察到的主极大共有几条？

9．以波长 $\lambda = 500.0\text{nm}$ 的单色光斜入射在光栅常数 $d = 2.10\mu\text{m}$、缝宽 $a = 0.700\mu\text{m}$ 的光栅上，入射角为 $30°$，求能看到哪几级光谱线。

第八章　光的偏振

一、基本内容

（一）自然光和偏振光

1. 光的偏振态

偏振：在垂直于传播方向的平面上，横波只能沿某一特定方向振动，相对传播方向的不对称性称为偏振。

光的偏振态：光矢量的振动状态。

光的五种基本偏振态：自然光、线偏振光、部分偏振光、圆偏振光和椭圆偏振光。

2. 自然光、线偏振光和部分偏振光

自然光：在一切可能的方向都有光振动，并且各个方向的光矢量的振幅都相等的光。

图 8-1 是自然光的几种表示方法。

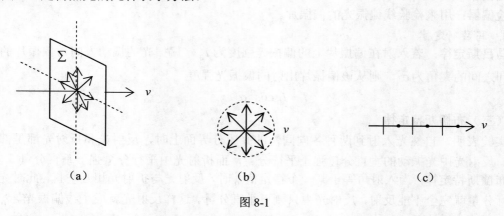

图 8-1

线偏振光（或偏振光、全偏振光等）：如果光在沿一个固定方向传播的过程中光矢量的振动方向和光的传播方向所构成的振动面是确定的，则这种光称为平面偏振光，又称线偏振光。

图 8-2 是线偏振光的两种表示方法。

（a）　　　　　　　　　　（b）

图 8-2

部分偏振光：在垂直传播方向的平面内，各方向的光振动都有，但振幅不等，这种光称为部分偏振光。

图 8-3 是部分偏振光的几种表示方法。

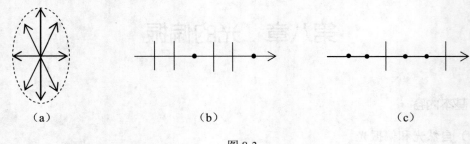

（a）   （b）   （c）

图 8-3

（二）马吕斯定律

1. 起偏与检偏

偏振片：在透明的基片上蒸镀一层具有二向色性物质晶粒而制成，这种物质对相互垂直的两个分振动光矢量有选择地吸收，一个方向吸收强烈，而另一方向吸收很少。

偏振化方向：偏振片基本上只允许某一特定方向的光振动通过，这一方向称为偏振片的偏振化方向（或透振方向）。

起偏器：用来产生线偏振光的偏振片。

检偏器：用来检验线偏振光的偏振片。

2. 马吕斯定律

马吕斯定律：若入射在偏振片上的偏振光强度为 I_0 ，偏振光的振动方向与偏振片的偏振化方向之间的夹角为 α ，则从该偏振片出射的偏振光强度

$$I = I_0 \cos^2 \alpha$$

（三）布儒斯特定律

实验表明，自然光入射到两种各向同性的介质分界面上时，反射光和折射光都是部分偏振光，反射光中光振动的垂直分量强于平行分量，而折射光中平行分量强于垂直分量。

布儒斯特定律：当入射角等于某一个特定值 i_0 时，反射光与折射光相互垂直，此时光振动的平行分量就完全不能反射，反射光中只剩下垂直分量。这样反射光就成了线偏振光。i_0 满足的关系式为

$$\tan i_0 = \frac{n_2}{n_1}$$

式中：n_1、n_2 分别是介质 1 和介质 2 的折射率。

（四）光的双折射

双折射现象：当光由空气入射到各向异性晶体上时，可以观察到有两束折射光，这一现象称为双折射现象。

寻常光和非常光：在晶体中的两束折射光中，遵从折射定律的那束折射光称为寻常光，简称 o 光；不遵守折射定律，而且还不一定在入射面内的另一束折射光称为非常光，简称 e 光。

o 光和 e 光都是线偏振光。

晶体的光轴：晶体内存在一个特殊的方向，当光沿这一个方向传播时不产生双折射现象。此时 o 光与 e 光沿着同一个方向传播，且传播速度相同。这个特殊的方向称为晶体的光轴。

单轴晶体：只有一个光轴的晶体称为单轴晶体，如方解石、石英等。

光线的主截面：晶体中由光线和光轴所确定的平面。o 光与光轴所确定的平面叫作 o 光主截面，e 光与光轴所确定的平面叫作 e 光主截面。

o 光的振动方向垂直于自己的主截面，e 光的振动方向平行于自己的主截面。

二、例题分析

例题 1　一束光是自然光和线偏振光的混合光，让它垂直通过一个偏振片。若以此入射光束为轴旋转偏振片，测得透射光强度最大值是最小值的 5 倍，那么入射光束中自然光与线偏振光的光强比值为多少？

解：设该光束中自然光和线偏振光的强度分别为 I_0 和 I_1。

当以此入射光束为轴旋转偏振片时，透射光强度的最大值和最小值分别为

$$I_{\max} = \frac{I_0}{2} + I_1 , \qquad I_{\min} = \frac{I_0}{2}$$

依题意有 $I_{\max} = 5 I_{\min}$，即：

$$\frac{I_0}{2} + I_1 = 5 \frac{I_0}{2}$$

解之得

$$\frac{I_0}{I_1} = \frac{1}{2}$$

例题 2　一束光强为 I_0 的自然光相继通过三个偏振片 P_1、P_2、P_3 后，出射光的光强为 $I_0/8$，已知 P_1 和 P_2 的偏振化方向相互垂直，若以入射光线为轴旋转 P_2，要使出射光的光强为零，P_2 最少要转过多大的角度？

解：由于 P_1 和 P_2 的偏振化方向相互垂直，而自然光相继通过三个偏振片后的光强不等于零，说明自然光通过偏振片的顺序为 P_1、P_3、P_2。

如图 8-4 所示，设偏振片 P_1 和 P_3 的夹角为 θ，由马吕斯定律得出射光强为

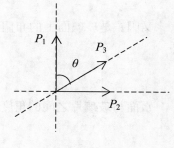

$$I = \frac{I_0}{2} \cos^2 \theta \cos^2 \left(\frac{\pi}{2} - \theta \right) = \frac{I_0}{8} \sin^2 2\theta$$

依题意可知 $I = I_0/8$，代入上式解得

$$\theta = 45°$$

图 8-4

偏振片 P_2 和 P_3 的夹角也为 45°，当 P_2 与 P_3 垂直时才能使出射光的光强为零，因此 P_2 最少要转过 45°。

例题 3　一束自然光从空气入射到玻璃表面上，当折射角 $r = 30°$ 时，反射光是完全线偏振光，则此玻璃板的折射率等于多少？

解：因为反射光为完全线偏振光，所以入射角为布儒斯特角，则有

$$i_0 + r = 90°$$

由此解得

$$i_0 = 90° - r = 60°$$

该玻璃板的折射率为

$$n = \tan i_0 = \tan 60° = 1.73$$

例题 4　如图 8-5 所示，自然光由空气入射到折射率 $n_2 = 1.33$ 的水面上，当以 i 角入射时反射光为完全线偏振光。现有一玻璃片浸入水中，其折射率 $n_2 = 1.5$，如果使玻璃面反射光也为完全线偏振光，求水面与玻璃片之间的角度 α。

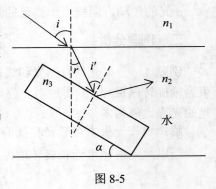

图 8-5

解：当入射光以布儒斯特入射时，反射光为完全线偏振光，

$$i + r = 90°$$

根据图 8-5 知

$$i' = \alpha + r$$

由折射定律得

$$n_1 \sin i = n_2 \sin r$$

则有

$$\sin r = \frac{n_1}{n_2} \sin i = \frac{n_1}{n_2} \cos r$$

由布儒斯特定律得

$$\tan r = \cot i = \frac{n_1}{n_2} = \frac{1}{1.33}$$

$$r = 36°56'$$

又因 i' 是玻璃面上的布儒斯特角，所以

$$\tan i' = \frac{n_3}{n_2} = \frac{1.5}{1.33} = 1.128$$

$$i' = 48°26'$$

水面与玻璃片之间的角度：

$$\alpha = i' - r = 48°26' - 36°56' = 11°30'$$

三、练习题

（一）选择题

1．两偏振片堆叠在一起，一束自然光垂直入射其上时没有光线通过。当其中一偏振片慢慢转动 180° 时透射光强度发生的变化为（　　　）。

　　A．光强单调增加

　　B．光强先增加，后又减小至零

　　C．光强先增加，后减小，再增加

D. 光强先增加，然后减小，再增加，再减小至零

2. 一束光强为 I_0 的自然光垂直穿过两个偏振片，且此两偏振片的偏振化方向成 45°角，若不考虑偏振片的反射和吸收，则穿过两个偏振片后的光强 I 为（   ）。

A. $\dfrac{\sqrt{2}I_0}{4}$　　　　B. $\dfrac{I_0}{4}$　　　　C. $\dfrac{I_0}{2}$　　　　D. $\dfrac{\sqrt{2}I_0}{2}$

3. 一束光强为 I_0 的自然光，相继通过三个偏振片 P_1、P_2、P_3 后，出射光的光强为 $I = I_0/8$。已知 P_1 和 P_3 的偏振化方向相互垂直，若以入射光线为轴，旋转 P_2，要使出射光的光强为零，P_2 最少要转过的角度是（   ）。

A. 30°　　　　B. 45°　　　　C. 60°　　　　D. 90°

4. 一束光是自然光和线偏振光的混合光，让它垂直通过一偏振片，若以此入射光束为轴旋转偏振片，测得透射光强度最大值是最小值的 5 倍，那么入射光束中自然光与线偏振光的光强比值为（   ）。

A. $\dfrac{1}{2}$　　　　B. $\dfrac{1}{5}$　　　　C. $\dfrac{1}{3}$　　　　D. $\dfrac{2}{3}$

5. 自然光以 60°的入射角照射到不知其折射率的某一透明介质表面时，反射光为线偏振光，则知（   ）。

A. 折射光为线偏振光，折射角为 30°

B. 折射光为部分偏振光，折射角为 30°

C. 折射光为线偏振光，折射角不能确定

D. 折射光为部分偏振光，折射角不能确定

6. 一束自然光自空气射向一块平板玻璃（图 8-6），设入射角等于布儒斯特角 i_0，则在界面 2 的反射光（   ）。

A. 是自然光

B. 是完全线偏振光且光矢量的振动方向垂直于入射面

C. 是完全线偏振光且光矢量的振动方向平行于入射面

D. 是部分偏振光

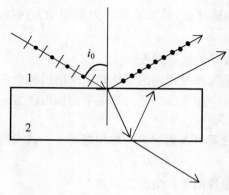

图 8-6

（二）填空题

1. 两个偏振片堆叠在一起，其偏振化方向相互垂直。若一束强度为 I_0 的线偏振光入射，其光矢量振动方向与第一偏振片偏振化方向夹角为 $\pi/4$，则穿过第一偏振片后的光强为_____，穿过两个偏振片后的光强为_____。

2. 要使一束线偏振光通过偏振片之后振动方向转过 90°，至少需要让这束光通过_____块理想偏振片。在此情况下，透射光强最大是原来光强的_____倍。

3. 使光强为 I_0 的自然光依次垂直通过三块偏振片 P_1、P_2、P_3，P_1 与 P_2 的偏振化方向成 45°角，P_2 与 P_3 的偏振化方向成 45°角，则透过三块偏振片的光强 I 为_____。

4. 如果从一池静水（$n=1.33$）的表面反射出来的太阳光是完全偏振的，那么太阳的仰角（图 8-7）大致等于_____，在这反射光中的 $\vec{E}$ 矢量的方向应_____。

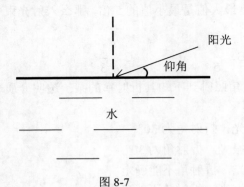

图 8-7

（三）计算题

1. 三个偏振片 P_1、P_2、P_3 按此顺序叠在一起，P_1、P_3 的偏振化方向保持相互垂直，P_1 与 P_2 的偏振化方向的夹角为 α，P_2 可以入射光线为轴转动。今以强度为 I_0 的单色自然光垂直入射在偏振片上，不考虑偏振片对可透射分量的反射和吸收：

（1）求穿过三个偏振片后的透射光强度 I 与 α 角的函数关系式；

（2）试定性画出在 P_2 转动一周的过程中透射光强 I 随 α 角变化的函数曲线。

2. 将两个偏振片叠放在一起，此两偏振片的偏振化方向之间的夹角为 60°，一束光强为 I_0 的线偏振光垂直入射到偏振片上，该光束的光矢量振动方向与两偏振片的偏振化方向皆成 30°角：

（1）求透过每个偏振片后的光束强度；

（2）若将原入射光束换为强度相同的自然光，求透过每个偏振片后的光强。

3. 将三个偏振片叠放在一起，第二个与第三个的偏振化方向分别与第一个的偏振化方向成 45°和 90°角：

（1）强度为 I_0 的自然光垂直入射到这一堆偏振片上，试求经每一偏振片后的光强和偏振状态；

（2）如果将第二个偏振片抽走，情况又如何？

4. 如图 8-8 所示，介质 I 为空气（$n_1=1.00$），II 为玻璃（$n_2=1.60$），两个交界面相互平行，一束自然光由介质 I 中以 i 角入射，若使 I、II 交界面上的反射光为线偏振光，

（1）入射角 i 是多大？

（2）图中玻璃上表面处折射角是多大？

（3）在图中玻璃板下表面处的反射光是否也是线偏振光？

5．如图 8-9 所示的三种透明介质 Ⅰ、Ⅱ、Ⅲ，其折射率分别为 $n_1=1.00$、$n_2=1.43$ 和 n_3，Ⅰ、Ⅱ 和 Ⅱ、Ⅲ 的界面相互平行，一束自然光由介质 Ⅰ 中入射，若在两个交界面上的反射光都是线偏振光，则

（1）入射角 i 是多大？

（2）折射率 n_3 是多大？

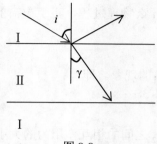

图 8-8

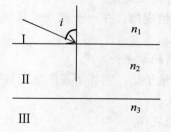

图 8-9

第九章 真空中的静电场

一、基本内容

（一）电荷 库仑定律

1. 电荷守恒定律

电荷守恒定律：在一个孤立的系统内，无论发生什么物理过程，正负电荷的代数和总是保持不变的。

2. 电荷的量子化

电荷的量子化：物体所带的电荷是元电荷的整数倍的现象。即：

$$q = \pm Ne \quad N = 1, 2, 3, \cdots$$

3. 库仑定律：

真空中的库仑定律：真空中两个静止点电荷 q_1 和 q_2 之间的相互作用力的大小与 q_1、q_2 的乘积成正比，与它们距离 r 的平方成反比，作用力的方向沿着两个点电荷的连线。即：

$$\vec{F} = \frac{1}{4\pi\varepsilon_0} \frac{q_1 q_2}{r^2} \vec{e}_r$$

式中：$\vec{r}$ 为由施力电荷向受力电荷作的矢径；$\vec{e}_r$ 为 $\vec{r}$ 的单位矢量。

4. 电场和电场强度

静电场：由相对于观测者静止的带电体产生的电场。

电场是一种看不见、摸不着的特殊形态的物质。

电场强度 $\vec{E}$：单位正试探电荷所受到的电场力。即：

$$\vec{E} = \frac{\vec{F}}{q_0}$$

电场强度的单位为 N/C 或 V/m。

点电荷的电场强度：

$$\vec{E} = \frac{1}{4\pi\varepsilon_0} \frac{q}{r^2} \vec{e}_r$$

（二）电场强度叠加原理

电场强度叠加原理：多个带电体在某点产生的电场强度，等于各个带电体单独存在时在该点产生的电场强度的矢量和。即：

$$\vec{E} = \frac{1}{4\pi\varepsilon_0} \sum_{i=1}^{n} \frac{q_i}{r_i^2} \vec{e}_{r_i}$$

若带电体是连续分布的，则可写成：

$$\vec{E} = \frac{1}{4\pi\varepsilon_0} \int \frac{\mathrm{d}q}{r^2} \vec{e}_r$$

（三）电场的高斯定理

1. 电场线

电场线：用来形象地描述电场分布的一系列有向曲线。

电场线的性质：

（1）起始于正电荷，终止于负电荷；

（2）空间任意两条电场线不相交；

（3）不形成闭合曲线。

2. 电通量

电通量 ϕ_e：通过电场中某曲面的电场线条数。

$$\phi_e = \int_S E \cos\theta \, dS = \int_S \bar{E} \cdot d\bar{S}$$

3. 高斯定理

高斯定理：在真空中通过某闭合曲面 S 的电通量等于该曲面所包围的电荷代数和除以真空电容率 ε_0。

$$\oint_S \bar{E} \cdot d\bar{S} = \frac{1}{\varepsilon_0} \sum_i q_i$$

（四）静电场的环路定理

静电场的环路定理：在静电场中，电场强度沿任意环路积分等于零。即：

$$\oint_L \bar{E} \cdot d\bar{l} = 0$$

该定理表明静电场是保守力场（或有势场）。

（五）电势和电势能

1. 电势能

电荷 q 在电场中某点的电势能，等于将该电荷由该点移到零电势能参考点过程中静电场力所做的功。

设 P_0 为零势能点，即 $E_{P_0} = 0$，则电场中 P 点的电势能

$$E_P = W_{PP_0} = q \int_P^{P_0} \bar{E} \cdot d\bar{l}$$

2. 电势

电场中某点 P 的电势 U_P 等于单位正电荷位于 P 点所具有的电势能。

$$U_P = \frac{E_P}{q} = \int_P^{\infty} \bar{E} \cdot d\bar{l}$$

电场中 a、b 两点间的电势差

$$U_{ab} = U_a - U_b = \int_a^b \bar{E} \cdot d\bar{l}$$

3. 电势叠加原理

电势叠加原理：多个带电体在某点产生的电势，等于各个带电体单独存在时在该点产生的电势的代数和。

$$U = \frac{1}{4\pi\varepsilon_0} \sum_{i=1}^n \frac{q_i}{r_i}$$

若带电体是连续分布的，则可写成：

$$U = \frac{1}{4\pi\varepsilon_0} \int \frac{\mathrm{d}q}{r}$$

（六）电场强度和电势的关系

1. 等势面

等势面：电势相等的点所构成的曲面。

静电场中等势面的性质：

（1）沿等势面移动电荷时电场力不做功；

（2）电场线与等势面处处垂直；

（3）任意两个等势面不相交。

2. 电场强度与电势的关系

电势梯度是指电势在空间的变化率，其定义为

$$\nabla U = \frac{\partial U}{\partial x}\vec{i} + \frac{\partial U}{\partial y}\vec{j} + \frac{\partial U}{\partial z}\vec{k}$$

电场强度与电势的关系：电场中任意一点的电场强度矢量，等于该点的电势梯度矢量的负值。即：

$$\vec{E} = -\nabla U$$

上式表明：

（1）电场强度的方向是电势变化最快的方向；

（2）等势面越密集的地方电场越强，等势面越稀疏的地方电场越弱；

（3）电场强度总是指向电势降低的方向。

二、例题分析

例题 1　如图 9-1 所示，在真空中一长为 l 的细杆，杆上均匀分布着电量为 q 电荷。试求：在杆的延长线上，距杆的一端距离为 d 的 P 点处的电场强度大小。

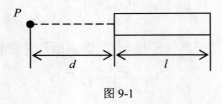

图 9-1

解：如图 9-2 所示，以 P 点为原点，向右为 x 轴的正向，在细杆上取一微元电荷 $\mathrm{d}q$，微元长度为 $\mathrm{d}x$，微元电荷 $\mathrm{d}q$ 在 P 点产生的场强

$$\mathrm{d}E = \frac{\mathrm{d}q}{4\pi\varepsilon_0 r^2} = \frac{\lambda \mathrm{d}x}{4\pi\varepsilon_0 x^2}$$

式中：$\lambda = \dfrac{q}{l}$，λ 称为电荷线密度。

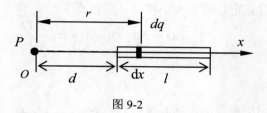

图 9-2

$$E = \frac{\lambda}{4\pi\varepsilon_0} \int_d^{d+l} \frac{\mathrm{d}x}{x^2} = \frac{q}{4\pi\varepsilon_0 l}\left(\frac{1}{d} - \frac{1}{d+l}\right)$$

例题 2 如图 9-3 所示，已知真空中有一个半径为 R 的均匀带电球面，试求出此带电球面在空间激发的电场强度。

解： 均匀带电球面在空间激发的电场分为球面内和球面外两部分空间，利用静电场的高斯定理来求解。

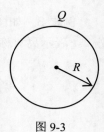

图 9-3

如图 9-4（a）所示，在球面内，以 r（$r < R$）为半径，作一高斯面 S，由于静电场关于球对称，故高斯面 S 上的各点电场强度大小相等，方向不相同，但是高斯面上任一点的场强方向与该点所在面积元 $\mathrm{d}s$ 的法线正向相同，根据静电场的高斯定理：

$$\oint_S \vec{E} \cdot \mathrm{d}\vec{S} = \oint_S E\,\mathrm{d}S = \frac{1}{\varepsilon_0}\sum_i q_i$$

由于高斯面 S 内所包围的电荷 $\sum_i q_i = 0$，所以有

$$\oint_S E\,\mathrm{d}S = 0$$

即可得出电场强度：
$$E = 0$$

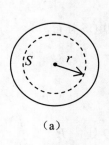 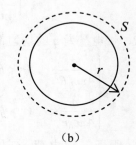

（a）   （b）

图 9-4

如图 9-4（b）所示，在球面外，以 r（$r > R$）为半径，作一高斯面 S，根据静电场的高斯定理：

$$\oint_S \vec{E} \cdot \mathrm{d}\vec{S} = \oint_S E\,\mathrm{d}S = \frac{1}{\varepsilon_0}\sum_i q_i$$

高斯面 S 内所包围的电荷 $\sum_i q_i = Q$，有

$$\oint_S E\,\mathrm{d}S = \frac{Q}{\varepsilon_0}$$

由于高斯面 S 上的各点电场强度大小相等，所以有

$$\oint_S E\,\mathrm{d}S = E\oint_S \mathrm{d}S = E \cdot 4\pi r^2 = \frac{Q}{\varepsilon_0}$$

可得出电场强度：

$$E = \frac{Q}{4\pi\varepsilon_0 r^2}$$

即均匀带电球面在空间激发的电场强度可表示为

$$E = \begin{cases} 0 & (r < R) \\ \dfrac{Q}{4\pi\varepsilon_0 r^2} & (r > R) \end{cases}$$

例题 3   如图 9-5 所示，（a）、（b）两条曲线表示球对称性静电场的场强大小 E 的分布情况，r 表示离对称中心的距离，它们分别是由什么带电体产生的电场？

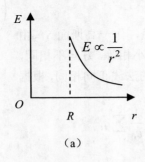

图 9-5

解：（a）图是半径为 R、带电量为 q 的均匀带电球面的电场分布，为

$$E = \begin{cases} 0 & (r < R) \\ \dfrac{q}{4\pi\varepsilon_0 r^2} & (r > R) \end{cases}$$

（b）图是半径为 R、带电量为 q 的均匀带电球体的电场分布，为

$$E = \begin{cases} \dfrac{q}{4\pi\varepsilon_0 R^3} r & (r < R) \\ \dfrac{q}{4\pi\varepsilon_0 r^2} & (r > R) \end{cases}$$

例题 4   如图 9-6 所示，点电荷 $+Q$ 位于圆心 O 处，P、A、B、C 为同一圆上四个点，若将试验电荷 q_0 从 P 点移到 A、B、C 各点，则电场力所做的功分别为多少？

解：电场力是保守力，所以电场力做功等于电势能的减少，即：

$$W_{AB} = q(U_A - U_B)$$

由于 P、A、B、C 各点的电势相等，因此，将试验电荷 q_0 从 P 点移到 A、B、C 各点，电场力做的功也都相等，均为 0。

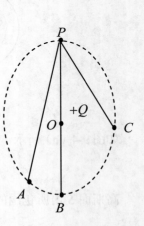

图 9-6

例题 5 已知某静电场的电势 $U = x^3 - 6xy - 4y^2$，式中各量均采用国际单位制，则点 $(1,2,3)$ 处的电场强度等于多少？

解：根据场强和电势的微分关系，得

$$E_x = -\frac{\partial U}{\partial x} = -3x^2 + 6y = 9 \text{ V/m}$$

$$E_y = -\frac{\partial U}{\partial y} = 6x + 8y = 22 \text{ V/m}$$

$$E_z = 0$$

因此，点 $(1,2,3)$ 处的电场强度：

$$\vec{E} = 9\vec{i} + 22\vec{j} \text{ (V/m)}$$

三、练习题

（一）选择题

1．有三个直径相同的小球，小球 1 和小球 2 带等量异号电荷，两者的距离远大于小球直径，相互作用力为 F，小球 3 不带电，并装有绝缘手柄。用小球 3 和小球 1 碰一下，接着又再和小球 2 碰一下，然后移去。则此时小球 1 和小球 2 之间的相互作用力为（　　）。

    A．0 　　　　　B．$\dfrac{F}{2}$ 　　　　　C．$\dfrac{F}{4}$ 　　　　　D．$\dfrac{F}{8}$

2．在坐标原点放一正电荷 Q，它在 P（$x=1, y=0$）点产生的电场强度为 $\vec{E}$。现在，另外有一负电荷 $-2Q$，应将放在（　　）才能使 P 点的电场强度为零。

    A．X 轴上 $x>1$ 　　　　　　　　B．X 轴上 $0<x<1$

    C．X 轴上 $x<0$ 　　　　　　　　D．Y 轴上 $y>0$

3．一个带正电荷的质点，在电场力作用下从 A 点出发经 C 点运动到 B 点，其运动轨迹如图示。已知质点的运动速率是递增的，下面关于 C 点的场强方向的四个图形中正确的是（　　）。

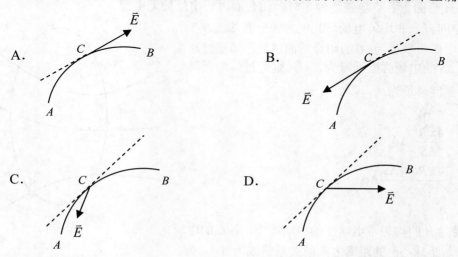

4．在边长为 a 的正方体中心处放置一电量为 Q 的点电荷，则在一个侧面中心处的电场强度的大小为（　　）。

A. $\dfrac{Q}{4\pi\varepsilon_0 a^2}$　　　　　　　　　B. $\dfrac{Q}{2\pi\varepsilon_0 a^2}$

C. $\dfrac{Q}{\pi\varepsilon_0 a^2}$　　　　　　　　　D. $\dfrac{Q}{2\sqrt{2}\pi\varepsilon_0 a^2}$

5. 关于电场强度定义式 $\vec{E} = \vec{F}/q_0$，下列说法正确的是（　　）。

　　A. 场强 $\vec{E}$ 的大小与试探电荷 q_0 的大小成反比

　　B. 对场中某点，试探电荷受力 $\vec{F}$ 与 q_0 的比值不因 q_0 而改变

　　C. 试探电荷受力 $\vec{F}$ 的方向就是场强 $\vec{E}$ 的方向

　　D. 若场中某点不放试探电荷 q_0，则 $\vec{F} = 0$，从而 $\vec{E} = 0$

6. 下面列出的真空中静电场的场强公式，其中正确的是（　　）。

　　A. 点电荷 q 的电场：$\vec{E} = \dfrac{q}{4\pi\varepsilon_0 r^2}$

　　B. "无限长"均匀带电直线（电荷线密度 λ）的电场：$\vec{E} = \dfrac{\lambda}{2\pi\varepsilon_0 r^3}\vec{r}$

　　C. "无限大"均匀带电平面（电荷面密度 σ）的电场：$\vec{E} = \pm\dfrac{\sigma}{2\varepsilon_0}$

　　D. 半径为 R 的均匀带电球面（电荷面密度 σ）外的电场：$\vec{E} = \dfrac{\sigma R^2}{\varepsilon_0 r^3}\vec{r}$

7. 根据高斯定理的数学表达式 $\oint \vec{E}\cdot\mathrm{d}\vec{S} = \sum\dfrac{q}{\varepsilon_0}$，可知下列各说法中正确的是（　　）。

　　A. 闭合面内的电荷代数和为零时，闭合面上各点场强一定为零
　　B. 闭合面内的电荷代数和不为零时，闭合面上各点场强一定处处不为零
　　C. 闭合面内的电荷代数和为零时，闭合面上各点场强不一定处处为零
　　D. 闭合面上各点场强均为零时，闭合面内一定处处无电荷

8. 在空间有一非均匀电场，其电力线分布如图 9-7 所示，在电场中作一半径为 R 的闭合球面 S，已知通过球面上某一面元 ΔS 的电场强度通量为 $\Delta\phi_e$，则通过该球面其他部分的电场强度通量为（　　）。

　　A. $-\Delta\phi_e$

　　B. $\dfrac{4\pi R^2}{\Delta S}\Delta\phi_e$

　　C. $\dfrac{4\pi R^2 - \Delta S}{\Delta S}\Delta\phi_e$

　　D. 0

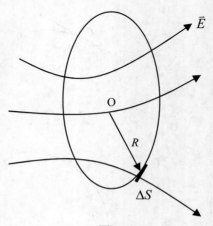

图 9-7

9. 半径为 R 的均匀带电球面的静电场中，各点的电场强度大小 E 与距球心 r 的距离之间的关系曲线为（　　）。

A.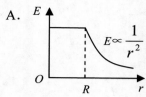

B.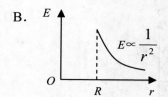

C.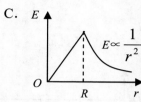

D.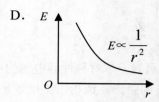

10. 半径为 R 的均匀带电球面，若其电荷面密度为 σ，则在距离球面 R 处的电场强度大小为（　　）。

A. $\dfrac{\sigma}{\varepsilon_0}$ 　　　　 B. $\dfrac{\sigma}{2\varepsilon_0}$ 　　　　 C. $\dfrac{\sigma}{4\varepsilon_0}$ 　　　　 D. $\dfrac{\sigma}{8\varepsilon_0}$

11. 有一边长为 a 的正方形平面，在其中垂线上距中心 O 点 $\dfrac{1}{2}a$ 处，有一电量为 q 的正点电荷，如图 9-8 所示，则通过该平面的的电场强度通量为（　　）。

A. $\dfrac{2}{3}q\pi$ 　　　 B. $\dfrac{q}{4\pi\varepsilon_0}$ 　　　 C. $\dfrac{q}{3\pi\varepsilon_0}$ 　　　 D. $\dfrac{q}{6\varepsilon_0}$

12. 一电场强度为 $\bar{E}$ 的均匀电场，$\bar{E}$ 的方向与 x 轴正向平行，如图 9-9 所示，则通过图中一半径为 R 的半球面的电场强度通量为（　　）。

A. $\pi R^2 E$ 　　　 B. $\dfrac{1}{2}\pi R^2 E$ 　　　 C. $2\pi R^2 E$ 　　　 D. 0

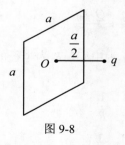

图 9-8

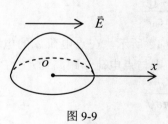

图 9-9

13. 有四个等量点电荷在 OXY 平面上的四种不同组态，所有点电荷均与原点等距。设无穷远处电势为零，则原点 O 处电场强度和电势均为零的组态是（　　）。

A.

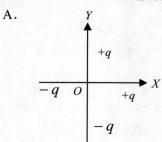

B.

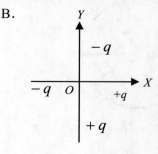

C.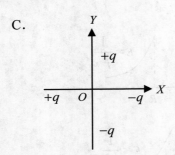

D.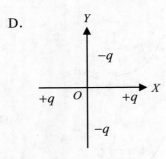

14. 如图 9-10 所示为一球对称性静电场的电势分布曲线，r 表示离对称中心的距离，请指出该电场是（   ）产生的。

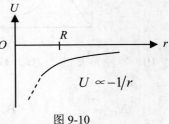

图 9-10

A. 半径为 R 的均匀带负电球面。

B. 半径为 R 的均匀带负电球体

C. 正点电荷

D. 负点电荷

15. 一半径为 R 的均匀带电球面，带电量为 Q，若规定该球面上的电势值为零，则无限远处的电势将等于（   ）。

A. $\dfrac{Q}{4\pi\varepsilon_0 R}$ B. 0   C. $\dfrac{-Q}{4\pi\varepsilon_0 R}$ D. ∞

16. 真空中一半径为 R 的球面均匀带电 Q，在球心 O 处有一带电量为 q 的点电荷，如图 9-11 所示，设无穷远处电势为零，则在球内离球心 O 距离为 r 的 P 点处的电势为（   ）。

A. $\dfrac{q}{4\pi\varepsilon_0 r}$

B. $\dfrac{1}{4\pi\varepsilon_0}\left(\dfrac{q}{r}+\dfrac{Q}{R}\right)$

C. $\dfrac{q+Q}{4\pi\varepsilon_0 r}$

D. $\dfrac{1}{4\pi\varepsilon_0}\left(\dfrac{q}{r}+\dfrac{Q-q}{R}\right)$

17. 如图 9-12 所示，在点电荷 q 的电场中，选取以 q 为中心，R 为半径的球面上一点 P 处作电势零点，则与点电荷 q 距离为 r 的 P' 点的电势为（   ）。

A. $\dfrac{q}{4\pi\varepsilon_0 r}$

B. $\dfrac{q}{4\pi\varepsilon_0}\left(\dfrac{1}{r}-\dfrac{1}{R}\right)$

C. $\dfrac{q}{4\pi\varepsilon_0(r-R)}$

D. $\dfrac{q}{4\pi\varepsilon_0}\left(\dfrac{1}{R}-\dfrac{1}{r}\right)$

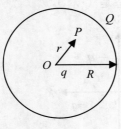

图 9-11

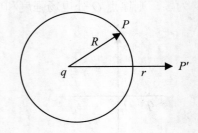

图 9-12

18. 如图 9-13 示，在 $+q$ 的电场中，若取 P 点为电势零点，则 M 点的电势为（　　）。

A. $\dfrac{q}{4\pi\varepsilon_0 a}$　　B. $\dfrac{q}{8\pi\varepsilon_0 a}$　　C. $\dfrac{-q}{4\pi\varepsilon_0 a}$　　D. $\dfrac{-q}{8\pi\varepsilon_0 a}$

19. 真空中有一电量为 Q 的点电荷，在与它相距为 r 的 a 点处有一试验电荷 q，现使试验电荷 q 点沿半圆弧轨道运动到 b 点，如图 9-14 所示，则在此过程中，电场力做功为（　　）。

A. $\dfrac{Qq}{4\pi\varepsilon_0 r^2}\cdot\dfrac{\pi r^2}{2}$　　　　　　B. $\dfrac{Qq}{4\pi\varepsilon_0 r^2}\cdot 2r$

C. $\dfrac{Qq}{4\pi\varepsilon_0 r^2}\cdot r\pi$　　　　　　D. 0

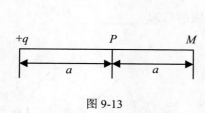

图 9-13

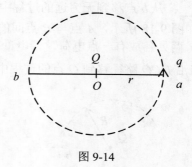

图 9-14

20. 静电场中某点电势的数值等于（　　）。

A. 试验电荷 q_0 置于该点时具有的电势能的数值

B. 单位试验电荷置于该点时具有的电势能的数值

C. 单位正电荷置于该点时具有的电势能的数值

D. 把单位正电荷从该点移到电势零点外力所做功的数值

21. 如图 9-15 所示，边长为 a 的等边三角行的三个顶点上，放置着三个正的点电荷，电量分别为 q、$2q$、$3q$。若将另一正点电荷 Q 从无穷远处移到三角行的中心 O 处，外力所做的功为（　　）。

A. $\dfrac{2\sqrt{3}qQ}{4\pi\varepsilon_0 a}$　　B. $\dfrac{4\sqrt{3}qQ}{4\pi\varepsilon_0 a}$

C. $\dfrac{6\sqrt{3}qQ}{4\pi\varepsilon_0 a}$　　D. $\dfrac{8\sqrt{3}qQ}{4\pi\varepsilon_0 a}$

22. 关于电场强度与电势之间的关系，下列说法中正确的是（　　）。

A. 在电场中，场强为零的点，电势必为零

B. 在电场中，电势为零的点，电场强度必为零

C. 在电势不变的空间，场强处处为零

D. 在场强不变的空间，电势处处为零

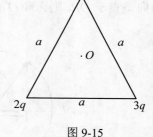

图 9-15

（二）填空题

1. 一电量为 $-5\times10^{-9}\,\mathrm{C}$ 的试验电荷放在电场中某点时，受到 $20\times10^{-9}\,\mathrm{N}$ 竖直向下的力，

则该点的电场强度大小为_____，方向_____。

2. 两块"无限大"的带电平行板，其电荷面密度分别为 σ（$\sigma>0$）及 -2σ，如图 9-16 所示，试写出各区域的电场强度 $\vec{E}$。

（1）Ⅰ区 $\vec{E}$ 的大小_____，方向_____；

（2）Ⅱ区 $\vec{E}$ 的大小_____，方向_____；

（3）Ⅲ区 $\vec{E}$ 的大小_____，方向_____。

3. 如图 9-17 所示，电量为 q 的试验电荷，在电量为 $+Q$ 的点电荷产生的静电场中，沿半径为 R 的 $\dfrac{3}{4}$ 圆弧轨道由 a 点移到 b 点的过程中，电场力做功为_____；从 b 点移到无穷远的过程中，电场力做功为_____。

4. 如图 9-18 所示，A 点与 B 点间的距离为 $2l$，OCD 是以 B 为中心，l 为半径的半圆路径。A、B 两处各放有一点电荷，带电量分别为 $+q$ 和 $-q$，把另一带电量为 Q（$Q<0$）的点电荷从 D 点沿 DCO 路径移到 O 点的过程中，电场力做的功为_____。

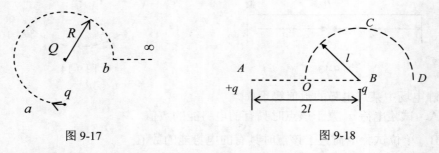

图 9-17　　　　　　　　　　　　　　　图 9-18

5. 一均匀带电直线长为 d，电荷线密度为 $+\lambda$，以导线中点 O 为球心，R 为半径（$R>d$）作一球面，如图 9-19 所示，则通过该球面的电场强度通量为_____，带电直线的延长线与球面交点 P 处的电场强度的大小为_____，电场强度方向为_____。

6. 如图 9-20 所示，一电荷线密度为 λ 的无限长带电直线垂直通过图上的 A 点；一电量为 Q 的均匀带电球体，球心处于 O 点。$\triangle AOP$ 是边长为 a 的等边三角形。为了使 P 点处场强方向垂直于 OP，则 λ 和 Q 的数量之间应满足关系_____，且 λ 和 Q 为_____号电荷。

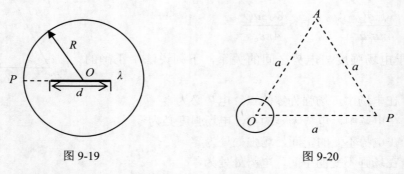

图 9-19　　　　　　　　　　　　　　　图 9-20

7. 真空中一半径为 R 的均匀带电球面，总电量为 Q（$Q>0$）。今在球面上挖去非常小块面积 ΔS（连同电荷），并且假设不影响原来的电荷分布，则挖去 ΔS 后球心处电场强度的大小

$E = $ _____，其方向为 _____。

8. 如图 9-21 所示，点电荷 $+q$ 和 $-q$ 被包围在高斯面 S 内，则通过该高斯面的电场强度通量 $\oint \vec{E} \cdot d\vec{S} = $ _____，式中 $\vec{E}$ 为 _____ 处的场强。

9. 半径为 R 的半球面置于场强为 $\vec{E}$ 的均匀电场中，其对称轴与场强方向一致，如图 9-22 所示。则通过该半球面的电场强度通量为 _____。

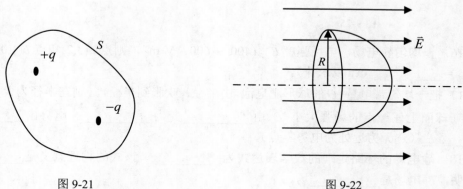

图 9-21   图 9-22

10. 想像电子的电荷 $-e$ 均匀分布在半径 $r_e = 1.4 \times 10^{-15}$ m（经典的电子半径）的球表面上，电子表面附近的电势（以无穷远处为电势零点）$U = $ _____。

11. 半径为 0.1m 的孤立导体球，其电势为 300V，则离导体球中心 30cm 处的电势（以无穷远处为电势零点）$U = $ _____。

12. 图 9-23 中所示为静电场的电场线图。若有一负电荷从 a 点经历任意路径移到 b 点，电场力做 _____ 功（填"正"或"负"）；a、b 两点 _____ 点电势高。

13. 如图 9-24 所示，有一点电荷 q 位于正立方体的 A 角上，则通过立方体侧面 $abcd$ 的电通量 $\phi_e = $ _____。

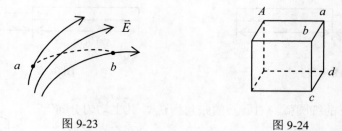

图 9-23   图 9-24

14. 如图 9-25 所示为一边长均为 a 的等边三角形，其三个顶点分别放置着电量为 $+q$、$+2q$、$+3q$ 的三个正点电荷，若将一电量为 Q 的正点电荷从无穷远处移至三角形的中心 O 处，则外力需要做功 $A = $ _____。

15. 如图 9-26 所示，一点电荷带电量 $q = 10^{-9}$ C，A、B、C 三点分别距离点电荷 10cm、20cm、30cm。若选 B 点的电势为零，则 A 点的电势为 _____，C 点的电势为 _____（$\varepsilon_0 = 8.85 \times 10^{-12}$ C$^2 \cdot$ N$^{-1} \cdot$ m^{-2}）。

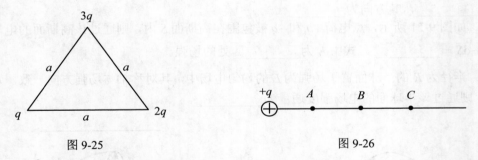

图 9-25   图 9-26

16．一均匀静电场，电场强度 $\vec{E} = (400\vec{i} + 600\vec{j})$ V·m^{-1}，则点 $a(3,2)$ 和点 $b(1,0)$ 之间的电势差 U_{ab} =_____（xy 以米计）。

17．把一均匀带电量+Q 的球形肥皂泡，由半径 r_1 吹胀到半径 r_2，则在半径为 R（$r_1 < R < r_2$）的高斯球面上任一点的场强大小 E 由_____变为_____；电势由_____变为_____（选无穷远处为电势零点）。

18．静电场的环路定理的数学表达式为_____。该式的物理意义是_____该定理表明，静电场是_____场。

（三）计算题

1．在真空中有一长为 10cm 的细杆，细杆上的电荷均匀分布，已知其电荷线密度为 $\lambda = 1.0 \times 10^{-5}$ C/m。在杆的延长线上，距杆的一端距离 $d = 10$ cm 的一点上，有一电量 $q_0 = 2.0 \times 10^{-5}$ C 的点电荷，如图 9-27 所示，试求该点电荷所受的电场力。（$\varepsilon_0 = 8.85 \times 10^{-12}$ C^2·N^{-1}·m^{-2}）。

2．如图 9-28 所示，一长为 10cm 的均匀带正电细杆，其带电量为 1.5×10^{-8} C，试求在杆的延长线上距杆的端点 5cm 处的 P 点的电场强度（$\dfrac{1}{4\pi\varepsilon_0} = 9 \times 10^9$ N·m^2/C^2）。

图 9-27   图 9-28

3．一段半径为 a 的细圆弧，对圆心的张角为 θ_0，其上均匀分布有正电荷 q，如图 9-29 示。试以 a、q、θ_0 表示出圆心 O 处的电场强度。

4．实验表明，在靠近地面处有相当强的电场，电场强度 $\vec{E}$ 垂直于地面向下，大小约为 100N/C；在离地面 1.5km 高的地方，$\vec{E}$ 也垂直于地面向下，大小约为 25N/C。

（1）试计算从地面到此高度大气中电荷的平均体密度；

（2）假设地球表面处的电场强度完全是由均匀分布在地球表面的电荷产生。求地面上的电荷面密度（$\varepsilon_0 = 8.85 \times 10^{-12}$ C^2·N^{-1}·m^{-2}）。

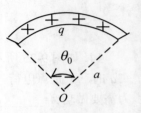

图 9-29

5．将一"无限长"的带电细线弯成图 9-30 所示的形状，假设电荷均匀分布，电荷线密度为 λ，四分之一圆弧 AB 半径为 R，试求圆心 O 点的场强。

6．如图 9-31 所示，两个点电荷，电量分别为+q 和-3q，相距为 d，试求：

（1）在它们的连线上，电场强度 $\vec{E}=0$ 的点在什么位置？

（2）若选无穷远处电势为零，两点电荷间电势 $U=0$ 的点在什么位置？

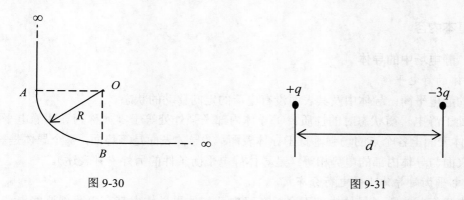

图 9-30　　　　　　　　　　图 9-31

7．电量 q 均匀分布在长为 2l 的细杆上，如图 9-32 所示，求在杆外延长线上与杆端距离为 a 的 P 点的电势（选取无穷远为电势零点）。

8．如图 9-33 中所示为一沿 X 轴放置的长度为 l 的不均匀带电细杆，其电荷线密度 $\lambda=\lambda_0(x-a)$，λ_0 为一常量。取无穷远为电势零点，求坐标原点处的电势。

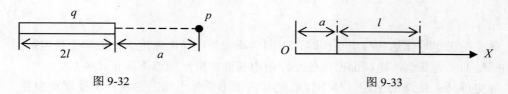

图 9-32　　　　　　　　　　图 9-33

9．如图 9-34 所示，两个半径均为 R 的非导体球壳，表面上均匀带电，带电量分别为+Q 和-Q，两球心相距为 $d(d\gg 2R)$。求两球心间电势差。

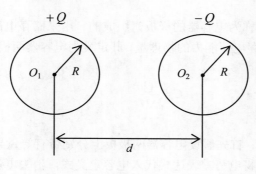

图 9-34

第十章 静电场中的导体和电介质

一、基本内容

（一）静电场中的导体

1. 导体的静电平衡

导体的静电平衡：导体中及其表面没有电荷的定向移动的状态。

导体处于静电平衡状态时的性质：①导体内部场强处处等于零（称为导体静电平衡的条件）；②导体表面上各个点的场强垂直于导体表面；③导体表面是等势面，整个导体是等势体，并且导体表面与导体内部的电势相等（是导体静电平衡条件的另外一种表述）。

2. 静电平衡时导体上的电荷分布

在静电平衡状态下，导体内部不会存在静电荷，如果导体上带有电荷，这些电荷只能分布在导体的表面上。

如果导体空腔内没有电荷，在导体达到静电平衡时，空腔表面不存在静电荷，空腔内部场强处处为零、电势处处相等。

导体达到静电平衡时，表面的场强与该处导体表面的电荷面密度成正比。即：

$$E = \frac{\sigma}{\varepsilon_0}$$

孤立的带电导体达到静电平衡时，表面曲率大处电荷面密度大，曲率小处电荷面密度小，表面凹处曲率为负值，电荷面密度更小，但电荷面密度与曲率不成正比关系。

静电屏蔽：接地的空腔导体不仅能使其内部不受外电场的影响，也能避免空腔内的电场对外界产生影响，它起到了防止和隔绝内外电场相互影响的作用。

（二）电容器

1. 电容器及其电容

电容器：由两个导体（称为电容器的极板）组成的、用来储存电荷或电能的装置。

电容 C：描述电容器储存电荷能力的物理量，其定义为电容器两极板间加单位电势差时所容纳的电量，即：

$$C = \frac{Q}{\Delta U}$$

2. 典型电容器的电容

电容器电容的计算方法：首先假设电容器两极板上分别带有等量异号的电荷 $+Q$ 和 $-Q$，再求出两极板的电势差，最后将电势差表达式代入电容定义式，消去电量 Q 得到电容器的电容公式。

电介质：电阻率很大、导电能力很差的物质。

电介质的电容率 ε 与真空电容率 ε_0 的关系为

$$\varepsilon = \varepsilon_r \varepsilon_0$$

式中：ε_r 为电介质的相对电容率，$\varepsilon_r > 1$

（1）平板电容器的电容为

$$C = \frac{\varepsilon S}{d}$$

式中：S 为两极板的面积；d 为两极板间的距离。

（2）球形电容器的电容

$$C = \frac{4\pi\varepsilon R_A R_B}{R_A - R_B}$$

式中：R_A 和 R_B 分别为内外球壳的半径。

半径为 R 的孤立的导体球的电容

$$C = 4\pi\varepsilon R$$

（3）圆柱形电容器的电容

$$C = \frac{2\pi\varepsilon L}{\ln \dfrac{R_B}{R_A}}$$

式中：R_A 和 R_B 分别为内外圆柱面的半径；L 为两圆柱面的长度。

电容器的电容与极板的尺寸、形状和相对位置有关，还与两极板间的介质性质有关，而与电容器所带电量和两极板间的电势差无关。

3. 电容器的连接

（1）电容器的串联。电容器串联时，每个电容器两端的电压之和等于总电压，即：

$$\Delta U = \Delta U_1 + \Delta U_2 + \Delta U_3 + \cdots + \Delta U_n$$

电容器串联时，每个电容器带的电量都相等，即：

$$q = q_1 = q_2 = q_3 = \cdots = q_n$$

电容器串联的总电容的倒数等于各个电容器电容的倒数之和，即：

$$\frac{1}{C} = \frac{1}{C_1} + \frac{1}{C_2} + \frac{1}{C_3} + \cdots + \frac{1}{C_n}$$

电容器串联时，电压的分配与电容器的电容成反比。即：

$$\Delta U_1 : \Delta U_2 : \Delta U_3 : \cdots : \Delta U_n = \frac{1}{C_1} : \frac{1}{C_2} : \frac{1}{C_3} : \cdots : \frac{1}{C_n}$$

电容器的耐压值：电容器不被击穿而能承受的最高电压值。

电容器串联可以提高时压能力。

（2）电容器的并联。电容器并联时，每个电容器两端的电压等于总电压，即：

$$\Delta U = \Delta U_1 = \Delta U_2 = \Delta U_3 = \cdots = \Delta U_n$$

电容器并联时，每个电容器带的电量之和等于总电量，即：

$$q = q_1 + q_2 + q_3 + \cdots + q_n$$

电容器并联的总电容等于各电容器的电容之和，即：

$$C = C_1 + C_2 + C_3 + \cdots + C_n$$

电容器并联时，电量的分配与电容器的电容成正比。即：

$$q_1 : q_2 : q_3 : \cdots : q_n = C_1 : C_2 : C_3 : \cdots : C_n$$

如果需要比较大的电容，可以将几个电容器并联起来使用。

（三）电介质中静电场的基本规律

1. 电介质的极化

无极分子和有极分子：等效正电荷中心与等效负电荷中心重合的电介质分子称为无极分子，而等效正电荷中心与等效负电荷中心不重合的电介质分子称为有极分子。

极化：电介质在外电场力的作用下，在沿着电场方向的两个端面上出现正、负电荷的现象。

极化电荷：电介质极化时，其表面出现的电荷。极化电荷是束缚电荷。

电介质极化时，其内部的总电场 $\overline{E}$ 等于外电场 $\overline{E}_0$ 与极化电荷产生的附加电场 $\overline{E}'$ 的矢量和，即：

$$\overline{E} = \overline{E}_0 + \overline{E}'$$

上式的标量式为

$$E = E_0 - E'$$

对于各向同性的均匀电介质，$\overline{E}$ 与 $\overline{E}_0$ 的关系为

$$\overline{E} = \frac{\overline{E}_0}{\varepsilon_r}$$

2. 有电介质时的高斯定理

电位移：$\overline{D} = \varepsilon \overline{E}$

电位移的单位是 C/m^2，其量纲为 $IL^{-2}T$。

有电介质时的高斯定理：通过任意闭合曲面的电位移通量等于该曲面所包围的自由电荷的代数和。即：

$$\oint_S \overline{D} \cdot \mathrm{d}\overline{S} = \sum_i q_i$$

（四）静电场的能量

1. 带电电容器的能量

电容器储能公式为

$$W_e = \frac{Q^2}{2C} = \frac{1}{2}C\Delta U^2 = \frac{1}{2}Q\Delta U$$

2. 静电场的能量

电场能量密度 ω：单位体积内的电场能量。

$$\omega_e = \frac{1}{2}\varepsilon E^2 = \frac{1}{2}DE$$

电场能量

$$W_e = \int_V \omega_e \mathrm{d}V$$

二、例题分析

例题 1   一个不带电的导体球壳内有一个点电荷 $+q$，它与球壳内壁不接触。如果将该球

壳与地面接触一下后，再将点电荷+q取走，则球壳带的电荷为多少？电场分布在什么范围？

解：将导体球壳与地面接触一下后，导体球壳的电势为零。设球壳表面均匀带有电荷Q，由电势叠加原理得球壳表面的电势为

$$\frac{q}{4\pi\varepsilon_0 R}+\frac{Q}{4\pi\varepsilon_0 R}=0$$

即球壳表面带有的电荷$Q=-q$，即使将点电荷+q取走，球壳带的电荷也不会改变。

将点电荷+q取走后，球壳表面的电荷$-q$产生的电场分布在球壳外的整个空间，球壳内的场强等于零。

例题2　一个平行板电容器，充电后与电源断开，如果将电容器两极板间距离拉大，则两极板间的电势差、电场强度的大小和电场能量将发生如何变化？

解：将平行板电容器充电后与电源断开，其电量Q保持不变。将电容器两极板间距离拉大，其电容C减小。

根据$\Delta U=\dfrac{Q}{C}$可知，在电量Q不变、电容C减小的情况下，平行板电容器两极板间的电势差增大。

根据$E=\dfrac{\sigma}{\varepsilon_0}$可知，电量$Q$不变，平行板电容器极板上的电荷面密度不变，电场强度的大小也不变。

根据$W_e=\dfrac{Q^2}{2C}$可知，在电量Q不变、电容C减小的情况下，平行板电容器的电场能量增大。

例题3　一个平行板电容器充电后与电源保持连接，然后使两极板间充满相对电容率为ε_r的各向同性均匀电介质，这时两极板上的电荷是原来的多少倍？电场强度是原来的多少倍？电场能量是原来的多少倍？

解：平行板电容器充电后与电源保持连接，两极板间的电压不变，因此

$$\frac{Q}{Q_0}=\frac{C\Delta U}{C_0\Delta U}=\frac{C}{C_0}=\varepsilon_r$$

即这时两极板上的电荷是原来的ε_r倍。

由于两极板间的电压不变，根据据$E=\dfrac{\Delta U}{d}$可知，充满介质后的电场强度与没有充介质时的电场强度相等，即电场强度是原来的1倍。

充满介质后的电场能量与没有充介质时的电场能量之比

$$\frac{W}{W_0}=\frac{C\Delta U^2/2}{C_0\Delta U^2/2}=\frac{C}{C_0}=\varepsilon_r$$

即这时的电场能量是原来的ε_r倍。

例题4　一块面积为$10^7\,\text{m}^2$的雷雨云位于地面上空600m高处，它与地面间的电场强度为$1.5\times10^4\,\text{V/m}$，如果认为它与地面构成一个平行板电容器，并且一次雷电即把雷雨云的电能全部释放出来，则此能量相当于质量等于多少的物体从600m高空落到地面所释放的能量？

解：雷雨云储存的电能

$$W_e = \omega_e V = \frac{1}{2}\varepsilon_0 E^2 Sd$$

依题意有

$$\frac{1}{2}\varepsilon_0 E^2 Sd = mgh$$

由此解得

$$m = \frac{\varepsilon_0 E^2 Sd}{2gh} = 1016 \text{（kg）}$$

即当雷雨云将这些电能全部释放出来时，相当于质量等于 1016kg 的物体从 600m 高空落到地面所释放的能量。

三、练习题

（一）选择题

1. 当一个带电导体达到静电平衡时（   ）。

    A．表面上电荷密度较大处的电势高

    B．表面曲率较大处电势高

    C．导体内部的电势比导体表面的电势高

    D．导体内任一点与其表面任一点的电势差等于零

2. 有两个大小不相同的金属球，大球直径是小球直径的 2 倍，大球带电，小球不带电，两者相距很远。今用细长导线将两者相连，在忽略导线的影响下，则大球与小球的带电之比为（   ）。

    A．1   B．2   C．$\frac{1}{2}$ D．0

3. 两个半径不同、带电量相同的导体球，相距很远。今用一细长导线将它们连接起来，则（   ）。

    A．各球所带电量不变   B．半径大的球带电量多

    C．半径大的球带电量少   D．无法确定哪一个导体球带电量多

4. 在一个孤立的导体球壳内，若在偏离球中心处放一个点电荷，则在球壳内、外表面上将出现感应电荷，其分布将是（   ）。

    A．内表面均匀，外表面也均匀   B．内表面不均匀，外表面均匀

    C．内表面均匀，外表面不均匀   D．内表面不均匀，外表面也不均匀

5. 如图 10-1 所示，有一接地的金属球，用一弹簧吊起，金属球原来不带电。若在它的下方放置一电量为 q 的点电荷，则（   ）。

    A．只有当 $q > 0$ 时，金属球才下移

    B．只有当 $q < 0$ 时，金属球才下移

    C．无论 q 是正是负金属球都下移

    D．无论 q 是正是负金属球都不动

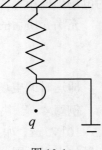

图 10-1

6. 两个同心金属球壳，半径分别为 R_1 和 R_2（$R_2 > R_1$），若分别带上电量为 q_1 和 q_2 的电荷，则两者的电势分别为 U_1 和 U_2（选无穷远处为

电势零点）。现用导线将两球壳相连接，则它们的电势为（　　）。

    A．U_1　　　　　　B．U_2　　　　　　C．U_1+U_2　　　　　　D．$\dfrac{1}{2}(U_1+U_2)$

7．如图 10-2 所示，有一"无限大"均匀带电平面 A，其附近放一与它平行的有一定厚度的"无限大"平面导体板 B。已知 A 上的电荷面密度为 $+\sigma$，则在导体板的两个表面 1 和 2 上的感应电荷面密度为（　　）。

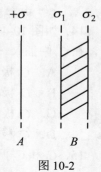

图 10-2

    A．$\sigma_1=-\sigma$，$\sigma_2=+\sigma$

    B．$\sigma_1=-\dfrac{1}{2}\sigma$，$\sigma_2=+\dfrac{1}{2}\sigma$

    C．$\sigma_1=-\dfrac{1}{2}\sigma$，$\sigma_2=-\dfrac{1}{2}\sigma$

    D．$\sigma_1=-\sigma$，$\sigma_2=0$

8．一孤立金属球，带有电量 $1.2\times10^{-8}\,\mathrm{C}$，当电场强度大小为 $3.0\times10^6\,\mathrm{N/C}$ 时，空气将被击穿，若要空气不被击穿，则金属球的半径至少大于（　　）$\left(\dfrac{1}{4\pi\varepsilon_0}=9\times10^9\,\mathrm{N\cdot m^2/C^2}\right)$。

    A．$3.6\times10^{-2}\,\mathrm{m}$　　　　　　　　B．$6.0\times10^{-5}\,\mathrm{m}$

    C．$3.6\times10^{-5}\,\mathrm{m}$　　　　　　　　D．$6.0\times10^{-3}\,\mathrm{m}$

9．关于高斯定理，下列说法中正确的是（　　）。

    A．高斯面内不包围自由电荷，则面上各点电位移矢量 $\vec{D}$ 为零

    B．高斯面上处处 $\vec{D}$ 为零，则面内必不存在自由电荷

    C．高斯面的 $\vec{D}$ 通量仅与面内自由电荷有关

    D．以上说法都不正确

10．如图 10-3 所示，C_1 和 C_2 为两空气电容器，把它们串联成一电容器组。若在 C_1 中插入一电介质板，则（　　）。

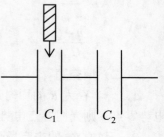

图 10-3

    A．C_1 的电容增大，电容器组总电容减小

    B．C_1 的电容增大，电容器组总电容增大

    C．C_1 的电容减小，电容器组总电容减小

    D．C_1 的电容减小，电容器组总电容增大

11．一平行板电容器充电后，与电源断开，然后再充满相对介电常数为 ε_r 的各向同性均匀电介质。则其电容 C、两极板间电势差 U_{12} 以及电场能量 W_e 与充电前比较，将发生如下变化：（　　）。

    A．$C\uparrow$，$U_{12}\downarrow$，$W_e\uparrow$　　　　　　B．$C\uparrow$，$U_{12}\downarrow$，$W_e\downarrow$

    C．$C\uparrow$，$U_{12}\uparrow$，$W_e\downarrow$　　　　　　D．$C\downarrow$，$U_{12}\downarrow$，$W_e\downarrow$

12．一空气平行板电容器，充电后把电源断开，这时电容器中储存的能量为 W_0。然后在两极板间充满相对介电常数为 ε_r 的各向同性均匀电介质，则该电容器中储存的能量 W 为（　　）。

    A．$\varepsilon_r W_0$　　　　B．$\dfrac{W_0}{\varepsilon_r}$　　　　C．$(1+\varepsilon_r)W_0$　　　　D．W_0

13. 平板电容器充电后保持与电源连接，若改变两极板间的距离，则下述物理量中保持不变的是（　　）。

　　A. 电容器的电容量　　　　　　B. 两极板间的场强

　　C. 电容器储存的能量　　　　　D. 两极板间的电势差

14. 如图 10-4 所示，C_1 和 C_2 两空气电容器串联以后接电源充电，在电源保持连接的情况下，在 C_2 中插入一电介质板，则（　　）。

　　A. C_1 极板上电量增加，C_2 极板上电量增加

　　B. C_1 极板上电量减少，C_2 极板上电量增加

　　C. C_1 极板上电量增加，C_2 极板上电量减少

　　D. C_1 极板上电量减少，C_2 极板上电量减少

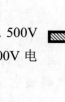

15. C_1 和 C_2 两个电容器，其上分别标明 200pF（电容量）、500V（耐压值）和 300pF、900V。把它们串连起来在两端加上 1000V 电压，则（　　）。

　　A. C_1 击穿，C_2 不被击穿

　　B. C_2 击穿，C_1 不被击穿

　　C. 两者都被击穿

　　D. 两者都不被击穿

图 10-4

16. 如图 10-5 所示，金属球 A 与同心球壳 B 组成电容器，球 A 上带电荷 q，壳 B 上带电荷 Q，测得球与壳间电势差为 U_{AB}，可知该电容器的电容值为（　　）。

　　A. $\dfrac{q}{U_{AB}}$　　　　　B. $\dfrac{Q}{U_{AB}}$

　　C. $\dfrac{q+Q}{U_{AB}}$　　　　D. $\dfrac{q+Q}{2U_{AB}}$

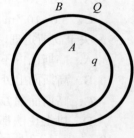

图 10-5

（二）填空题

1. 一半径为 R 的均匀带电导体球壳，带电量为 Q。球壳内、外均为真空，设无限远处为电势零点，则壳内各点电势 $U=$_____。

2. 已知空气的击穿场强为 $3\times10^6\,\mathrm{V/m}$，则处于空气中的一个半径为 1m 的球形导体能达到的最高电势 $U_{\max}=$_____。

3. 半径为 R_1 和 R_2 的两个同轴金属圆筒，其间充满相对介电常数为 ε_r 的各向同性均匀电介质。假设两筒上单位长度带电量分别为 $+\lambda$ 和 $-\lambda$，则介质中的电位移矢量大小 $D=$_____；电场强度大小 $E=$_____。

4. 如图 10-6 所示，A、B 为靠得很近的两块平行的大金属平板，两板的面积均为 S，板间的距离为 d。今使 A 板带电量为 q_A，B 板带电量为 q_B，且 $q_A>q_B$。则 A 板的内侧带电量为_____；两板间电势差 $U_{AB}=$_____。

5. 如图 10-7 所示，两块很大的导体平板平行放置，面积都是 S，有一定厚度，带电量分别为 Q_1 和 Q_2。如不计边缘效应，则 A、B、C、D 四个表面的电荷面密度分别为_____、_____、_____、_____。

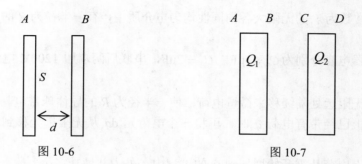

图 10-6　　　　　　　　　图 10-7

6. 一空气平行板电容器，电容为 C，两极板间距离为 d。充电后，两极板间的相互作用力为 F。则两极板间的电势差为_____，极板上的电荷量大小为_____。

7. 一空气平行板电容器，极板面积为 S，极板间距离为 d。在两极板间加电势差 U_{12}，则不计边缘效应时此电容器储存的能量 $W=$_____。

8. 平行板电容器，两板间充满各向同性均匀电介质，已知相对介电常数为 ε_r，若极板上的自由电荷面密度为 σ，则介质中电位移的大小 $D=$_____，电场强度的大小 $E=$_____。

9. 两个电容器的电容之比 $C_1:C_2=1:2$，把它们串联起来接电源充电，它们的电场能量之比 $W_1:W_2=$_____；如果是并联起来接电源充电，则它们的电场能量之比 $W_1:W_2=$_____。

10. 三个完全相同的金属球 A、B、C，其中 A 球带电量为 Q，而 B、C 球不带电。先使 A 球同 B 球接触，分开后 A 球再和 C 球接触，最后三个球分别孤立放置，则 A、B 两球所储存的能量 W_A 和 W_B，与 A 球原来所储存的能量 W_0 比较，W_A 是 W_0 的_____倍，W_B 是 W_0 的_____倍。

（三）计算题

1. 半径分别为 1.0cm 与 2.0cm 的两个球形导体，各带电量 1.0×10^{-8} C，两球心相距很远。若用细导线将两球相连。求：

（1）每个球所带电量；

（2）每球的电势。

2. 如图 10-8 所示，半径分别为 R_1 和 R_2（$R_1 < R_2$）的两个同心导体薄球壳，分别带电量 Q_1 和 Q_2，今将内球壳用细导线与远处的半径为 r 的导体球相连，导体球原来不带电，试求相连后导体球所带电量 q。

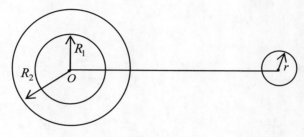

图 10-8

3．在介电常数为 ε 的无限大各向同性均匀电介质中，有一半径为 R 的导体球，带电量为 Q，求电场能量。

4．两电容器电容分别为 $C_1 = 1\mu F$，$C_2 = 2\mu F$，串联后两端加 1200V 电势差，求每个电容所储存的能量。

5．假想从无限远处陆续移来微量电荷，使一半径为 R 的导体球带电。

（1）当球上已经带有电荷 q 时，再将一个电荷元 dq 从无限远处移到球上的过程中，外力做功多少？

（2）使球上电荷从零开始增加到 Q 的过程中，外力共做功多少？

6．半径分别为 a 和 b 的两个金属球，它们的间距比本身大得多，今用细导线将两球相连，并给系统带上电荷 Q。求：

（1）每个球上分配到的电荷是多少？

（2）按电容定义式，计算此系统的电容。

7．一平行板电容器，其极板面积为 S，两板间距离为 d（$d \ll \sqrt{S}$），中间充满相对介电常数为 ε_r 的各向同性均匀电介质，设两极板上带电量分别为 Q 和 $-Q$，求：

（1）电容器的电容；

（2）电容器储存的能量。

8．一圆柱形电容器，内圆柱的半径为 R_1，外圆柱的半径为 R_2，长为 $L[L \gg (R_2 - R_1)]$，两圆柱之间充满相对介电常数为 ε_r 的各向同性均匀电介质。设内外圆柱单位长度上带电量（即电荷线密度）分别为 λ 和 $-\lambda$，求：

（1）电容器的电容；

（2）电容器储存的能量。

第十一章　稳恒磁场

一、基本内容

（一）磁场和磁感应强度

1. 电流与磁场

磁极：磁铁的两个磁性最强的区域。

磁北极 N 和磁南极 S：当可以自由转动的条形磁铁静止时，两个磁极总是大致沿着地理的南北方向，指北的磁极是磁北极，指南的磁极是磁南极。

分子电流假说：物质的磁性起源于构成物质的分子中的环形电流（称为"分子电流"），每个分子电流都具有磁性。对于永磁体，各分子电流规则排列，磁性相互加强从而对外显示磁性。

运动电荷在其周围空间激发一种特殊形态的物质——磁场，处在磁场中的其他运动电荷会受到磁场力的作用。

2. 磁感应强度

磁感应强度（简称"磁感强度"）：描述磁场各点的力学性质的物理量，用符号 $\vec{B}$ 表示。

磁感强度的方向：自由转动的小磁针静止时 N 极所指的方向，即该点的磁场方向。

磁感强度的大小：

$$B = \frac{F_{\max}}{qv}$$

式中：$F_{\max}$ 为试验运动电荷 q 的速度 $\vec{v}$ 与磁场方向垂直时所受的磁场力。

磁感强度的单位为特斯拉，简称特，符号为 T，$1T = 1N/(A \cdot m)$。

（二）毕奥－萨伐尔定律

1. 毕奥－萨伐尔定律
在真空中，载流导线上某一电流元 $Id\vec{l}$ 在空间某点 P 处产生的磁感强度 $d\vec{B}$ 的大小与电流元的大小 Idl 成正比，与 $Id\vec{l}$ 和它到 P 点的位矢 $\vec{r}$ 的夹角 θ 的正弦成正比，与位矢 $\vec{r}$ 的大小的平方成反比；$d\vec{B}$ 与电流方向成右手螺旋关系。即：

$$d\vec{B} = \frac{\mu_0}{4\pi} \frac{Id\vec{l} \times \vec{e}_r}{r^2}$$

式中：$\mu_0 = 4\pi \times 10^{-7} N \cdot A^{-2}$ 为真空磁导率；$\vec{e}_r$ 为 $Id\vec{l}$ 指向 P 点的单位位矢，$\vec{e}_r = \dfrac{\vec{r}}{r}$。

整个闭合载流回路在空间某点 P 激发的磁感强度，等于各个电流元在 P 点激发的磁感强度的矢量和，即：

$$\vec{B} = \int d\vec{B} = \oint_L \frac{\mu_0}{4\pi} \frac{Id\vec{l} \times \vec{e}_r}{r^2}$$

2. 典型电流的磁场分布

（1）载流直导线的磁场（图 11-1）。

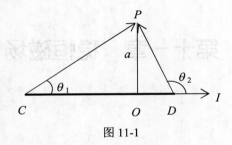

图 11-1

载流直导线 CD 在点 P 处产生的磁感强度大小

$$B = \frac{\mu_0 I}{4\pi a}(\cos\theta_1 - \cos\theta_2)$$

式中：θ_1 和 θ_2 分别为载流直导线的始点 C 和终点 D 处电流元与它到点 P 的位矢 $\vec{r}$ 之间的夹角。

无限长载流直导线在点 P 处的磁感强度

$$B = \frac{\mu_0 I}{2\pi a}$$

载流直导线的延长线上任一点的磁感强度

$$B = 0$$

载流直导线的磁场方向可以用右手螺旋定则判断。

（2）载流圆形导线的磁场（图 11-2）。

载流圆导线轴线上的磁感强度

$$B = \frac{\mu_0 IR}{2r^2}\sin\theta = \frac{\mu_0}{2}\frac{IR^2}{(R^2+x^2)^{3/2}}$$

载流圆导线圆心处的磁感强度

$$B = \frac{\mu_0 I}{2R}$$

半径为 R 的载流圆弧（图 11-3）圆心处的磁感强度

$$B = \frac{\mu_0 I}{4\pi R}\theta$$

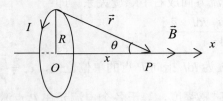

图 11-2

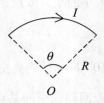

图 11-3

圆电流的磁场方向也可以用右手螺旋定则判断。

（3）载流长直密绕螺线管内的磁场。

载流长直密绕螺线管内部是均匀磁场，磁感强度

$$B = \mu_0 nI$$

式中：n 为螺线管的匝密度。

磁场方向用右手螺旋定则判断。

（4）载流螺绕环内的磁场。

如果螺绕环的直径比螺线管截面的直径大得多，则有

$$B = \mu_0 n I$$

式中：$n = \dfrac{N}{2\pi R}$，为螺绕环的匝密度。

载流螺绕环内的磁场方向用右手螺旋定则判断。

（三）稳恒电流磁场的基本方程

1. 磁场的高斯定理

磁通量： 通过磁场中任意曲面的磁感线条数，用符号 ϕ_m 表示。

$$\phi_m = \int_S \vec{B} \cdot d\vec{S} = \int_S B \cos\theta dS$$

磁通量的单位为韦伯，符号为 Wb，$1\ Wb = 1T \cdot m^2$。

磁场的高斯定理： 穿过空间任意闭合曲面 S 的磁通量的代数和为零。即：

$$\oint_S \vec{B} \cdot d\vec{S} = 0$$

磁场的高斯定理是磁单极不存在的必然结果。

2. 安培环路定理

安培环路定理： 在稳恒磁场中，磁感强度 $\vec{B}$ 沿任意闭合曲线的线积分，等于闭合曲线所包围的电流代数和的 μ_0 倍，即：

$$\oint_S \vec{B} \cdot d\vec{l} = \mu_0 \sum_i I_i$$

如果电流 I 的方向与 $d\vec{l}$ 的绕行方向呈右手螺旋关系，则 I 为正，反之为负。

注意： 只有穿过闭合曲线 L 的电流才对 $\vec{B}$ 沿闭合曲线的线积分有贡献。尽管未穿过闭合曲线的电流对 $\vec{B}$ 沿闭合曲线的线积分没有贡献，但它们对闭合曲线上各点的 $\vec{B}$ 却有贡献。

（四）磁场对带电粒子和载流导线的作用

1. 带电粒子在匀强磁场中的运动

洛伦兹力： 运动电荷在磁场中受到的力。

$$\vec{F} = q\vec{v} \times \vec{B}$$

洛伦兹力对运动电荷永远不做功。

（1）如果带电粒子 q 的速度 $\vec{v}$ 与 $\vec{B}$ 垂直，它在与 $\vec{B}$ 垂直的平面内做匀速圆周运动。

轨道半径：

$$R = \frac{mv}{qB}$$

回旋周期 T：带电粒子运动一周所需的时间。

$$T = \frac{2\pi m}{qB}$$

回旋频率 ν：单位时间内带电粒子运动的圈数。

$$v = \frac{1}{T} = \frac{qB}{2\pi m}$$

（2）如果带电粒子 q 的速度 $\vec{v}$ 与 $\vec{B}$ 之间的夹角为 θ，它的运动轨迹为螺旋线，做匀速螺旋运动。即在磁场方向的匀速直线运动与在垂直于磁场的平面上的匀速圆周运动的合运动。

轨道半径：

$$R = \frac{mv\sin\theta}{qB}$$

回转周期 T：

$$T = \frac{2\pi m}{qB}$$

螺旋线的螺距：带电粒子在一个周期内沿磁场方向运动的距离。

$$l = \frac{2\pi mv\cos\theta}{qB}$$

2. 磁场对载流导线的作用

安培力：磁场中的载流导线所受到的磁场力。

安培力公式：

$$d\vec{F} = Id\vec{l} \times \vec{B}$$

对于任意载流导线所受的安培力，原则上可以通过对上式积分得到：

$$\vec{F} = \int d\vec{F} = \int_L Id\vec{l} \times \vec{B}$$

（1）长为 L、通有电流 I 的直导线在匀强磁场 $\vec{B}$ 中所受的安培力

$$\vec{F} = I\vec{L} \times \vec{B}$$

（2）匀强磁场中任意形状的载流弯曲导线所受的安培力，总是等于从该电流起点到末点之间的通电直导线受到的安培力。即：

$$\vec{F} = I\vec{L} \times \vec{B}$$

式中：$\vec{L}$ 为电流起点到末点的矢量直线段。

（3）平面载流线圈在匀强磁场中所受的磁力矩。

载流平面线圈在均匀磁场中受到的磁力矩

$$\vec{M} = \vec{p}_m \times \vec{B}$$

式中：$\vec{p}_m = NI\vec{S} = NIS\vec{e}_n$，为载流线圈的磁矩。

载流平面线圈在均匀磁场中受到的合力总是等于零，但合力矩一般不等于零。合力矩力图使载流平面线圈转到稳定平衡位置。

二、例题分析

例题 1 如图 11-4 所示，在磁感强度为 $\vec{B}$ 的均匀磁场中作一个半径为 R 的半球面 S，S 边线所在平面的法线方向的单位矢量与 $\vec{B}$ 的夹角为 φ，如果取凹面向外为半球面 S 的正方向，则通过半球面 S 的磁通量为多少？

解：使半球面与其底面构成一个高斯面，由磁场的高斯定理得

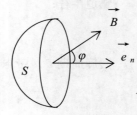

图 11-4

$$\oint_S \vec{B} \cdot \mathrm{d}\vec{S} = \int_{S_1} \vec{B} \cdot \mathrm{d}\vec{S} + \int_{S_2} \vec{B} \cdot \mathrm{d}\vec{S} = 0$$

式中：$\displaystyle\int_{S_1} \vec{B} \cdot \mathrm{d}\vec{S}$ 和 $\displaystyle\int_{S_2} \vec{B} \cdot \mathrm{d}\vec{S}$ 分别为通过底面和半球面的磁通量。

通过底面的磁通量

$$\int_{S_1} \vec{B} \cdot \mathrm{d}\vec{S} = \vec{B} \cdot \vec{S} = B\cos\varphi S = \pi R^2 B \cos\varphi$$

因此，通过半球面的磁通量

$$\int_{S_2} \vec{B} \cdot \mathrm{d}\vec{S} = -\int_{S_1} \vec{B} \cdot \mathrm{d}\vec{S} = -\pi R^2 B \cos\varphi$$

例题 2　如图 11-5（a）所示，在一根通有电流 I 的无限长直导线旁，与之共面地放着一个长、宽各为 a 和 b 的矩形线框，线框的长边与载流长直导线平行，且二者相距为 c。试计算通过线框的磁通量 ϕ_m。

解：建立 Or 轴，如图 11-5（b）所示。在 r 处取面积元 $\mathrm{d}\vec{S}$，其大小 $\mathrm{d}S = a\mathrm{d}r$，取其方向 $\otimes$。

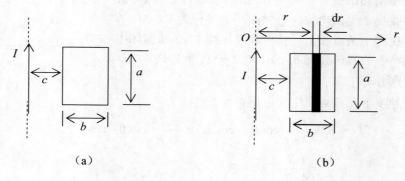

（a）　　　　　　　　　　　（b）

图 11-5

无限长直导线的磁感强度

$$B = \frac{\mu_0 I}{2\pi r} \qquad 方向\otimes$$

通过面积元 $\mathrm{d}\vec{S}$ 的磁通量

$$\mathrm{d}\phi_m = \vec{B} \cdot \mathrm{d}\vec{S} = B\mathrm{d}S = \frac{\mu_0 I}{2\pi r} a\mathrm{d}r$$

因此，通过矩形线框的磁通量

$$\phi_m = \frac{\mu_0 I a}{2\pi} \int_c^{c+b} \frac{1}{r} \mathrm{d}r = \frac{\mu_0 I a}{2\pi} \ln\frac{c+b}{c}$$

例题 3　有一个圆形回路 1 和一个正方形回路 2，已知圆直径与正方形的边长相等，两个回路中通有大小相等的电流 I，它们在各自中心产生的磁感强度大小之比 B_1/B_2 为多少？

解：半径为 R、电流为 I 的圆形回路在其中心产生的磁感强度

$$B_1 = \frac{\mu_0 I}{4\pi R}\theta = \frac{\mu_0 I}{4\pi R} \times 2\pi = \frac{\mu_0 I}{2R}$$

如图 11-6 所示，边长为 $2R$、通电流为 I 的正方形回路中的一条边在其中心产生的磁感强度

$$B_2' = \frac{\mu_0 I}{4\pi a}(\cos\theta_1 - \cos\theta_2) = \frac{\mu_0 I}{4\pi R}\left(\cos\frac{\pi}{4} - \cos\frac{3\pi}{4}\right)$$

$$= \frac{\sqrt{2}\mu_0 I}{4\pi R}$$

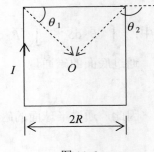

图 11-6

因此，正方形回路中心处的磁感强度

$$B_2 = 4B_2' = \frac{\sqrt{2}\mu_0 I}{\pi R}$$

圆形回路 1 和一个正方形回路 2 在各自中心产生的磁感强度大小之比

$$\frac{B_1}{B_2} = \frac{\mu_0 I}{2R} \cdot \frac{\pi R}{\sqrt{2}\mu_0 I} = \frac{\pi}{2\sqrt{2}} = 1.11$$

例题 4　如图 11-7 所示，电流 I 由长直导线 1 沿切向经 M 点流入一个电阻均匀的圆环，再由 N 点沿切线方向从圆环流出，经长直导线线 2 返回电源。已知圆环的半径为 R，M、N 点和圆心 O 点在同一条直线上。长直载流导线 1、2 和圆环中的电流在 O 点产生的磁感强度 $\vec{B}_1$、$\vec{B}_2$ 和 $\vec{B}_3$ 分别等于多少？ O 点的总磁感强度 $\vec{B}$ 等于多少？

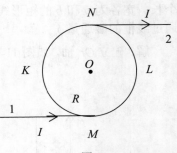

图 11-7

解：长直导线 1 在 O 点产生的磁感强度

$$B_1 = \frac{\mu_0 I}{4\pi a}(\cos\theta_1 - \cos\theta_2) = \frac{\mu_0 I}{4\pi R}\left(\cos 0 - \cos\frac{\pi}{2}\right)$$

$$= \frac{\mu_0 I}{4\pi R}, \quad 方向\odot$$

长直导线 2 在 O 点产生的磁感强度

$$B_2 = \frac{\mu_0 I}{4\pi R}\left(\cos\frac{\pi}{2} - \cos\pi\right) = \frac{\mu_0 I}{4\pi R}, \quad 方向\otimes$$

半圆 MKN 和半圆 MLN 的电阻相等，流经的电流也相等。它们在 O 点产生的磁感强度大小相等、方向相反，所以

$$B_3 = 0$$

圆环中心 O 点的总磁感强度

$$\vec{B} = \vec{B}_1 + \vec{B}_2 + \vec{B}_3 = 0$$

例题 5　一个质点带有电量 $q = 8.0\times10^{-10}\text{C}$，以 $v = 2.0\times10^5\text{m/s}$ 的速度在半径 $R = 4.0\times10^{-3}\text{m}$ 的圆周上做匀速圆周运动。该带电质点在轨道中心处产生的磁感强度大小等于多少？

解：带电质点的回旋周期

$$T = \frac{2\pi R}{v}$$

带电质点做匀速圆周运动的等效电流

$$I = \frac{q}{T} = \frac{qv}{2\pi R}$$

带电质点在轨道中心处产生的磁感强度

$$B_2 = \frac{\mu_0 I}{2R} = \frac{\mu_0 qv}{4\pi R^2} = \frac{4\pi \times 10^{-7} \times 8 \times 10^{-10} \times 2 \times 10^5}{4\pi \times (4 \times 10^{-3})^2} = 1.0 \times 10^{-6} \text{（T）}$$

例题 6 如图 11-8 所示，在真空中有一个圆形回路 L，其中包围电流 I_1、I_2，环路积分中 $\oint_S \vec{B} \cdot \mathrm{d}\vec{l}$ 为多少？如果在 L 回路外再放置一个电流 I_3，上述环路积分的结果是否改变？两种情况下 P 点的磁感强度是否相同？

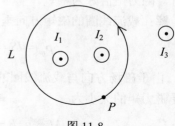

图 11-8

解： 由环路定理得

$$\oint_S \vec{B} \cdot \mathrm{d}\vec{l} = \mu_0(I_1 + I_2)$$

由于磁感强度的环路积分只与环路内包围的电流有关，因此在 L 回路外再放置一个电流 I_3，环路积分的结果不会改变。

在只有电流 I_1、I_2 存在的情况下，P 点的磁感强度等于 I_1、I_2 在该点产生的磁感强度矢量和。如果再增加一个电流 I_3，则 P 点的磁感强度等于 I_1、I_2 和 I_3 在该点产生的磁感强度矢量和，即这时 P 点的磁感强度与原来不相同。

例题 7 α 粒子与质子 p 以相同的速率垂直于磁场方向入射到均匀磁场中，它们各自做圆周运动的半径比 R_α / R_p 和周期比 T_α / T_p 分别等于多少？

解： 设质子的质量和电量分别为 m_0 和 e，则 α 粒子的质量和电量分别为 $m = 4m_0$ 和 $q = 2e$。

α 粒子和质子的运动半径分别为

$$R_\alpha = \frac{mv}{qB}, \quad R_p = \frac{m_0 v}{eB}$$

它们各自做圆周运动的半径比

$$\frac{R_1}{R_2} = \frac{m}{q} \bigg/ \frac{m_0}{e} = \frac{me}{m_0 q} = 4 \times \frac{1}{2} = 2$$

α 粒子和质子的回旋周期分别

$$T_\alpha = \frac{2\pi m}{qB}, \quad T_p = \frac{2\pi m_0}{eB}$$

它们各自做圆周运动的周期之比

$$\frac{T_\alpha}{T_p} = \frac{m}{q} \bigg/ \frac{m_0}{e} = \frac{me}{m_0 q} = 4 \times \frac{1}{2} = 2$$

例题 8 如图 11-9 所示，一根载流导线被弯成半径 R 的 1/4 圆弧，放在磁感强度 $\vec{B}$ 的均匀磁场中，该载流圆弧导线 ab 所受磁场的作用力的大小为多少？方向如何？

解： 从 a 点到 b 点做一条线段，使其中通有电流 I，载流圆弧导线 ab 与载流直导线 ab 所受的磁场力相同。

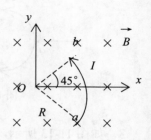

其大小

$$F = BIL = \sqrt{2}BIR$$

方向沿 x 轴负方向。

图 11-9

例题 9   如图 11-10 所示，半径为 R 的半圆形线圈通有电流 I。线圈处在与线圈平面平行向上的均匀磁场 $\vec{B}$ 中。则线圈所受磁力矩的大小为多少？方向如何？将线圈绕 MN 轴转过多少角度时，磁力矩恰好为零？

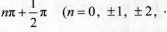

图 11-10

解：载流线圈的磁矩方向垂直纸面向外，其大小为

$$p_m = IS = \frac{1}{2}\pi R^2 I$$

由于磁场方向与载流线圈的磁矩方向垂直，因此载流线圈所受磁力矩的大小为

$$M = p_m B = \frac{1}{2}\pi R^2 BI$$

其方向沿 $\overrightarrow{NM}$ 方向。

由式 $M = p_m B \sin\theta$ 可知，磁力矩为零时载流线圈从图示位置转过：

$$n\pi + \frac{1}{2}\pi \quad (n = 0, \pm 1, \pm 2, \cdots)$$

三、练习题

（一）选择题

1. 如图 11-11 所示，电流从 a 点分两路通过对称的圆环形分路，汇合于 b 点。若 ca、bd 都沿环的径向，则在环形分路的环心处的磁感强度为（   ）。

A．方向垂直环形分路所在平面且指向纸内

B．方向垂直环形分路所在平面且指向纸外

C．方向垂直环形分路所在平面且指向 b

D．方向垂直环形分路所在平面且指向 a

E．为零

2. 如图 11-12 所示，在一平面内，有两条垂直交叉但又相互绝缘的导线，流过每条导线的电流 i 的大小相等，其方向如图 11-12 所示，某些点的磁感强度 $\vec{B}$ 可能为零的区域（   ）。

A．仅在象限 I   B．仅在象限 I，III

C．仅在象限 I，IV   D．仅在象限 II，IV

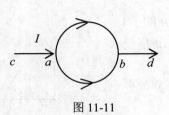

图 11-11

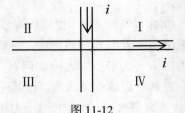

图 11-12

3. 如图 11-13 所示，边长为 l 的正方形线圈，分别用图示两种方式通以电流 I（其中 ab、cd 与正方形共面），在这两种情况下，线圈在其中产生的磁感强度的大小分别为（   ）。

A．$B_1 = 0$，$B_2 = 0$　　　　　　　B．$B_1 = 0$，$B_2 = \dfrac{2\sqrt{2}\mu_0 I}{l\pi}$

C．$B_1 = \dfrac{2\sqrt{2}\mu_0 I}{l\pi}$，$B_2 = 0$　　　D．$B_1 = \dfrac{2\sqrt{2}\mu_0 I}{l\pi}$，$B_2 = \dfrac{2\sqrt{2}\mu_0 I}{l\pi}$

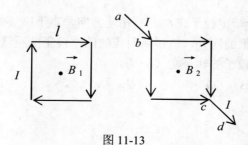

图 11-13

4．在真空中有一根半径为 R 的半圆形细导线，流过的电流为 I，则圆心处的磁感强度为（　　）。

A．$\dfrac{\mu_0 I}{4\pi R}$　　　　B．$\dfrac{\mu_0 I}{2\pi R}$　　　　C．0　　　　D．$\dfrac{\mu_0 I}{4R}$

5．如图 11-14 所示，四条平行的无限长直导线，垂直通过边长 $a = 20\mathrm{cm}$ 的正方形顶点，每条导线中的电流 $I = 20\mathrm{A}$，这四条导线在正方形中心 O 点产生的磁感强度为（　　）（$\mu_0 = 4\pi\times10^{-7}\,\mathrm{T\cdot m/A}$）。

A．0　　　　　　　　　　　　　B．$0.4\times10^{-4}\mathrm{T}$

C．$0.8\times10^{-4}\mathrm{T}$　　　　　　　D．$1.6\times10^{-4}\mathrm{T}$

6．如图 11-15 所示，有一边长为 l、电阻均匀分布的正三角形导线框 abc，与电源相连的长直导线 1 和 2 彼此平行并分别与 a 点和 b 点相连，导线 1 与线框的 ac 边的延长线重合。导线 1 和 2 上的电流为 I，令直导线 1、2 和导线框在线框中心 O 点产生的磁感强度分别为 $\vec{B}_1$、$\vec{B}_2$ 和 $\vec{B}_3$，则 O 点的磁感强度（　　）。

A．$B = 0$，因为 $B_1 = B_2 = B_3 = 0$

B．$B = 0$，因为 $\vec{B}_1 + \vec{B}_2 = 0, B_3 = 0$

C．$B \neq 0$，因为虽然 $\vec{B}_1 + \vec{B}_2 = 0$，但是 $B_3 \neq 0$

D．$B \neq 0$，因为虽然 $B_3 = 0$，但是 $\vec{B}_1 + \vec{B}_2 \neq 0$

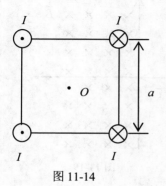

图 11-14

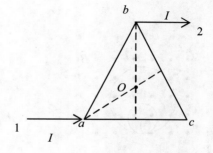

图 11-15

7. 如图 11-16 所示，两根直导线 ab 和 cd 沿半径方向被接到一个截面处处相等的铁环上，稳恒电流 I 从 b 端流入而从 d 端流出，则磁感强度 $\vec{B}$ 沿图中闭合路径的积分 $\oint_L \vec{B} \cdot d\vec{l}$ 等于（　　）。

　　A．$\mu_0 I$　　　　　　B．$\dfrac{1}{3}\mu_0 I$　　　　　　C．$\dfrac{1}{4}\mu_0 I$　　　　　　D．$\dfrac{2}{3}\mu_0 I$

8. 图 11-17 所示为四个带电粒子在 O 点沿相同方向垂直于磁感线射入均匀磁场后的偏转轨迹的照片，磁场方向垂直纸面向外，轨迹所对应的四个粒子的质量相等，电量大小也相等，则其中动能最大的带负电的粒子的轨迹是（　　）。

　　A．Oa　　　　　　B．Ob　　　　　　C．Oc　　　　　　D．Od

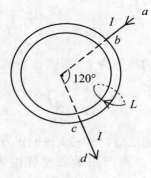
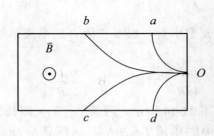

图 11-16　　　　　　　　　　　　　　　　　　图 11-17

9. 已知匀强磁场的磁感强度 $\vec{B}$ 方向垂直纸面，两带电粒子在该磁场中的运动轨迹如图 11-18 所示，则（　　）。

　　A．两粒子的电荷必然同号　　　　　　B．粒子的电荷可以同号也可以异号
　　C．两粒子的动量大小必然不同　　　　D．两粒子的运动周期必然不同

10. 如图 11-19 所示，一个电量为 $+q$，质量为 m 的质点，以速度 $\vec{v}$ 沿 x 轴射入磁感强度为 $\vec{B}$ 的均匀磁场中，磁场方向垂直纸面向里，其范围从 $x=0$ 延伸到无限远，如果质点在 $x=0$ 和 $y=0$ 处进入磁场，则它将以速度 $-\vec{v}$ 从磁场中某点出来，这点坐标是 $x=0$ 和（　　）。

　　A．$y = +\dfrac{mv}{qB}$　　　B．$y = +\dfrac{2mv}{qB}$　　　C．$y = -\dfrac{2mv}{qB}$　　　D．$y = -\dfrac{mv}{qB}$

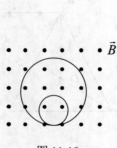
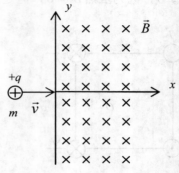

图 11-18　　　　　　　　　　　　　　　　　　图 11-19

11. 如图 11-20 所示，一个动量为 p 的电子，沿图示方向入射并能穿过一个宽度为 D，磁感强度为 $\vec{B}$（方向垂直纸面向外）的均匀磁场区域，则该电子出射方向和入射方向间的夹角为（　）。

A. $\cos^{-1}\dfrac{eBD}{p}$

B. $\sin^{-1}\dfrac{eBD}{p}$

C. $\sin^{-1}\dfrac{BD}{ep}$

D. $\cos^{-1}\dfrac{BD}{ep}$

12. 如图 11-21 所示，三条无限长直导线等距地并排安放，导线 I、II、III 分别载有 1A，2A，3A 同方向的电流。由于磁相互作用的结果，导线 I、II、III 单位长度上受力分别为 F_1、F_2 和 F_3。则 F_1 与 F_2 的比值为（　）。

A. $\dfrac{7}{16}$

B. $\dfrac{5}{8}$

C. $\dfrac{7}{8}$

D. $\dfrac{5}{4}$

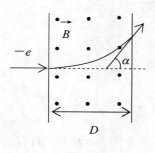

图 11-20

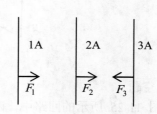

图 11-21

13. 如图 11-22 所示，把轻的正方形线圈用细导线挂在载流直导线 AB 的附近，两者在同一平面内，直导线 AB 固定，线圈可以活动。当正方形线圈通以如图所示的电流时线圈将（　）。

A. 不动

B. 发生转动，同时靠近导线 AB

C. 发生转动，同时离开导线 AB

D. 靠近导线 AB

E. 离开导线 AB

14. 如图 11-23 所示，把轻的导线圈用细线挂在磁铁 N 极附近，磁铁的轴线穿过线圈中心，且与线圈在同一平面内，当线圈通以图示的电流时，线圈将（　）。

A. 不动

B. 发生转动，同时靠近磁铁

C. 发生转动，同时离开磁铁

D. 不发生转动，只靠近磁铁

E. 不发生转动，只离开磁铁

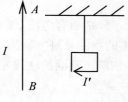

图 11-22

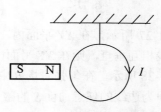

图 11-23

15. 有一由 N 匝细导线绕成的平面正三角形线圈，边长为 a，通有电流 I，置于均匀外磁场 $\vec{B}$ 中，当线圈平面的法向与外磁场同向时，该线圈所受的最大磁力矩 M_m 值为（   ）。

A. $\dfrac{\sqrt{3}}{2}Na^2IB$ B. $\dfrac{\sqrt{3}}{4}Na^2IB$

C. $\sqrt{3}Na^2IB\sin 60°$ D. 0

16. 如图 11-24 所示，一固定的载流大平板，在其附近有一载流小线框能自由转动或平动。线框平面与大平板垂直，大平板的电流与线框中电流方向如图 11-24 所示，则通电线框的运动情况从大平板向外看是（   ）。

A. 靠近大平板   B. 顺时针转动

C. 逆时针转动   D. 离开大平板向外运动

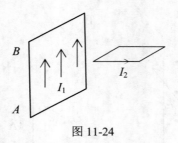

图 11-24

（二）填空题

1. 在如图 11-25 所示的回路中，两共面半圆的半径分别为 a 和 b，且有公共圆心 O，当回路中通有电流 I 时，圆心 O 处的磁感强度 $B=$ _____，方向 _____。

2. 如图 11-26 所示，电流由长直导线 1 沿半径方向经 a 点流入一电阻均匀分布的圆环，再由 b 点沿切向从圆环流出，经长直导线 2 返回电源。已知直导线上的电流强度为 I，圆环半径为 R，a、b 和圆心 O 在同一直线上。则 O 处的磁感强度 $\vec{B}$ 的大小为 _____。

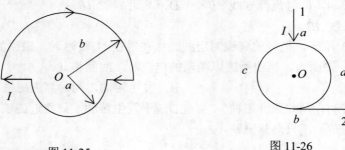

图 11-25   图 11-26

3. 如图 11-27 所示，在 XY 平面内，有两根相互绝缘、分别通有电流 $\sqrt{3}\,I$ 和 I 的长直导线。设两根导线相互垂直，则在 XY 平面内，磁感强度为零的点的轨迹方程为 _____。

4. 如图 11-28 所示，在匀强磁场 $\vec{B}$ 中，取一半径为 R 的圆，圆面的法线 $\vec{n}$ 与 $\vec{B}$ 成 60° 角，则通过以该圆周为边线的任意曲面 S 的磁通量 $\phi_m = \iint_S \vec{B} \cdot \mathrm{d}\vec{s} =$ _____。

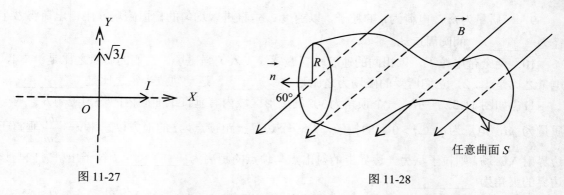

图 11-27   图 11-28

5. 如图 11-29 所示，在一根通有电流 I 的长直导线旁，与之共面地放着一个长、宽各为 a 和 b 的矩形线框，线框的长边与载流长直线平行，且二者相距为 b。在此情形中，线框内的磁通量 $\phi_m =$ _____。

6. 如图 11-30 所示，无限长直载流导线的右侧有面积为 S_1 和 S_2 两个矩形回路。两个矩形回路与长直载流导线在同一平面内，且矩形回路的一边与长直载流导线平行。则通过面积 S_1 的矩形回路的磁通量与通过面积 S_2 的矩形回路的磁通量之比为_____。

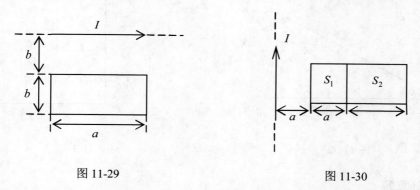

图 11-29   图 11-30

7. 两根长直导线通有电流 I，有三种环路，如图 11-31 所示。在每种情况下，$\oint \vec{B} \cdot d\vec{l}$ 等于：_____（对环路 a）；_____（对环路 b）；_____（对环路 c）。

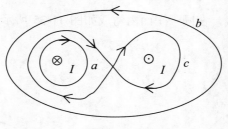

图 11-31

8. 一质点带有电荷 $q = 8.0 \times 10^{-19}$ C，以速度 $v = 3.0 \times 10^5$ m/s 在半径 $R = 6.00 \times 10^{-8}$ m 的圆周上做匀速圆周运动。该带电质点在轨道中心所产生的磁感强度 $B =$ _____。该带电质点轨道运动的磁矩 $p_m =$ _____（$\mu_0 = 4\pi \times 10^{-7}$ H/m）。

9．一质量为 m ，电荷为 q 的粒子，以速度 $\vec{v}_0$ 垂直进入均匀的稳恒磁场 $\vec{B}$ 中，电荷将做半径为_____的圆周运动。

10．两个带电粒子，以相同的速度垂直磁感线飞入匀强磁场，它们的质量之比是 1∶4，电量之比是 1∶2，它们所受的磁场力之比是_____，运动轨迹半径之比是_____。

11．如图 11-32 所示，一个顶角为30°的扇形区域内有垂直纸面向内的均匀磁场 $\vec{B}$ 。有一质量为 m ，电量为 q （ $q>0$ ）的粒子，从一个边界上距顶点为 l 的地方以速率 $v=\dfrac{qbl}{2m}$ 垂直于边界射入磁场，则粒子从另一边界上的射出点与顶点的距离为_____，粒子出射方向与该边界的夹角为_____。

12．导线绕成一边长 $l=15\text{cm}$ 的正方形线框，总匝数 $N=100$ ，当它通有 $I=5\text{A}$ 的电流时，则线框的磁矩 $p_m=$ _____。

13．如图 11-33 所示，一根载流导线被弯成半径为 R 的 $\dfrac{1}{4}$ 圆弧，放在磁感强度为 $\vec{B}$ 的均匀磁场中，则载流导线 ab 所受磁场作用力的大小为_____，方向_____。

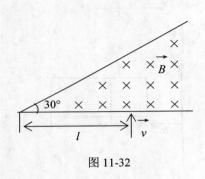

图 11-32

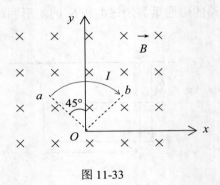

图 11-33

（三）计算题

1．如图 11-34 所示，一根无限长导线弯成如图形状，设各线段都在同一平面内，其中第二段是半径为 R 的四分之一圆弧，其余为直线，导线中通有电流 I ，试求图中 O 点处的磁感强度。

2．将通有电流 I 的导线，在同一平面内弯成如图 11-35 所示的形状，试求 D 点的磁感强度 $\vec{B}$ 的大小。

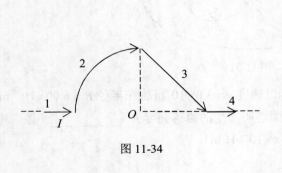

图 11-34

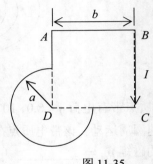

图 11-35

3. 如图 11-36 所示，无限长直导线折成 V 形，顶角为 θ，置于 xy 平面内，且一个角边与 x 轴重合。当导线中有电流 I 时，求 y 上一点 $P(0,a)$ 处的磁感强度大小。

4. 有一闭合回路由半径分别为 a 和 b 两个同心共面半圆连接而成，如图 11-37 所示。其上均匀分布线密度为 λ 的电荷，当回路以匀角速度 ω 绕过 O 点垂直于回路平面的轴转动时，求圆心 O 点的磁感强度大小。

5. 如图 11-38 所示，用两根彼此平行的半无限长直导线 L_1、L_2 把半径为 R 的均匀导体圆环连接到电源上，已知直导线上的电流为 I。求圆环中心 O 点的磁感强度 $\vec{B}$。

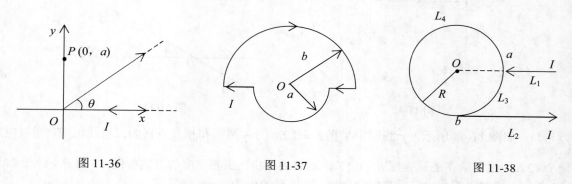

图 11-36   图 11-37   图 11-38

6. 如图 11-39 所示，一无限长圆柱形铜导体（磁导率为 μ_0），半径为 R，通有均匀分布的电流 I。今取一矩形平面 S（长为 1m，宽为 $2R$），位置如图中画斜线部分所示，求通过该矩形平面的磁通量。

7. 在 $B = 0.1\text{T}$ 的均匀磁场中，有一个速度 $v = 10^4 \text{m/s}$ 的电子，沿着垂直于磁感强度 $\vec{B}$ 的方向（如图 11-40 所示）通过 A 点，求电子的轨道半径和回转频率。

8. 如图 11-41 所示，一个顶角为 45° 的扇形区域内有垂直纸面向内的均匀磁场 $\vec{B}$。今有一电子（质量为 m，电量为 $-e$）在底边距顶点为 l 的地方，以速度 v 垂直于底边射入磁场，为使电子不从上面的边界跑出，电子的速度最大不能超过多少？

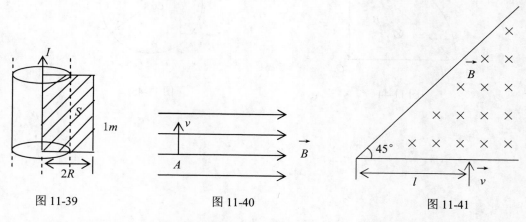

图 11-39   图 11-40   图 11-41

9. 通有电流 I 的长直导线在一平面内被弯成如图 11-42 所示的形状，放于垂直纸面向里的均匀磁场 $\vec{B}$ 中，求整个导线所受的安培力（R 已知）。

10. 如图 11-43 所示，假设空间有两根相互绝缘的无限长直导线 1 和直导线 2，两导线铰接于 O 点，它们之间的夹角为 θ，如果两导线中通有相同的电流 I。试求：单位长度的直导线所受磁力对 O 点的力矩大小。

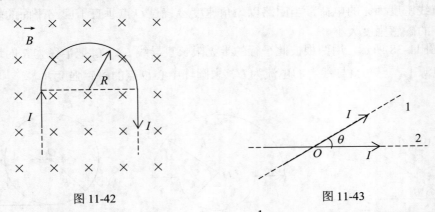

图 11-42   图 11-43

11. 如图 11-44 所示，一线圈由半径 $R = 0.2m$ 的 $\frac{1}{4}$ 圆弧和相互垂直的二直线组成，通以电流 $I = 2A$，把它放在磁感强度 $B = 0.5T$ 的均匀磁场中（磁感强度的方向如图 11-44 所示）。求：

（1）线圈平面与磁场垂直时，圆弧 AB 所受的磁力。

（2）线圈平面与磁场成 60° 角时，线圈所受的磁力矩。

12. 如图 11-45 所示，一线圈平面的半径为 R，载有电流 I，置于均匀外磁场 $\vec{B}$ 中。在不考虑载流线圈本身所激发的磁场的情况下，求线圈导线上的张力（已知载流线圈的法线方向与 $\vec{B}$ 的方向相同）。

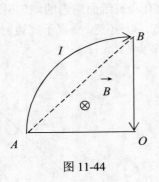

图 11-44

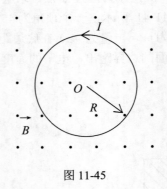

图 11-45

第十二章　电磁感应和电磁波

一、基本内容

（一）法拉第电磁感应定律

1. 电动势

电源电动势： 单位正电荷绕闭合路径一周时，非静电力所做的功，即：

$$\varepsilon = \oint_L \vec{E}_n \cdot \mathrm{d}\vec{l}$$

式中：$\vec{E}_n$ 为非静电力对应的非静电场强。

2. 电磁感应现象

电磁感应： 当通过闭合回路的磁通量发生变化时，在闭合回路中产生感应电流的现象。

法拉第电磁感应定律： 闭合回路中产生的感应电动势与通过该回路所围面积的磁通量对时间的变化率成正比，即：

$$\varepsilon = -\frac{\mathrm{d}\phi_m}{\mathrm{d}t}$$

式中：$\phi_m = N\varphi_m$，称为磁通量。

感应电荷与磁通量改变量之间的关系为

$$q = \frac{|\Delta\phi_m|}{R}$$

（二）动生电动势和感生电动势

1. 动生电动势

动生电动势： 由于回路所围面积的变化（回路的一部分运动或回路发生扩张与缩小）而引起的感应电动势。

一段运动导线 MN 中产生的动生电动势为

$$\varepsilon_{MN} = U_M - U_N = \int_N^M (\vec{V} \times \vec{B}) \cdot \mathrm{d}\vec{l}$$

若是在磁场中的整个回路都在运动，则回路中的动生电动势为

$$\varepsilon = \oint_L (\vec{V} \times \vec{B}) \cdot \mathrm{d}\vec{l}$$

2. 感生电动势

感生电动势： 由于磁感强度变化引起的感应电动势。

感生电场（或涡旋电场） $\vec{E}_i$：变化的磁场在其周围空间激发一种具有涡旋性质的电场。

闭合回路中的感生电动势为

$$\varepsilon_i = \oint_L \vec{E}_i \cdot \mathrm{d}\vec{l}$$

感生电动势的另一种表达形式：

$$\oint_L \vec{E}_i \cdot \mathrm{d}\vec{l} = -\int_S \frac{\partial \vec{B}}{\partial t} \cdot \mathrm{d}\vec{S}$$

式中：S 为闭合曲线 L 所包围的面积。

对于感生电场，要注意以下几点：

（1）感生电场的产生与导体的存在与否无关；

（2）感生电场是非保守力场；

（3）感生电场的电场线是闭合曲线。

（三）自感现象和互感现象

1. 自感现象

自感现象：由于回路中的电流发生变化而在其自身内引起的感应电动势（称为"自感电动势"）的现象

自感电动势为

$$\varepsilon_L = -L\frac{\mathrm{d}I}{\mathrm{d}t}$$

式中：L 为导体回路的自感系数（简称"自感"），其数值与回路的形状、大小以及周围的磁介质有关。

2. 互感现象

互感现象：因回路中电流发生变化而在对方回路中产生感应电动势（称为"互感电动势"）的现象。

互感电动势为

$$\varepsilon_{12} = -M\frac{\mathrm{d}I_{12}}{\mathrm{d}t} \text{ 和 } \varepsilon_{21} = -M\frac{\mathrm{d}I_{21}}{\mathrm{d}t}$$

式中：M 为两回路的互感系数（简称"互感"），其数值与回路的形状、相对位置以及周围的磁介质有关。

若两个线圈完全耦合，则互感与自感的关系为

$$M = \sqrt{L_1 L_2}$$

若两个线圈非完全耦合，则互感与自感的关系为

$$M < \sqrt{L_1 L_2}$$

（四）磁场能量

自感磁能 W_m：自感系数为 L 的载流线圈所具有的能量。

$$W_m = \frac{1}{2}LI^2$$

磁能密度 w_m：单位磁场体积内的磁场能量。

$$w_m = \frac{B^2}{2\mu} = \frac{1}{2}\mu H^2 = \frac{1}{2}BH$$

（五）位移电流

位移电流：由变化的磁场激发的电流，其大小为

$$I_d = \int_S \frac{\partial \bar{D}}{\partial t} \cdot d\bar{S}$$

位移电流通过导体时不产生焦耳热。

全电流安培环路定理：磁感强度沿任意环路积分等于穿过此环路的全电流的代数和，即：

$$\oint_L \bar{H} \cdot d\bar{l} = I + I_d = \int_S \bar{j} \cdot d\bar{S} + \int_S \frac{\partial \bar{D}}{\partial t} \cdot d\bar{S}$$

（六）麦克斯韦方程组的积分形式

$$\oint_S \bar{D} \cdot d\bar{S} = \sum_{i=1}^n Q_{0i}$$

$$\oint_L \bar{E} \cdot d\bar{l} = -\frac{d\phi_m}{dt} = -\int_S \frac{\partial \bar{B}}{\partial t} \cdot d\bar{S}$$

$$\oint_S \bar{B} \cdot d\bar{S} = 0$$

$$\oint_L \bar{H} \cdot d\bar{l} = I + I_d = \int_S \bar{j} \cdot d\bar{S} + \int_S \frac{\partial \bar{D}}{\partial t} \cdot d\bar{S}$$

（七）电磁振荡与电磁波

1. 无阻尼自由电磁振荡

如图 12-1 所示，LC 电路的微分方程为

$$\frac{d^2 q}{dt^2} + \omega^2 q = 0$$

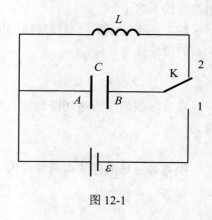

式中：$\omega^2 = \dfrac{1}{LC}$，该微分方程的解为

$$q = q_0 \cos(\omega t + \varphi)$$

LC 电路中的电流强度为

$$i = -I \sin(\omega t + \varphi)$$

电荷和电流的变化周期和频率分别为

$$T = 2\pi\sqrt{LC}$$

$$\nu = \frac{1}{T} = \frac{1}{2\pi\sqrt{LC}}$$

图 12-1

2. 电磁波的产生与传播

将 LC 电磁振荡电路的电磁能发射出去必须具备两个条件：

（1）电磁振荡的频率要非常高。

（2）振荡电路必须是开放的。

3. 电磁波的性质

（1）电磁波是横波。

（2）电磁波具有偏振性。

（3）$\bar{E}$ 和 $\bar{H}$ 同相位。

（4）电磁波在介质中的传播速度 $u = \dfrac{1}{\sqrt{\varepsilon\mu}}$。

电磁波在真空中的传播速度 $c = \dfrac{1}{\sqrt{\varepsilon_0 \mu_0}}$。

（5）$\bar{E}$ 和 $\bar{H}$ 的大小成正比，它们之间的关系为

$$\sqrt{\varepsilon}E = \sqrt{\mu}H \text{ 或者 } \sqrt{\varepsilon}E_0 = \sqrt{\mu}H_0$$

4. 电磁波的能量

电磁场的能量密度： $\qquad\qquad w = \dfrac{1}{2}\varepsilon E^2 + \dfrac{1}{2}\mu H^2$

电磁波的能流密度： $\qquad\qquad S = wv$

坡印亭矢量： $\qquad\qquad \bar{S} = \bar{E} \times \bar{H}$

电磁波的辐射功率： $\qquad\qquad P = \dfrac{\omega^4 p_0^2}{6\pi\varepsilon_0 c^3}\cos^2\omega\left(t - \dfrac{r}{c}\right)$

二、例题分析

例题 1 如图 12-2 所示，在一通有电流 I 的无限长平行直导线所在平面内，有一半径为 r、电阻为 R 的导线环，环中心距直导线为 x（$x \gg r$），当直导线的电流被切断后，沿着导线环流过的电荷量约为多少？

解： 由于 $x \gg r$，导线环所围的面上各点的磁感强度等于环中心的磁感强度，即：

$$B = \frac{\mu_0 I}{2\pi x}$$

在直导线的电流被切断的过程中，导线环中的磁通量的变化量为

$$|\Delta\Phi_m| = |0 - BS| = BS$$

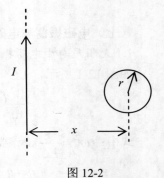

图 12-2

沿着导线环流过的电荷量约为

$$q = \frac{|\Delta\Phi_m|}{R} = \frac{BS}{R} = \frac{\mu_0 I r^2}{2xR}$$

例题 2 金属杆 AB 以匀速 $v = 2\,\text{m/s}$ 平行于长直载流导线运动，导线与 AB 共面且相互垂直，如图 12-3（a）所示。已知导线载有 $I = 40\text{A}$ 电流，则此金属杆中的感应电动势为多少？A、B 两端哪一端电势较高？

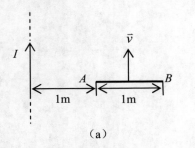

（a）

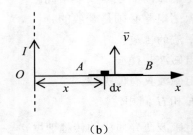

（b）

图 12-3

解： 建立如图 12-3（b）所示的坐标系，取微元 $\mathrm{d}x$ ，微元上的动生电动势为

$$\mathrm{d}\varepsilon = (\vec{V} \times \vec{B}) \cdot \mathrm{d}\vec{l} = -Bv\mathrm{d}l$$

式中：磁感强度

$$B = \frac{\mu_0 I}{2\pi x}$$

则整根金属杆中的电动势

$$\varepsilon = -\frac{\mu_0 I v}{2\pi} \int_A^B \frac{\mathrm{d}x}{x} = -1.11 \times 10^{-5} \ (\mathrm{V})$$

式中：负号表示金属杆中电动势的方向与 x 轴的正方向相反，即从 B 端指向 A 端。所以可知， A 端的电势比 B 端更高。

例题 3　如图 12-4 所示，一长直导线旁有一长为 a、宽为 b 的矩形线圈，线圈与导线共面，宽度为 b 的边与导线平行且与直导线相距为 d，则线圈与导线的互感系数为多少？

解： 假设直导线通过电流为 I ，电流在空间激发的磁感强度

$$B = \frac{\mu_0 I}{2\pi r}$$

则通过矩形线圈的磁通量

$$\phi_m = \int_d^{d+a} \frac{\mu_0 I}{2\pi r} \cdot b\mathrm{d}r = \frac{\mu_0 I b}{2\pi} \ln \frac{d+a}{d}$$

因此，线圈与导线的互感系数

$$M = \frac{\phi_m}{I} = \frac{\mu_0 b}{2\pi} \ln \frac{d+a}{d}$$

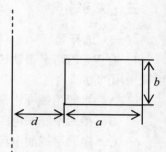

图 12-4

例题 4　真空中一根无限长的直导线上通有电流强度为 I 的电流，求距导线垂直距离为 r 的空间某点的磁能密度。

解： 距导线垂直距离为 r 的空间某点磁感强度

$$B = \frac{\mu_0 I}{2\pi r}$$

该点的磁能密度

$$w_m = \frac{B^2}{2\mu_0} = \frac{\mu_0 I^2}{8r^2}$$

例题 5　已知平行板电容器的电容 C 为 $30.0 \ \mu\mathrm{F}$，电容器两板上的电压变化率 $\frac{\mathrm{d}U}{\mathrm{d}t} = 1.50 \times 10^5 \ \mathrm{V/s}$，则该平行板电容器中的位移电流为多少？

解： 由于 $q = CU$ ，故电容器充电时传导电流

$$I = \frac{\mathrm{d}q}{\mathrm{d}t} = C\frac{\mathrm{d}U}{\mathrm{d}t}$$

又因为传导电流等于位移电流，所以平行板电容器中的位移电流

$$I_d = I = C\frac{\mathrm{d}U}{\mathrm{d}t} = 30.0 \times 10^{-6} \times 1.5 \times 10^5 = 4.5 \ (\mathrm{A})$$

例题 6　在 LC 振荡回路中，设开始时电容为 C 的电容器上的电荷为 Q，自感系数为 L 的线圈中的电流为 0。当第一次达到线圈中的磁能等于电容器中的电能时，所需时间等于多少？

此时电容器上的电荷等于多少?

解: 当线圈中的磁能等于电容中的电能时,则电容器中的电能等于总能量的一半,即:

$$\frac{q^2}{2C} = \frac{1}{2} \cdot \frac{Q^2}{2C}$$

由此可解得电容器上的电荷

$$q = \frac{\sqrt{2}}{2}Q$$

根据题意有

$$q = \frac{\sqrt{2}}{2}Q = Q\cos\omega t$$

当第一次达到线圈中的磁能等于电容器中的电能时有

$$\omega t = \frac{\pi}{4}$$

可解得所需时间为

$$t = \frac{\pi}{4\omega} = \frac{\pi}{4}\sqrt{LC}$$

三、练习题

(一)选择题

1. 有甲、乙两个带铁芯的线圈如图 12-5 所示,欲使乙线圈中产生图示方向的感生电流 i,可以采用的办法为(   )。

    A. 接通甲线圈电源

    B. 接通甲线圈电源后,减少变阻器的阻值

    C. 接通甲线圈电源后,甲乙相互靠近

    D. 接通甲线圈电源后,抽出甲中铁芯

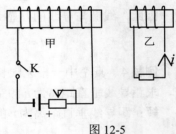

图 12-5

2. 尺寸相同的铁环与铜环所包围的面积中,通以相同变化率的磁通量,环中(   )。

    A. 感应电动势不同,感应电流不同

    B. 感应电动势相同,感应电流相同

    C. 感应电动势不同,感应电流相同

    D. 感应电动势相同,感应电流不同

3. 空间有两根无限长平行直导线载有大小相等方向相反的电流 I,I 以的变化率 $\frac{\mathrm{d}I}{\mathrm{d}t}$ 增长,一矩形线圈位于导线平面内,如图 12-6 所示,则(   )。

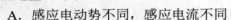

    A. 线圈中无感应电流

    B. 线圈中感应电流为顺时针方向

    C. 线圈中感应电流为逆时针方向

    D. 线圈中感应电流方向不确定

图 12-6

4. 在一通有电流 I 的无限长平行直导线所在平面内,有一半径为 r、电阻为 R 的导线环,环中心距直导线为 a,如图 12-7 所示,且 $a \gg r$。当直导线的电流被切断后,沿着导线环流过的电量约为(   )。

A. $\dfrac{\mu_0 I r^2}{2\pi R}\left(\dfrac{1}{a}-\dfrac{1}{a+r}\right)$　　　　　B. $\dfrac{\mu_0 I r}{2\pi R}\ln\dfrac{a+r}{a}$

C. $\dfrac{\mu_0 I r^2}{2aR}$　　　　　D. $\dfrac{\mu_0 I a^2}{2rR}$

5. 如图 12-8 所示，长度为 l 的直导线 ab 在均匀磁场 $\vec{B}$ 中以速度 $\vec{v}$ 移动，则直导线 ab 中的电动势为（　　）。

A. Blv　　　　　B. $Blv\sin\alpha$　　　　　C. $Blv\cos\alpha$　　　　　D. 0

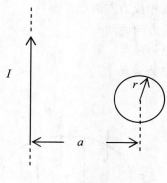

图 12-7

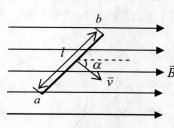

图 12-8

6. 一根长为 L 的铜棒，在均匀磁场 $\vec{B}$ 中以角速度 ω 旋转，$\vec{B}$ 的方向垂直铜棒转动的平面，如图 12-9 所示。设 $t=0$ 时，铜棒与 Ob 成 θ 角，则在任一时刻 t，这根铜棒两端之间的感应电动势是（　　）。

A. $\omega L^2 B\cos(\omega t+\theta)$　　　　　B. $\dfrac{1}{2}\omega L^2 B\cos\omega t$

C. $2\omega L^2 B\cos(\omega t+\theta)$　　　　　D. $\dfrac{1}{2}\omega L^2 B$

7. 如图 12-10 所示，在一中空圆柱面上绕有两个完全相同的线圈 aa' 和 bb'，当线圈 aa' 和 bb' 如图（1）绕制及连接时，ab 之间的自感系数为 L_1；当线圈如图（2）绕制及连接时，ab 之间的自感系数为 L_2，则（　　）。

A. $L_1=L_2=0$　　　　　B. $L_1=L_2\neq 0$

C. $L_1=0$，$L_2\neq 0$　　　　　D. $L_1\neq 0$，$L_2=0$

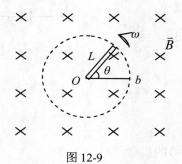

图 12-9

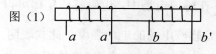

图 12-10

8. 一个圆形线环，它的一半放在一分布在方形区域的匀强磁场 $\vec{B}$ 中，另一半位于磁场外，如图 12-11 所示，磁场 $\vec{B}$ 的方向垂直指向纸内。欲使圆线环中产生逆时针方向的感应电流，应使（　　）。

    A. 线环向右平移　　　　　　　　B. 线环向上平移

    C. 线环向左平移　　　　　　　　D. 磁场强度减弱

9. 如图 12-12 所示，圆铜盘水平放置在均匀磁场中，$\vec{B}$ 的方向垂直盘面向上，当铜盘绕通过中心垂直于盘面的轴沿图示方向转动时，（　　）。

    A. 铜盘上有感应电流产生，沿着铜盘转动的相反方向流动

    B. 铜盘上有感应电流产生，沿着铜盘转动的方向流动

    C. 铜盘上有感应电动势产生，铜盘边缘处电势最高

    D. 铜盘上有感应电动势产生，铜盘中心处电势最高

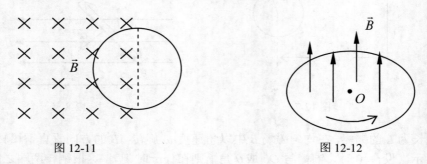

图 12-11　　　　　　　　　　　　图 12-12

10. 自感为 0.25H 的线圈中，当电流在 $\dfrac{1}{16}$ s 内由 2A 均匀减小到零时，则圈中自感电动势大小为（　　）。

    A. 8.0 V　　　　B. 2.0 V　　　　C. 7.8×10^{-3} V　　　　D. 3.0×10^{-2} V

11. 真空中两根相距为 $2a$ 的平行长直导线与电源组成闭合回路，如图 12-13 所示。若导线中的电流为 I，则两导线正中间某点 P 处的磁能密度为（　　）。

    A. $\dfrac{1}{\mu_0}\left(\dfrac{\mu_0 I}{2a\pi}\right)^2$　　　　　　　　B. $\dfrac{1}{2\mu_0}\left(\dfrac{\mu_0 I}{2a\pi}\right)^2$

    C. $\dfrac{1}{2\mu_0}\left(\dfrac{\mu_0 I}{a\pi}\right)^2$　　　　　　　　D. 0

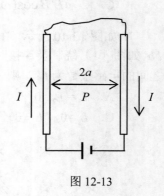

图 12-13

12. 在感应电场中，电磁感应定律可以写成 $\oint_l \vec{E}_K \cdot \mathrm{d}\vec{l} = -\dfrac{\mathrm{d}\phi}{\mathrm{d}t}$，式中 $\vec{E}_K$ 为感应电场的电场强度。此式表明（　　）。

    A. 闭合曲线 l 上 $\vec{E}_K$ 处处相等

    B. 感应电场是保守场

    C. 感应电场的电力线不是闭合曲线

    D. 在感应电场中不能像对静电场那样引入电势的概念

13．电位移矢量的时间变化率 $\dfrac{\mathrm{d}\vec{D}}{\mathrm{d}t}$ 的单位是（　　）。

　　A．库仑/米^2　　　B．库仑/秒　　　C．安培/米^2　　　D．安培·米^2

14．如图 12-14 所示，一平板电容器（忽略边缘效应）充电时，沿环路 L_1、L_2 磁场强度 $\vec{H}$ 的环流中，必有（　　）。

　　A．$\displaystyle\oint_{L_1}\vec{H}\cdot\mathrm{d}\vec{l}>\oint_{L_2}\vec{H}\cdot\mathrm{d}\vec{l}$　　　　　　B．$\displaystyle\oint_{L_1}\vec{H}\cdot\mathrm{d}\vec{l}<\oint_{L_2}\vec{H}\cdot\mathrm{d}\vec{l}$

　　C．$\displaystyle\oint_{L_1}\vec{H}\cdot\mathrm{d}\vec{l}=\oint_{L_2}\vec{H}\cdot\mathrm{d}\vec{l}$　　　　　　D．$\displaystyle\oint_{L_1}\vec{H}\cdot\mathrm{d}\vec{l}=0$

15．在圆柱形空间内，有一磁感应强度为 $\vec{B}$ 的均匀磁场，如图 12-15 所示。磁感强度 $\vec{B}$ 的大小以速率 $\dfrac{\mathrm{d}B}{\mathrm{d}t}$ 变化。在磁场中有 A、B 两点，其间可放直导线 AB 和弯导线 AB，则（　　）。

　　A．电动势只在直导线 AB 中产生

　　B．电动势只在弯导线 AB 中产生

　　C．电动势在直导线 AB 和弯导线 AB 中都产生，且两者大小相等

　　D．直导线 AB 中的电动势小于弯导线 AB 中的电动势

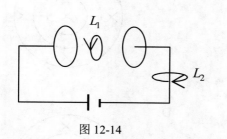

图 12-14　　　　　　　　　　　　　　图 12-15

16．在圆柱形空间内，有一磁感应强度为 $\vec{B}$ 的均匀磁场，如图 12-16 所示。$\vec{B}$ 的大小以速率 $\dfrac{\mathrm{d}B}{\mathrm{d}t}$ 变化。有一长为 l_0 的金属棒先后放磁场的两个不同位置 1（ab）和 2（$a'b'$），则在这两个位置时棒内的感应电动势的大小关系为（　　）。

　　A．$\varepsilon_2=\varepsilon_1\neq0$　　　　　　B．$\varepsilon_2>\varepsilon_1$

　　C．$\varepsilon_2<\varepsilon_1$　　　　　　　D．$\varepsilon_2=\varepsilon_1=0$

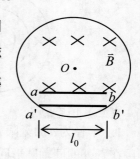

图 12-16

17．如图 12-17 所示，一个电量为 q 的点电荷，以匀角速度 ω 作圆周运动，圆周的半径为 R。设 $t=0$ 时 q 所在的点的坐标为 $x_0=R,y_0=0$，以 $\vec{i}$、$\vec{j}$ 分别表示 x 轴和 y 轴上的单位矢量，则圆心处 O 点的位移电流密度为（　　）。

　　A．$\dfrac{q\omega}{4\pi R^2}\sin\omega t\ \vec{i}$

　　B．$\dfrac{q\omega}{4\pi R^2}\cos\omega t\ \vec{j}$

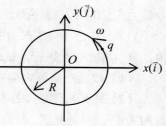

图 12-17

C. $\dfrac{q\omega}{4\pi R^2}\vec{k}$

D. $\dfrac{q\omega}{4\pi R^2}(\sin\omega t\ \vec{i}-\cos\omega t\ \vec{j})$

18. 对位移电流，有下述四种说法，说法正确的是（   ）。

    A. 位移电流是由变化的磁场产生的

    B. 位移电流是由变化的电场产生的

    C. 位移电流的热效应服从焦耳－楞次定律

    D. 位移电流的磁效应不服从安培环路定理

19. 用导线围成的回路（两个以 O 点为圆心、半径不相同的同心圆，在一处用导线沿半径方向相连），放在轴线通过 O 点的圆柱形均匀磁场中，回路平面垂直于柱轴，如各选项图所示。如果磁场方向垂直纸面向里，其大小随时间而减小，则下列各图中，正确地表示了感应电流的方向的是（   ）。

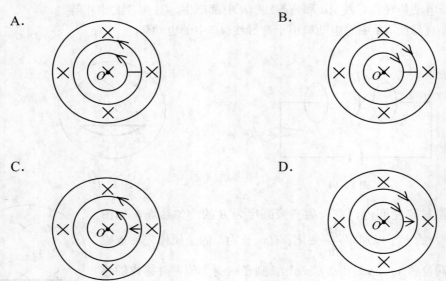

（二）填空题

1. 半径为 a 的无限长密绕螺线管，单位长度上的匝数为 n，通以交变电流 $i=I_m\sin\omega t$，则围在管外的同轴圆形回路（半径为 r）上的感生电动势为_____。

2. 桌子上水平放置一个半径 $r=10\text{cm}$ 的金属环，其电阻 $R=1\Omega$。若地球磁感强度的竖直分量为 $5\times10^{-5}\,\text{T}$，将环面翻转一次，沿环流过任一截面的电量 $q=$_____。

3. 如图 12-18 所示，在一长直导线 L 中通有电流 I，$ABCD$ 为矩形线框，它与 L 皆在纸面内，且 AB 边与 L 平行，试求：

（1）线圈在纸面内向右移动时，线圈中产生的感应电动势方向为_____。

（2）矩形线圈绕 AD 边旋转，当 BC 边已离开纸面正向外运动时，线圈中感应电动势的方向为_____。

4. 如图 12-19 所示，两根完全一样彼此紧靠的绝缘的导线绕成一个线圈，其 A 端用焊锡将两根导线焊在一起，另一端 B 处作为连接外电路的两个输入端。则整个线圈的自感系数为_____。

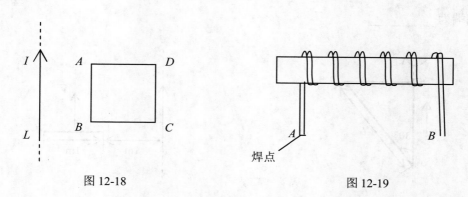

图 12-18　　　　　　　　　　　　图 12-19

5．在直角坐标系中，沿 Z 轴有一根无限长载流直导线，另有一与其共面的短导体棒，若使导体棒沿某坐标方向平动产生动生电动势，则有可能是：

（1）导体棒平行 X 轴放置，其速度方向沿_____轴；

（2）导体棒平行 Z 轴放置，其速度方向沿_____轴。

6．如图 12-20 所示，一长直导线中通有电流 I，有一与长直导线共面、垂直于导线的细金属棒 AB，以速度 $\vec{v}$ 平行于长直导线做匀速运动。问：

（1）金属棒 A、B 两端的电势 U_A 和 U_B 哪一个较高？_____

（2）若将电流 I 反向，则 U_A 和 U_B 哪一个较高？_____

（3）若将金属棒与导线平行放置，结果又如何？_____

7．四根辐条的金属轮子在均匀磁场 $\vec{B}$ 中转动，转轴与 $\vec{B}$ 平行，如图 12-21 所示，轮子和辐条都是导体，辐条长为 R，轮子转速为 n 转/s，则轮子中心 a 与轮边缘 b 之间的感应电动势为_____，电势最高点是在_____处。

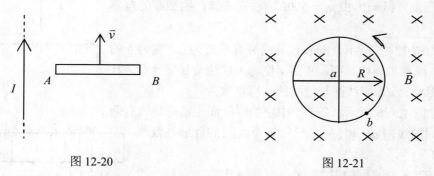

图 12-20　　　　　　　　　　　　图 12-21

8．一根直导线在磁感应强度为 $\vec{B}$ 的均匀磁场中以速度 $\vec{v}$ 运动切割磁力线。导线中对应于非静电力的场强（称做"非静电场强"）$\vec{E}_K = $_____。

9．如图 12-22 所示，一直角三角形 abc 回路放在一磁感应强度为 $\vec{B}$ 的均匀磁场中，磁场的方向与 ab 边平行，回路绕 ab 边以匀角速度 ω 旋转，则 ac 边中的动生电动势为_____，整个回路产生的动生电动势为_____。

10. 金属杆 AB 以匀速 $v = 2\,\text{m/s}$ 平行于长直载流导线运动，导线与 AB 共面且相互垂直，如图 12-23 所示。已知导线载有 $I = 40\text{A}$ 电流，则此金属杆中的感应电动势 $\varepsilon_l = $ ＿＿＿＿＿＿＿，电势较高端为＿＿＿＿＿。

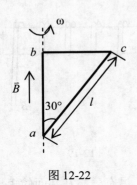

图 12-22

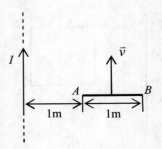

图 12-23

11. 半径为 L 的均匀导体圆盘绕通过中心 O 的垂直轴转动，角速度为 ω，盘面与均匀磁场 $\vec{B}$ 垂直，如图 12-24 所示。

（1）在图上标出 Oa 线段中动生电动势的方向。

（2）填写下列电势差的值（ca 段长度为 d）：

$$U_a - U_o = \underline{\hspace{3cm}}$$

$$U_a - U_b = \underline{\hspace{3cm}}$$

$$U_a - U_c = \underline{\hspace{3cm}}$$

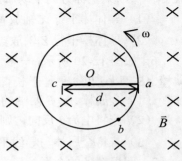

图 12-24

12. 有两个线圈，自感系数分别为 L_1 和 L_2。已知 $L_1 = 3\text{mH}$，$L_2 = 5\text{mH}$，串联成一个线圈后测得自感系数为 $L = 11\text{mH}$，则两线圈的互感系数 $M = $ ＿＿＿＿＿＿。

13. 一个薄壁纸筒，长为 30cm、截面直径为 3cm，筒上绕有 500 匝线圈，纸筒内由 $\mu_r = 5000$ 的铁芯充满，则线圈的自感系数为＿＿＿＿＿＿。

14. 如图 12-25 所示，一长直导线旁有一长为 a、宽为 b 的矩形线圈，线圈与导线共面，线圈宽度为 b 的边与导线平行，且与直导线相距为 d，则线圈与导线的互感系数为＿＿＿＿＿＿。

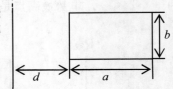

图 12-25

15. 如图 12-26 所示，在一个中空的圆柱面上紧密地绕有两个完全相同的线圈 aa' 和 bb'。已知每个线圈的自感系数都等于 0.05H。

（1）若 a、b 两端相接，a'、b' 接入电路，则整个线圈的自感 $L = $＿＿＿＿＿。

（2）若 a、b' 两端相接，a'、b 接入电路，则整个线圈的自感 $L = $＿＿＿＿＿。

（3）若 a、b 两端相接，并且 a'、b' 两端也相连，然后再以此两端接入电路，则整个线圈的自感 $L = $＿＿＿＿＿。

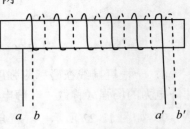

图 12-26

16．已知，一个中空的螺绕环上，每厘米绕有 20 匝导线，则当环内通以电流 $I = 3\text{A}$ 时，环中磁场能量密度为＿＿＿＿＿＿（$\mu_0 = 4\pi \times 10^{-7} \text{N}/\text{A}^2$）。

17．现有一个自感系数 $L = 0.3\text{H}$ 的螺线管，管上通以 $I = 8\text{A}$ 的电流时，螺线管储存的磁场能量为 $W = $＿＿＿＿＿＿。

18．反映电磁场基本性质和规律的积分形式的麦克斯韦方程组为

① $\oint_S \vec{D} \cdot d\vec{S} = \sum_{i=1}^{n} Q_{0i}$

② $\oint_L \vec{E} \cdot d\vec{l} = -\dfrac{d\phi_m}{dt} = -\int_s \dfrac{\partial \vec{B}}{\partial t} \cdot d\vec{S}$

③ $\oint_S \vec{B} \cdot d\vec{S} = 0$

④ $\oint_L \vec{H} \cdot d\vec{l} = I + I_d = \int_s \vec{j} \cdot d\vec{S} + \int_s \dfrac{\partial \vec{D}}{\partial t} \cdot d\vec{S}$

试判断下列结论是包含于或等效于哪一个麦克斯韦方程式的。将你确定的方程式用代号填写在相应结论后面的空白处。

（1）变化的磁场一定伴随有电场：＿＿＿＿＿＿

（2）磁感应线是无头无尾的：＿＿＿＿＿＿

（3）电荷总伴随有电场：＿＿＿＿＿＿

19．平行板电容器的电容 C 为 $20.0\mu\text{F}$，两板上的电压变化率 $\dfrac{dU}{dt} = 1.50 \times 10^5 \text{V/s}$，则该平行板电容器中的位移电流为＿＿＿＿＿＿。

20．如图 12-27 所示为一充电后的平行板电容器，A 板带正电，B 板带负电。当将开关 K 合上时，AB 板间的电场方向为＿＿＿＿＿＿，位移电流的方向为＿＿＿＿＿＿（按图上所标的 X 轴正方向作为参考）。

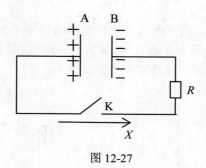

图 12-27

21．现有一平行板空气电容器，其两极板都是半径为 R 的圆形导体片，在充电时，两极板之间电场强度的变化率为 $\dfrac{dE}{dt}$。如果忽略电容器极板的边缘效应，则电容器两板间的位移电流为＿＿＿＿＿＿。

22．圆形平行板电容器，如图 12-28 所示，从 $q = 0$ 开始充电，试画出：充电过程中，极板间某点 P 处电场强度的方向和磁场强度的方向。

23．如图 12-29 所示为一圆柱体的横截面，圆柱体内有一均匀电场 $\vec{E}$，其方向垂直纸面向内，$\vec{E}$ 的大小随时间 t 线性增加，P 为柱体内与轴线相距为 r 的一点，则：

（1）P 点的位移电流密度的方向为_____。

（2）P 点感生电场的方向为_____。

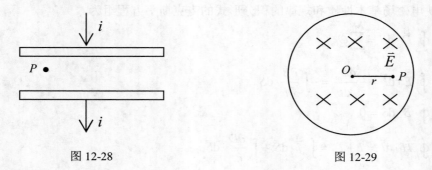

图 12-28　　　　　　　　　　图 12-29

（三）计算题

1．一导线弯成如图 12-30 状，放在均匀磁场 $\vec{B}$ 中，$\vec{B}$ 的方向垂直向里，$\angle bcd = 60°$，$bc = cd = a$，使导线绕轴 OO' 旋转，如图所示。转速为每分钟 n 转。计算 $\varepsilon_{oo'}$。

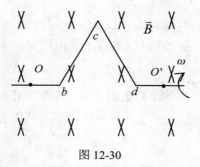

图 12-30

2．如图 12-31 所示，一电荷线密度为 λ 的长直带电导线（与一正方形线圈共面并与其一对边平行），以变速率 $v = v(t)$ 沿着其长度方向运动，正方形线圈中的总电阻为 R，求 t 时刻正方形线圈中感应电流 $i(t)$ 的大小（不计线圈本身的自感）。

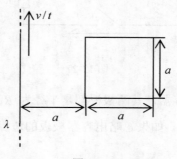

图 12-31

3．如图 12-32 所示，一长直导线中通有电流 I，有一垂直于导线、长度为 l 的金属棒 AB

在平面内，以恒定的速度 $\vec{v}$ 沿与棒成 θ 角的方向运动。开始时，A 端到导线的距离为 a，求任意时刻金属棒中的动生电动势，并指出棒哪端电势高。

4．如图 12-33 所示，一根长为 L 的金属细杆 ab，绕竖直轴 O_1O_2 以角速度 ω 在水平面内旋转。已知 O_1O_2 在离金属细杆 a 端 $\frac{1}{5}L$ 处。若已知地球磁场在竖直方向的分量为 $\vec{B}$．求 ab 两端间的电势差 $U_a - U_b$。

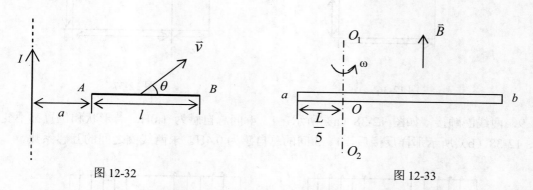

图 12-32　　　　　　　　　　　　　　图 12-33

5．如图 12-34 所示，有一长直导线中通有电流 I，附近有一矩形线圈与其共面，并有一对边与导线平行，线圈以匀速度 $\vec{v}$ 沿垂直于导线的方向离开导线。假设当 $t=0$ 时，线圈位于图示位置，求：

（1）在任意时刻 t 通过矩形线圈的磁通量 ϕ。

（2）在图示位置时，矩形线圈中的电动势 ε。

6．已知长度为 L 的金属杆在均匀磁场 $\vec{B}$ 中绕平行于磁场方向的定轴 OO' 转动，细杆相对于均匀磁场 $\vec{B}$ 的方位角为 θ，杆的角速度为 ω，转向如图 12-35 所示，求杆中的动生电动势。

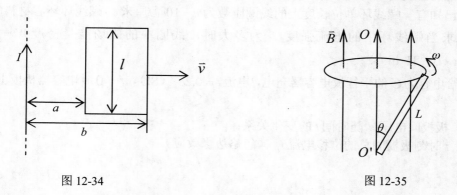

图 12-34　　　　　　　　　　　　　　图 12-35

7．如图 12-36 所示，一矩形线圈长 $a = 0.20\text{m}$，宽 $b = 0.10\text{m}$，由 100 匝表面绝缘的细导线绕成，放在一条很长的直导线旁且与之共面，线圈边长为 a 的边与长直导线平行，导线和线圈的距离为 b，求它们之间的互感（$\mu_0 = 4\pi \times 10^{-7}$ H/m）。

8．如图 12-37 所示，一无限长直导线中通有电流 $I = I_0 \sin \omega t$，和直导线在同一平面内有一矩形线框，其短边与直导线平行，且 $\dfrac{b}{c} = 3$．求：

（1）直导线和线框的互感系数；

（2）线框中的互感电动势。

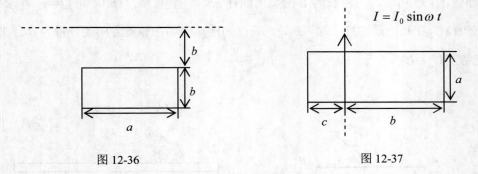

图 12-36　　　　　　　　　　　图 12-37

9．两线圈顺接，如图 12-38（a）所示，1、4 间总自感为 1.0H。若形状和位置都不变，如图 12-38（b）所示那样反接后，1、3 间的总自感为 0.4H。求两线圈之间的互感系数。

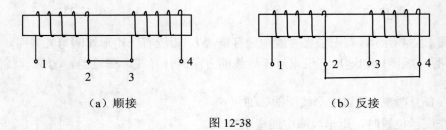

（a）顺接　　　　　　　　　（b）反接

图 12-38

10．真空中一根无限长的直导线上通有电流强度为 I 的电流，求距导线垂直距离为 a 的空间某点的磁能密度。

11．已知有一螺线环单位长度上的线圈匝数为 $n = 10$ 匝/厘米。螺线环环心材料的磁导率 $\mu = \mu_0$。求当螺线环中的电流强度 I 为多大时，线圈中的磁场能量密度 $W = 1 \text{J} / \text{m}^2$？（$\mu_0 = 4\pi \times 10^{-7} \text{H} \cdot \text{m}^{-1}$）

12．给电容为 C 的平行板电容器充电，电流 $i = 0.2 e^{-t}$（SI），$t = 0$ 时电容器极板上无电荷，试求：

（1）极板间电压 U 随时间 t 的变化关系；

（2）t 时刻极板间总的位移电流 I_d（忽略边缘效应）。

第十三章　气体动理论

一、基本内容

（一）气体动理论的基本概念

热现象：与温度有关的物理现象。

气体动理论的基本概念：

（1）一切宏观物体都是由大量分子组成的，分子间存在间隙；

（2）分子在永不停息地做无规则运动；

（3）分子之间存在相互的作用力。

分子力：物体内部分子与分子之间存在的相互作用力。

分子力是短程力。

（二）气体的状态参量、理想气体状态方程

1．平衡态、状态参量

平衡态：在不受外界影响的情况下，一个系统经过一定时间后，会达到各处均匀一致，系统宏观性质不随时间而改变的状态。

状态参量：描述系统平衡态宏观性质的物理量。

气体的状态参量有压强 P、温度 T 和体积 V。

（1）压强 P：气体分子作用在容器器壁单位面积上的正压力。单位为 Pa。

$$1\text{atm} = 760\text{mmHg} = 1.013 \times 10^5 \text{Pa}$$

（2）温度 T：气体的冷热程度，是描述大量气体分子热运动剧烈程度的物理量。温度的单位为 K。

（3）体积 V：气体分子做无规则运动所能达到的空间范围。

2．理想气体的状态方程

理想气体的三条定律：

（1）玻义尔定律为

$$pV = C$$

（2）查理定律为

$$\frac{p}{T} = C$$

（3）盖·吕萨克定律为

$$\frac{V}{T} = C$$

理想气体：压强不太大、温度不太低时，严格遵守三条实验定律的气体。

克拉伯龙方程为

$$\frac{p}{T} = C$$

理想气体的状态方程：

$$pV = \frac{m}{M}RT$$

式中：R 为普适气体常数，$R = 8.31 \text{J/mol} \cdot \text{K}$

（三）理想气体的压强公式

理想气体的微观模型：

（1）气体分子本身的大小与分子之间的平均距离相比可以忽略不计，气体分子可以看作是质点；

（2）除了碰撞的瞬间以外，分子间的相互作用力可以忽略不计；

（3）分子间的相互碰撞以及分子与容器壁之间的碰撞可以看作完全弹性碰撞。

理想气体压强公式：

$$p = \frac{2}{3}n\bar{\varepsilon}_k$$

式中：$\bar{\varepsilon}_k = \frac{1}{2}m_0 v^2$，为气体分子的平均平动动能。

（四）能量均分定理、理想气体的内能

1. 气体分子的平均平动动能与温度的关系

气体动理论的温度公式为

$$\bar{\varepsilon}_k = \frac{1}{2}m_0 \overline{v^2}$$

2. 能量均分定理

自由度 i：确定一个物体在空间的具体位置所需要的独立坐标个数。

能量均分定理：气体处于平衡态时，气体分子在任何一个自由度上的平均能量都相等，且均为 $\frac{1}{2}kT$。

自由度为 i 的气体分子平均总动能为

$$\bar{\varepsilon}_k = \frac{i}{2}kT$$

3. 气体的内能

气体的内能：气体中所有分子的动能与势能的总和。

理想气体的内能为

$$E = \frac{m}{M}\frac{i}{2}RT$$

（五）气体分子速率分布规律

1. 气体分子速率分布规律

气体分子的速率分布：气体在平衡状态下，分布在各速率区间内的分子数占总分字数的百分比。

速率分布函数 $f(v)$：表示速率分布在 v 附近的单位速率区间内的分子数占总分子数的百

分比，或者某个气体分子的速率在 v 附近的单位速率区间内的概率。

$$f(v) = \frac{\mathrm{d}N}{N\mathrm{d}v}$$

速率分布函数的归一化条件：气体分子速率在全部速率区间内的概率等于 1。即：

$$\int_0^\infty f(v)\mathrm{d}v = 1$$

2. 三种速率

（1）最概然速率 v_p：与速率分布函数 $f(v)$ 最大值相对应的速率。

$$v_p = \sqrt{\frac{2kT}{m_0}} = \sqrt{\frac{2RT}{M}}$$

（2）平均速率 $\bar{v}$：气体中所有分子速率的算数平均值。

$$\bar{v} = \sqrt{\frac{8kT}{\pi m_0}} = \sqrt{\frac{8RT}{\pi M}}$$

（3）方均根速率 $\sqrt{\overline{v^2}}$：与分子平均平动动能相关的速度。

$$\sqrt{\overline{v^2}} = \sqrt{\frac{3kT}{m_0}} = \sqrt{\frac{3RT}{M}}$$

（六）分子碰撞

平均自由程：分子相邻两次碰撞之间所通过的平均路程。

平均碰撞频率：单位时间内分子与其他分子的平均碰撞次数。

分子的平均速率 $\bar{v}$ 与平均自由程 $\bar{\lambda}$、平均的碰撞次数 $\bar{Z}$ 的关系为

$$\bar{v} = \bar{Z}\bar{\lambda}$$

平均碰撞频率的表达式为

$$\bar{Z} = \sqrt{2}n\pi d^2\bar{v}$$

平均自由程 $\bar{\lambda}$ 的表达式为

$$\bar{\lambda} = \frac{1}{\sqrt{2}\pi d^2 n} = \frac{kT}{\sqrt{2}\pi d^2 p}$$

二、例题分析

例题 1 有一个截面均匀的封闭圆筒，中间被一个光滑的活塞分成两边，如果其中一边装有 0.1kg 的氢气，为了使活塞停留在圆筒的正中央，另一边应该装入同一温度的氧气质量是多少？

解：为了使活塞停留在圆筒的正中央，两侧的气体压强应该相等。由理想气体的状态方程可得

$$\frac{m_1}{M_1}\frac{RT}{V} = \frac{m_2}{M_2}\frac{RT}{V}$$

由此可解得氧气质量

$$m_2 = \frac{M_2}{M_1}m_1 = \frac{32}{2}\times 0.1 = 1.6\,(\mathrm{kg})$$

例题 2 在标准状态下，氧气和氢气均可视为刚性双原子分子理想气体，如果它们的体积

比 $V_1 : V_2 = 1 : 2$，则它们的内能比 $E_1 : E_2$ 等于多少？

解：理想气体的状态方程为

$$pV = \frac{m}{M}RT$$

因此，理想气体的内能公式可以改写为

$$E = \frac{m}{M}\frac{i}{2}RT = \frac{i}{2}PV$$

在标准状态下，氧气和氦气的压强相同，故内能比为

$$\frac{E_1}{E_2} = \frac{i_1}{i_2}\frac{V_1}{V_2} = \frac{5}{3} \times \frac{1}{2} = \frac{5}{6}$$

例题 3　三个容器分别贮有 1mol 氦气、1mol 氢气、1mol 氨气，这三种气体均可视为由刚性分子构成的理想气体。如果使它们的温度都升高 1K，则它们的内能分别增加了多少？

解：对于 1mol 理想气体而言，其内能

$$E = \frac{i}{2}RT$$

温度升高 1K 时，内能增量

$$\Delta E = \frac{i}{2}R$$

将氦气分子、氢气分子和氨气分子的自由度 3、5 和 6 分别代入上式，可解得它们的内能增量分别为：

$$\Delta E_{氦气} = \frac{3}{2}R = 12.5\text{J}$$

$$\Delta E_{氢气} = \frac{5}{2}R = 20.8\text{J}$$

$$\Delta E_{氨气} = \frac{6}{2}R = 24.9\text{J}$$

例题 4　已知气体分子总数为 N，速率分布函数为 $f(v)$，则速率大于 v_0 的分子数的表达式如何？速率大于 v_0 的那些分子的平均速率的表达式如何？多次观察某一个分子的速率，发现其速率大于 v_0 的概率的表达式如何？

解：速率大于 v_0 的分子数的表达式为

$$\Delta N = \int_{v_0}^{\infty} \mathrm{d}N = \int_{v_0}^{\infty} Nf(v)\mathrm{d}v$$

速率大于 v_0 的那些分子的平均速率的表达式为

$$\overline{v} = \frac{\int_{v_0}^{\infty} vNf(v)\mathrm{d}v}{\int_{v_0}^{\infty} Nf(v)\mathrm{d}v} = \frac{\int_{v_0}^{\infty} vf(v)\mathrm{d}v}{\int_{v_0}^{\infty} f(v)\mathrm{d}v}$$

多次观察某一个分子的速率，发现其速率大于 v_0 的概率的表达式为

$$\Delta N = \frac{\int_{v_0}^{\infty} \mathrm{d}N}{N} = \frac{\int_{v_0}^{\infty} Nf(v)\mathrm{d}v}{N} = \int_{v_0}^{\infty} f(v)\mathrm{d}v$$

例题5　在一个封闭容器中盛有 1mol 氦气（可视为理想气体），这时分子无规则运动的平均自由程只由哪一个物理量决定？

解：对于 1mol 理想气体，由理想气体的状态方程得

$$p = \frac{RT}{V}$$

将上式带入平均自由程公式中，得

$$\bar{\lambda} = \frac{kT}{\sqrt{2}\pi d^2 p} = \frac{kT}{\sqrt{2}\pi d^2} \frac{V}{RT} = \frac{kV}{\sqrt{2}\pi R d^2}$$

可见，对于 1mol 理想气体，其平均自由程 $\bar{\lambda}$ 只由体积 V 决定。

例题6　有 $2 \times 10^{-3} \, \text{m}^3$ 的刚性双原子分子理想气体，其内能为 $6.75 \times 10^2 \, \text{J}$。

（1）试求气体的压强；

（2）设分子总数为 5.4×10^{22} 个，求气体温度。

解：（1）理想气体的内能

$$E = \frac{m}{M} \frac{i}{2} RT$$

理想气体的状态方程为

$$pV = \frac{m}{M} RT$$

因此，理想气体的内能公式可以改写为

$$E = \frac{m}{M} \frac{i}{2} RT = \frac{i}{2} PV$$

解得该气体的压强

$$p = \frac{2E}{iV} = 1.35 \times 10^5 \, (\text{Pa})$$

（2）理想气体的内能也可以表达为

$$E = N \frac{i}{2} kT = \frac{5}{2} NkT$$

解得该气体的温度

$$T = \frac{2E}{5Nk} = 362 \, (\text{K})$$

三、练习题

（一）选择题

1. 有容积不同的 A、B 两个容器，A 中装有单原子分子理想气体，B 中装有双原子分子理想气体，若两种气体的压强相同，那么，这两种气体的单位体积的内能 $\left(\dfrac{E}{V}\right)_A$ 和 $\left(\dfrac{E}{V}\right)_B$ 的关系为（　　）。

　　A. $\left(\dfrac{E}{V}\right)_A < \left(\dfrac{E}{V}\right)_B$　　　　　　　B. $\left(\dfrac{E}{V}\right)_A > \left(\dfrac{E}{V}\right)_B$

　　C. $\left(\dfrac{E}{V}\right)_A = \left(\dfrac{E}{V}\right)_B$　　　　　　　D. 不能确定

2．一定量某种理想气体，按 $pv^2 = k$（k为恒量）的规律膨胀，则膨胀后此理想气体的温度（   ）。

    A．将升高   B．将降低

    C．不变   D．升高还是降低，不能确定

3．若理想气体的体积为 V，压强为 P，温度为 T，一个分子的质量为 m，k 为玻耳兹曼常量，R 为摩尔气体常量，则该理想气体的分子数为（   ）。

    A．pV / m B．$pV / (kT)$ C．$pV / (RT)$ D．$pV / (mT)$

4．一定量的理想气体贮于某一容器中，温度为 T，气体分子的质量为 m。根据理想气体分子模型和统计假设，分子速度在 x 方向的分量的平均值为（   ）。

    A．$\overline{v}_x = \sqrt{\dfrac{8kT}{\pi m}}$ B．$\overline{v}_x = \dfrac{1}{3} \cdot \sqrt{\dfrac{8kT}{\pi m}}$

    C．$\overline{v}_x = \sqrt{\dfrac{8kT}{3\pi m}}$ D．$\overline{v}_x = 0$

5．1mol 刚性双原子分子理想气体，当温度为 T 时，其内能为（   ）。

    A．$\dfrac{3}{2}RT$ B．$\dfrac{3}{2}kT$ C．$\dfrac{5}{2}RT$ D．$\dfrac{5}{2}kT$

    （式中：R 为摩尔气体常量；k 为玻耳兹曼常量）

6．压强为 p、体积为 V 的氢气（视为刚性分子理想气体）的内能为（   ）。

    A．$\dfrac{5}{2}pV$ B．$\dfrac{3}{2}pV$ C．$\dfrac{1}{2}pV$ D．pV

7．两容器内分别盛有氢气和氦气，若它们的温度和质量分别相等，则（   ）。

    A．两种气体分子的平均平动动能相等

    B．两种气体分子的平均动能相等

    C．两种气体分子的平均速率相等

    D．两种气体的内能相等

8．关于温度的意义，有下列几种说法，正确的是（   ）。

    （1）气体的温度是分子平均平动动能的量度

    （2）气体的温度是大量气体分子热运动的集体表现，具有统计意义

    （3）温度的高低反映物质内部分子运动剧烈程度的不同

    （4）从微观上看，气体的温度表示每个气体的冷热程度

    A．（1）、（2）、（4）   B．（1）、（2）、（3）

    C．（2）、（3）、（4）   D．（1）、（3）、（4）

9．在标准状态下，若氧气（视为刚性双原子分子的理想气体）和氦气的体积比 $\dfrac{V_1}{V_2} = \dfrac{1}{2}$，则其内能之比 E_1 / E_2 为（   ）。

    A．1/2   B．5/3   C．5/6   D．3/10

10．麦克斯韦速率分布曲线如图 13-1 所示，已知 A、B 两部分的面积相等，则该图表示（   ）。

    A．v_0 为最概然速率   B．v_0 为平均速率

C. v_0 为方均根速率　　　　　　D. 速率大于和小于 v_0 的分子数各占一半

11. 如图 13-2 所示，两条曲线分别表示在相同温度下氧气和氢气分子的速率分布曲线，$(v_p)_{O_2}$ 和 $(v_p)_{H_2}$ 分别表示氧气和氢气的最概然速率，则（　　）。

A. 图中 a 表示氧气分子的速率分布曲线；$(v_p)_{O_2}/(v_p)_{H_2}=4$

B. 图中 a 表示氧气分子的速率分布曲线；$(v_p)_{O_2}/(v_p)_{H_2}=1/4$

C. 图中 b 表示氧气分子的速率分布曲线；$(v_p)_{O_2}/(v_p)_{H_2}=1/4$

D. 图中 b 表示氧气分子的速率分布曲线；$(v_p)_{O_2}/(v_p)_{H_2}=4$

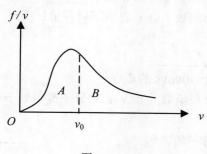

图 13-1

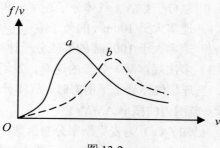

图 13-2

12. 在一封闭容器中盛有 1mol 氦气（视作理想气体），这时分子无规则运动的平均自由程仅决定于（　　）。

A. 压强 p　　　　　B. 体积 V　　　　　C. 温度 T　　　　　D. 平均碰撞频率 $\overline{Z}$

13. 容积恒定的容器中盛有一定量某种理想气体，其分子热运动的平均自由程为 $\overline{\lambda}_0$，平均碰撞频率为 $\overline{Z}_0$，若气体的热力学温度降低为原来的 1/4 倍，则此时分子平均自由程 $\overline{\lambda}$ 和平均碰撞频率分别为 $\overline{Z}$，则（　　）。

A. $\overline{\lambda}=\overline{\lambda}_0$，$\overline{Z}=\overline{Z}_0$ 　　　　　 B. $\overline{\lambda}=\overline{\lambda}_0$，$\overline{Z}=\dfrac{1}{2}\overline{Z}_0$

C. $\overline{\lambda}=2\overline{\lambda}_0$，$\overline{Z}=2\overline{Z}_0$ 　　　　　 D. $\overline{\lambda}=\sqrt{2}\overline{\lambda}_0$，$\overline{Z}=\dfrac{1}{2}\overline{Z}_0$

14. 在恒定不变的压强下，气体分子的平均碰撞频率 $\overline{Z}$ 与气体的热力学温度 T 的关系为（　　）。

A. $\overline{Z}$ 与 T 无关　　　　　　B. $\overline{Z}$ 与 $\sqrt{T}$ 成正比

C. $\overline{Z}$ 与 $\sqrt{T}$ 成反比　　　　　D. $\overline{Z}$ 与 T 成正比

15. 下列各图所示的速率分布曲线，图中的两条曲线是同一温度下氨气和氢气的分子速率分布曲线的是（　　）。

A.

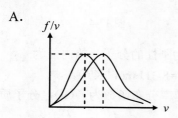

B.

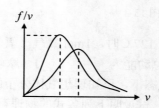

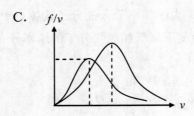

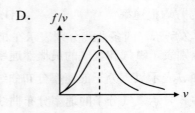

（二）填空题

1．分子物理学是研究_____的学科。它应用的基本方法是_____方法。

2．用总分子数 N、气体分子速率 v 和速率分布函数 $f(v)$ 表示下列各量：

（1）速率大于 100m/s 的分子数=_____；

（2）速率大于 100m/s 的那些分子速率之和=_____；

（3）多次观察某一分子的速率，发现速率大于 100m/s 的概率=_____。

3．当理想气体处于平衡态时，气体分子速率分布函数为 $f(v)$，则分子速率处于最概然速率 v_p 至∞范围内的概率 $\Delta N/N$=_____。

4．已知 $f(v)$ 为麦克斯韦分布函数，N 为总分子数，则

（1）速率大于 100m/s 的分子数占总分子数的百分比表达式为_____；

（2）速率大于 100m/s 的分子数表达式为_____。

5．如图 13-3 所示，曲线为处于同一温度 T 时氦（原子量 4）、氖（原子量 20）和氩（原子量 40）三种气体分子的速率分布曲线，其中：

（1）曲线（a）是_____气分子的速率分布曲线；

（2）曲线（c）是_____分子的速率分布曲线。

6．如图 13-4 所示的两条 $f(v)-v$ 曲线分别表示氢气和氧气在同一温度下的麦克斯韦分布曲线。由图可知：

（1）氢气分子的最概然几速率为_____；

（2）氧气分子的最概然几速率为_____。

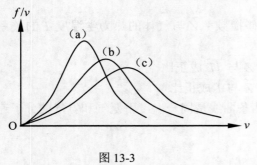

图 13-3

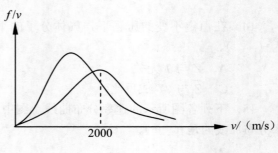

图 13-4

7．在温度为 127℃时，1mol 氧气（氧气分子可视为刚性的分子）的内能为_____J，其中分子转动的总动能为_____J（摩尔气体常量 R=8.31J·mol⁻¹·K⁻¹）。

8．在平衡状态下，已知理想气体分子的麦克斯韦速率分布函数为 $f(v)$、分子质量为 m，最概然速率为 v_p，试说明下列各式的物理意义：

（1）$\int_{v_p}^{\infty} f(v)\mathrm{d}v$ 表示_____；

（2）$\int_{0}^{\infty} \frac{1}{2}mv^2 f(v)\mathrm{d}v$ 表示_____。

9．对于处在平衡态下温度为 T，$\frac{3}{2}kT$ 的物理意义是_____（k 为玻尔兹曼常量）。

10．在相同的温度和压强下，各为单位体积的氢气（视为刚性双原子分子气体）与氦气的内能之比为_____；各为单位质量的氢气与氦气的内能之比为_____。

11．2g 氢气与 2g 氦气分别装在两个容器相同的封闭容器内，温度也相同（氢气分子视为刚性双原子分子）。则：

（1）氢分子与氦分子的平均平动动能之比 $\overline{W}_{H_2}/\overline{W}_{He} =$_____；

（2）氢气与氦气压强之比 $p_{H_2}/p_{He} =$_____；

（3）氢气与氦气内能之比 $E_{H_2}/E_{He} =$_____。

12．一氧气瓶的容积为 V，充入氧气的压强为 p_1，用了一段时间后压强降为 p_2，则瓶中剩下的氧气的内能与未用前氧气的内能之比为_____。

13．在容积为 V 的容器中，同时盛有质量为 m_1 和质量为 m_2 的两种单原子分子的理想气体，已知此混合气体处于平衡状态时它们的内能相等，且均为 E。则混合气体压强 $p =$_____；两种分子的平均速率之比 $\overline{v}_1/\overline{v}_2$_____。

14．根据能量按自由度均分原理，设气体分子为刚性分子，分子自由度数为 i，则当温度为 T 时：

（1）一个分子的平均动能为_____；

（2）1mol 氧气分子的转动动能总和为_____。

15．1mol 的单原子分子理想气体，在 1atm 的恒定压强下，从 0℃加热到 100℃，则气体的内能改变了_____J（摩尔气体常量 $R = 8.31\mathrm{J}\cdot\mathrm{mol}^{-1}\cdot\mathrm{K}^{-1}$）。

16．1mol 氧气（视为刚性双原子分子的理想气体）贮于一氧气瓶中，温度为 27℃，这瓶氧气的内能为_____J；一个分子的平均平动动能为_____J；一个氧气分子的平均动能为_____J（摩尔气体常量 $R = 8.31\mathrm{J}\cdot\mathrm{mol}^{-1}\cdot\mathrm{K}^{-1}$，玻耳兹曼常量 $k = 1.38\times10^{-23}\mathrm{J}\cdot\mathrm{K}^{-1}$）。

17．温度为 127℃，1mol 氧气（其分子可视为刚性分子）的内能为_____J，其中分子转动的总动能为_____J（摩尔气体常量 $R = 8.31\mathrm{J}\cdot\mathrm{mol}^{-1}\cdot\mathrm{K}^{-1}$）。

18．对于单原子分子理想气体，下面各式分别代表什么物理意义？

（1）$\frac{3}{2}RT$：_____；

（2）$\frac{3}{2}R$：_____；

（3）$\frac{5}{2}R$：_____。

（式中：R 为摩尔气体常量；T 为气体的温度）

19．根据能量按自由度均分原理，设气体分子为刚性分子，分子自由度数为 i，则当温度为 T 时，

（1）一个分子的平均动能为＿＿＿＿＿＿；

（2）一摩尔氧气分子的转动动能总和为＿＿＿＿＿＿。

（三）计算题

1．有 1kg 某种理想气体，分子平动动能总和是 1.86×10^6 J，已知每个分子质量是 3.34×10^{-27} kg，试求气体的温度（玻耳兹曼常量 $k=1.38\times10^{-23}$ J·K^{-1}）。

2．容器内有 2.66kg 氧气，已知其气体分子的平动动能总和是 4.14×10^5 J，求：

（1）气体分子平均平动动能；

（2）气体温度。

（氧气 $M_{mol}=32\times10^{-3}$ kg·mol^{-1}，$N_0=6.02\times10^{23}$ /mol，$k=1.38\times10^{-23}$ J·K^{-1}）

3．一瓶氢气和一瓶氧气温度相同。若氢气分子的平均平动动能为 6.21×10^{-21} J。试求：

（1）氧气分子的平均平动动能和方均根速率。

（2）氧气的温度。

（阿伏伽德罗常数 $N_A=6.022\times10^{23}$ mol^{-1}，玻尔兹曼常数 $k=1.38\times10^{-23}$ J·K^{-1}）

4．有 ν 摩尔的刚性双原子分子理想气体，原来处在平衡态，当它从外界吸收热量 Q 并对外做功 A 后，又达到一新的平衡态。试求分子增加的平均平动动能。

5．将 1kg 氦气和氢气混合，平衡后混合气体的内能是 2.45×10^6 J，氦分子平均动能是 6×10^{-21} J，求氢气质量 m。

（玻耳兹曼常量 $k=1.38\times10^{-23}$ J·K^{-1}，摩尔气体常量 $R=8.31$ J·mol^{-1}·K^{-1}）

6．容器内有 11kg 二氧化碳和 2kg 氢气（两种气体均视为刚性分子的理想气体），已知混合气体的内能是 8.1×10^6 J，求：

（1）混合气体的温度；

（2）两种气体分子的平均动能。

（二氧化碳的 $M_{mol}=44\times10^{-3}$ kg·mol^{-1}，氢气的 $M_{mol}=2\times10^{-3}$ kg·mol^{-1}，玻耳兹曼常量 $k=1.38\times10^{-23}$ J·K^{-1}，摩尔气体常量 $R=8.31$ J·mol^{-1}·K^{-1}）

第十四章　热力学基础

一、基本内容

（一）功、热量和内能

1. 热力学系统、准静态过程

热力学系统：热力学所研究的对象。

外界：系统以外与系统发生作用的物体。

$P\text{-}V$ 图上的一个点表示一个平衡态。

非静态过程：系统经历一系列非平衡态的过程。

准静态过程：系统经历一系列平衡态的过程。

$P\text{-}V$ 图上的一条曲线表示一个准静态过程。

2. 功、热量和系统的内能

系统从体积 V_1 变化到 V_2 的过程中，系统对外界做的功

$$W = \int_{V_1}^{V_2} p\,\mathrm{d}V$$

W 等于 $P\text{-}V$ 曲线下的面积。

热量 Q：因系统和外界之间存在温度差而传递的能量。

系统从外界吸热，$Q > 0$；系统向外界放热，$Q < 0$。

系统的内能：系统内部大量分子的无规则运动（平动、转动、振动）的动能和分子间相互作用的势能总和。

理想气体的内能

$$E = E(T) = \frac{m}{M}\frac{i}{2}RT$$

理想气体的内能是温度的单值函数。

（二）热力学第一定律

1. 热力学第一定律：系统从外界吸收的热量，一部分用于增加系统的内能，另一部分用于对外做功，即：

$$Q = \Delta E + W$$

微分形式为

$$\mathrm{d}Q = \mathrm{d}E + \mathrm{d}W$$

2. 理想气体的等值过程

（1）等体过程。

等体过程：系统的体积保持不变的热力学过程。

等体线平行于 p 轴的直线段如图 14-1 所示。

$$W = 0$$

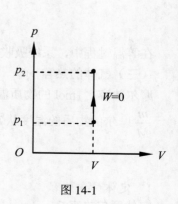

图 14-1

$$Q = \Delta E = \frac{m}{M}\frac{i}{2}R(T_2 - T_1)$$

在等体的过程中，系统对外界不做功，系统所吸收的热量全部用于增加系统的内能。

（2）等压过程。

等压过程：系统压强保持不变的热力学过程。

等压线是平行于轴的直线段，如图 14-2 所示。

$$W = p(V_2 - V_1) = \frac{m}{M}R(T_2 - T_1)$$

$$\Delta E = \frac{i}{2}\frac{m}{M}R(T_2 - T_1)$$

$$Q = \Delta E + W = \frac{i+2}{2}\frac{m}{M}R(T_2 - T_1)$$

在等压过程中，系统所吸收的热量，一部分用于增加系统的内能，另外一部分用于系统对外做功。

（3）等温过程。

等温过程：系统温度保持不变的热力学过程。

等温线是反比例曲线，如图 14-3 所示。

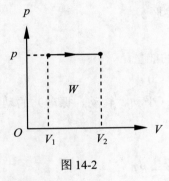

图 14-2

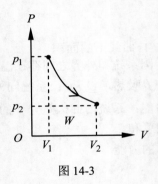

图 14-3

在等温过程中有

$$\Delta E = 0$$

$$Q = W = \frac{m}{M}RT\ln\frac{V_2}{V_1} = \frac{m}{M}RT\ln\frac{P_1}{P_2}$$

在等温过程中，系统吸收的热量完全用于对外做功。

（三）气体的热容

摩尔热容：1mol 的物质温度升高 1K 时所吸收的热量。

$\frac{m}{M}$ 摩尔的物质的温度从 T_1 升高到 T_2，物体所吸收的热量为

$$Q = \frac{m}{M}C(T_2 - T_1)$$

1. **定体摩尔热容**

定体摩尔热容 C_V：1mol 的气体在体积保持不变的情况下，温度升高 1K 时所吸收的热量。

$$C_V = \frac{\mathrm{d}Q}{\mathrm{d}T} = \frac{\mathrm{d}E}{\mathrm{d}T} = \frac{i}{2}R$$

2. 定压摩尔热容

定压摩尔热容 C_P：1mol 的气体在压强保持不变的情况下，温度升高 1K 时所吸收的热量。

$$C_P = \frac{\mathrm{d}Q}{\mathrm{d}T} = \frac{\mathrm{d}E}{\mathrm{d}T} + P\frac{\mathrm{d}V}{\mathrm{d}T} = \frac{i+2}{2}R$$

理想气体的定压摩尔热容比定体摩尔热容大一个常数 R。也就是说，1mol 的理想气体温度升高 1K 时，等压过程比等体过程多吸收了 8.31J 热量，这部分热量用来对外做功。

3. 热容比

热容比 γ：定压摩尔热容与定体摩尔热容的比值，即：

$$\gamma = \frac{C_P}{C_V}$$

对于理想气体，有 $\gamma = \frac{i+2}{i}$。

对于单原子分子理想气体，有 $\gamma = \frac{5}{3} = 1.67$。

对于双原子分子理想气体，有 $\gamma = \frac{7}{5} = 1.40$。

对于多原子分子理想气体，有 $\gamma = \frac{8}{6} = 1.33$。

（四）理想气体的绝热过程

绝热过程：系统与外界之间没有热量交换的热力学过程。

如图 14-4 所示，为绝热过程曲线，绝热线比等温线更陡。

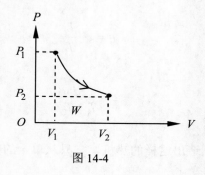

图 14-4

绝热过程有

$$Q = 0$$

$$W = -(E_2 - E_1) = -\frac{m}{M}C_V(T_2 - T_1)$$

绝热方程：

$$PV^\gamma = C$$

$$V^{\gamma-1}T = C$$

$$P^{\gamma-1}V^{-\gamma} = C$$

（五）理想气体的循环过程

1. 循环过程

循环过程（简称"循环"）：物质系统由某一个状态出发，经过一系列变化，又回到初始状态的过程。

工作物质（简称"工质"）：参与循环的物质系统。

循环过程的特点为

$$\Delta E = 0$$

循环过程中工质吸收的净热量等于它对外界做的净功，即：

$$Q = W$$

2. 热机效率、制冷系数

正循环：在 $P\text{-}V$ 图上沿顺时针方向进行的循环。

热机效率 η：热机完成一次循环后，系统对外所做的功 W 占所吸收的热量 Q 的百分比，即：

$$\eta = \frac{W}{Q} = 1 - \frac{Q_2}{Q_1}$$

逆循环：在 $P\text{-}V$ 图上沿顺时针方向进行的循环。

制冷系数 e：在逆循环中，外界对系统所做的功 W 与系统从低温热源所吸收的热量 Q 的比值，即：

$$e = \frac{Q_2}{W} = \frac{Q_2}{Q_1 - Q_2}$$

3. 卡诺循环

卡诺循环：由两个等温过程和两个绝热过程构成的循环。

卡诺循环的热机效率

$$\eta = 1 - \frac{T_2}{T_1}$$

卡诺冷机的制冷系数

$$e = \frac{T_2}{T_1 - T_2}$$

（六）热力学第二定律

开尔文说法：不可能制造出这样的热机，它只从单一的热源吸收热量使之完全变为有用的功，而不使外界发生任何变化。

克劳修斯说法：热量不可能自发地从低温热源流向高温热源。

（七）卡诺定理

1. 可逆过程和不可逆过程

可逆过程：一个热力学系统的逆过程能重复正过程的每一个中间状态，并且不引起其他变化的过程。

不可逆过程：虽然系统的逆过程能重复正过程的每一个中间状态，但是引起了其他变化的过程。

2．卡诺定理

（1）所有工作在相同的高温热源 T_1 和低温热源 T_2 之间的一切可逆热机，不论用什么工作物质，效率都为：

$$\eta = 1 - \frac{T_2}{T_1}$$

（2）所有工作在相同的高温热源 T_1 和低温热源 T_2 之间的一切不可逆热机，其效率不可能高于可逆热机的效率，即：

$$\eta = 1 - \frac{Q_2}{Q_1} < 1 - \frac{T_2}{T_1}$$

（八）熵、热力学第二定律的统计意义

1．熵

熵 S：为了用来解决实际过程进行的方向而引入的一个与系统平衡态有关的状态函数。
克劳修斯熵公式为

$$\Delta S = S_B - S_A = \int_A^B \frac{\mathrm{d}Q}{T}$$

理想气体的熵增为

$$\Delta S = \frac{m}{M} C_V \ln \frac{T_2}{T_1} + \frac{m}{M} R \ln \frac{V_2}{V_1}$$

2．熵增原理

熵增原理：一个孤立系统，经历不可逆的热力学过程时熵增加，可逆的热力学过程时熵不变，即：

$$\Delta S \geqslant 0$$

3．热力学第二定律的统计意义

热力学第二定律的统计意义：一个不受外界影响的孤立系统，其内部的自发过程总是由热力学概率小的状态向热力学概率大的状态进行。

二、例题分析

例题 1　如图 14-5 所示，一定量的理想气体，从 p-V 图上的初态 A 经历①或②过程到达末态 B，已知 A、B 两个状态处于同一绝热线 L 上，则气体在①、②两个过程中分别是放热还是吸热？

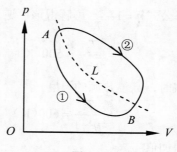

图 14-5

解：系统从初态 A 到达末态 B，对绝热过程应用第一定律有

$$0 = (E_B - E_A) + W_Q$$

对①过程应用热力学第一定律得

$$Q_1 = (E_B - E_A) + W_1$$

联立以上两式可以得到

$$Q_1 = W_1 - W_Q$$

由于 $W_1 < W_Q$，因此 $Q_1 < 0$，气体在①过程中对外放出热量。

对②过程应用热力学第一定律得

$$Q_2 = (E_B - E_A) + W_2$$

再将绝热过程的热力学第一定律方程带入可得

$$Q_2 = W_2 - W_Q$$

由于 $W_2 > W_Q$，因此 $Q_2 > 0$，气体在②过程中从外界吸收热量。

例题 2 一定量的某种理想气体在等压过程中对外做功为 200J，如果这是单原子分子气体，则该过程中需要吸收多少热量？如果是双原子分子气体，则需要吸收多少热量？

解：根据理想气体在等压过程中对外做功的表达式和等压过程中的理想气体状态方程可得

$$W_p = \frac{m}{M} R \Delta T$$

理想气体在等压过程中吸收的热量

$$Q_P = \frac{m}{M} \frac{i+2}{2} R \Delta T = \frac{i+2}{2} W_p$$

对于单原子分子气体，$i = 3$，所吸收的热量

$$Q_P = \frac{3+2}{2} \times 200 = 500（\text{J}）$$

对于单原子分子气体，$i = 5$，所吸收的热量

$$Q_P = \frac{5+2}{2} \times 200 = 700（\text{J}）$$

例题 3 某可逆卡诺热机低温热源的温度为 27℃，热机效率为 40%，求其高温热源的温度。现将该热机的效率提高到 50%，如果低温热源的温度保持不变，求其高温热源的温度增加值。

解：根据卡诺热机的效率公式 $\eta = 1 - \dfrac{T_2}{T_1}$ 可解得该可逆卡诺热机高温热源的温度

$$T_1 = \frac{T_2}{\eta - 1} = 500（\text{K}）$$

当热机的效率提高到 50% 时，高温热源的温度

$$T_1' = \frac{T_2}{\eta' - 1} = 600（\text{K}）$$

因此，高温热源的温度增加值

$$\Delta T = 600 - 500 = 100(\text{K})$$

例题 4　一定量的理想气体，向真空做绝热自由膨胀，体积由 V_1 增至 V_2，在此过程中，气体的内能和熵如何变化？

解： 理想气体向真空做绝热自由膨胀的过程中，

$$W = 0, \quad \Delta Q = 0$$

根据热力学第一定律可知 $\Delta E = 0$，即气体内能保持不变。

由于理想气体向真空做绝热自由膨胀的过程是不可逆过程，由熵增原理可知，气体的熵将增加。

例题 5　一定量的单原子分子理想气体，从初态 A 出发，经过 B、C 最后回到状态 A，如图 14-6 所示，试求：

（1）$A \to B$、$B \to C$、$C \to A$ 各个过程系统对外做的功、内能增量和吸收的热量；

（2）经一循环系统所做的总功和从外界吸收的总热量。

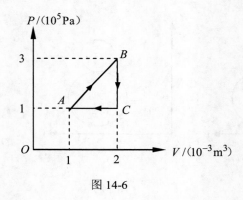

图 14-6

解：（1）$A \to B$ 过程：

$$W_1 = \frac{1}{2}(p_1 + p_2)(V_2 - V_1) = 200(\text{J})$$

$$\Delta E_1 = \frac{3}{2}(p_2 V_2 - p_1 V_1) = 750(\text{J})$$

$$Q_1 = W_1 + \Delta E_1 = 950(\text{J})$$

$B \to C$ 过程：

$$W_2 = 0$$

$$\Delta E_2 = \frac{3}{2}(p_1 V_2 - p_2 V_2) = -600(\text{J})$$

$$Q_2 = W_2 + \Delta E_2 = -600(\text{J})$$

$C \to A$ 过程：

$$W_3 = p_1(V_1 - V_2) = -100(\text{J})$$

$$\Delta E_3 = \frac{3}{2}(p_1 V_1 - p_1 V_2) = -150(\text{J})$$

$$Q_3 = W_3 + \Delta E_3 = -250(\text{J})$$

（2）循环系统所做的总功和从外界吸收的总热量分别为

$$W = W_1 + W_2 + W_3 = 100(\text{J})$$
$$Q = Q_1 + Q_2 + Q_3 = 100(\text{J})$$

三、练习题

（一）选择题

1. 如图 14-7 所示，图中（a）、（b）、（c）各表示连接在一起的两个循环过程，其中（c）图是两个半径相等的圆构成的两个循环过程，图（a）和图（b）则为半径不等的两个圆，那么有（　　）。

  A. 图（a）总净功为负，图（b）总净功为正，图（c）总净功为零

  B. 图（a）总净功为负，图（b）总净功为负，图（c）总净功为正

  C. 图（a）总净功为负，图（b）总净功为负，图（c）总净功为零

  D. 图（a）总净功为正，图（b）总净功为正，图（c）总净功为负

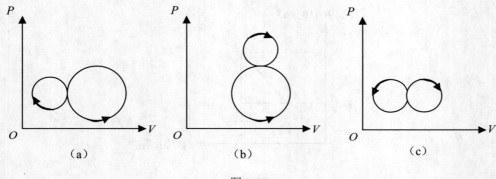

（a）   （b）   （c）

图 14-7

2. 在下列各种说法中，正确的是（　　）。

  （1）热平衡过程就是无摩擦的、平衡力作用的过程

  （2）热平衡过程一定是可逆过程

  （3）热平衡过程是无限多个连续变化的平衡态的连接

  （4）热平衡过程在 p-V 图上可用一连续曲线表示

  A.（1）、（2）   B.（3）、（4）

  C.（2）、（3）、（4）   D.（1）、（2）、（3）、（4）

3. 设有下列过程：

  （1）用活塞缓慢地压缩绝热容器中的理想气体（设活塞与器壁无摩擦）

  （2）用缓慢旋转的叶片使绝热容器中的水温上升

  （3）冰溶解为水

  （4）一个不受空气阻力及其他摩擦力作用的单摆的摆动

在这四个过程中，其中是可逆过程的为（　　）。

  A.（1）、（2）、（4）   B.（1）、（2）、（3）

  C.（1）、（3）、（4）   D.（1）、（4）

4．对于理想气体系统来说，在下列过程中，系统所吸收的热量、内能的增量和对外做的功三者均为负值的过程是（   ）。

    A．等容降压过程   B．等温膨胀过程

    C．绝热膨胀过程   D．等压压缩过程

5．一物质系统从外界吸收一定的热量，则（   ）。

    A．系统的内能一定增加

    B．系统的内能一定减少

    C．系统的内能一定保持不变

    D．系统的内能可能增加，也可能减少或保持不变

6．如图 14-8 所示，现有一定量理想气体，从体积 V_1 膨胀到体积 V_2，分别经历以下过程：$A \rightarrow B$ 等压过程，$A \rightarrow C$ 等温过程，$A \rightarrow D$ 绝热过程。则其中吸热最多的过程是（   ）。

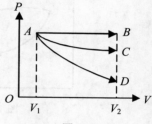

    A．$A \rightarrow B$

    B．$A \rightarrow C$

    C．$A \rightarrow D$

    D．$A \rightarrow B$ 和 $A \rightarrow C$，两过程吸热一样多

图 14-8

7．热力学第一定律表明：（   ）。

    A．系统对外做的功不可能大于系统从外界吸收的热量

    B．系统内能的增量等于系统从外界吸收的热量

    C．不可能存在这样的循环过程，在此循环过程中，外界对系统做的功不等于系统传给外界的热量

    D．热机的效率不可能等于 1

8．一个绝热容器，用质量可忽略的绝热板分成体积相等的两部分，如图 14-9 所示。两边分别装入质量相等、温度相同的 H_2 和 O_2。开始时绝热板 P 固定。然后释放之，板 P 将发生移动（绝热板与容器壁之间不漏气且摩擦可以忽略不计），在达到新的平衡位置后，若比较两边温度的高低，则结果是（   ）。

    A．H_2 比 O_2 温度高

    B．H_2 比 O_2 温度低

    C．H_2 和 O_2 温度相等且等于原来的温度

    D．H_2 和 O_2 温度相等但比原来的温度降低了

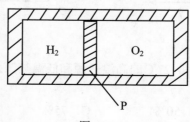

图 14-9

9．1mol 理想气体从 p-V 初态 a 分别经历如图 14-10 所示的（1）或（2）过程到达末态 b。

已知 $T_a < T_b$，则这两过程中气体吸收的热量 Q_1 和 Q_2 的关系是（　　）。

　　A．$Q_1 > Q_2 > 0$　　　　　　　　B．$Q_2 > Q_1 > 0$

　　C．$Q_2 < Q_1 < 0$　　　　　　　　D．$Q_1 < Q_2 < 0$

10．一定量的理想气体，从 p-V 图上初态 a 经历（1）或（2）过程到达末态 b，如图 14-11 所示；已知 a、b 两态处于同一条绝热线上（图中虚线是绝热线），两过程中气体吸放热的情况为（　　）。

　　A．（1）过程吸热，（2）过程放热　　B．（1）过程放热，（2）过程吸热

　　C．两种过程都吸热　　　　　　　　D．两种过程都放热

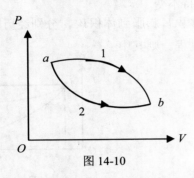
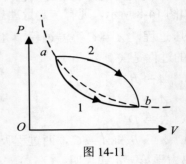

图 14-10　　　　　　　　　　　　　　图 14-11

11．一定量的理想气体，其状态改变在 p-T 图上沿着一条直线从平衡态 a 到平衡态 b，如图 14-12 所示。则（　　）。

　　A．这是一个绝热压缩过程　　　　　B．这是一个等容吸热过程

　　C．这是一个吸热压缩过程　　　　　D．这是一个吸热膨胀过程

12．如图 14-13 所示，一定量的理想气体经历 acb 过程时吸热 500J。则经历 $acbda$ 过程时，吸热为（　　）。

　　A．–1200J　　　　B．–1000J　　　　C．–700J　　　　D．1000J

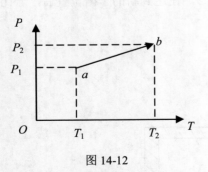
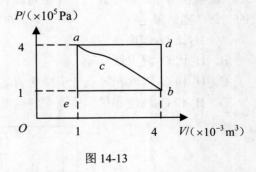

图 14-12　　　　　　　　　　　　　　图 14-13

13．在温度分别为 327℃ 和 27℃ 的高温热源和低温热源之间工作的热机，理论上的最大效率为（　　）。

　　A．25%　　　　　B．50%　　　　　C．75%　　　　　D．91.74%

14．如图 14-14 所示的两个卡诺循环，第一个沿 $ABCDA$ 进行，第二个沿 $ABC'D'A$ 进行，这两个循环的效率 η_1 和 η_2 的关系及这两个循环所做的净功 A_1 和 A_2 的关系分别是（　　）。

A. $\eta_1 = \eta_2$，$A_1 > A_2$　　　　　　B. $\eta_1 < \eta_2$，$A_1 < A_2$

C. $\eta_1 = \eta_2$，$A_1 < A_2$　　　　　　D. $\eta_1 > \eta_2$，$A_1 > A_2$

15. 如图 14-15 所示，一定质量的理想气体完成一循环过程。此过程在 V-T 图中用图 $1 \to 2 \to 3 \to 1$ 描写。该气体在循环过程中吸热、放热的情况是（　　　）。

A. 在 $1 \to 2$，$3 \to 1$ 过程吸热；在 $2 \to 3$ 过程放热

B. 在 $2 \to 3$ 过程吸热；在 $1 \to 2$，$3 \to 1$ 过程放热

C. 在 $1 \to 2$ 过程吸热；在 $2 \to 3$，$3 \to 1$ 过程放热

D. 在 $2 \to 3$，$3 \to 1$ 过程吸热；在 $1 \to 2$ 过程放热

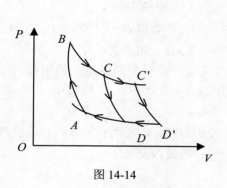

图 14-14

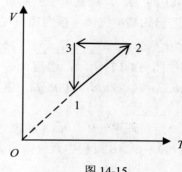

图 14-15

16. 某理想气体分别进行了如图 14-16 所示的两个卡诺循环：Ⅰ（$abcda$）和 Ⅱ（$a'b'c'd'a'$），且两条循环曲线所围曲面面积相等。设循环 Ⅰ 的效率为 η，每次循环在高温热源处吸收的能量为 Q，循环 Ⅱ 的效率为 η'，每次循环在高温热源处吸收的能量为 Q'，则（　　　）。

A. $\eta < \eta'$，$Q < Q'$　　　　　　B. $\eta < \eta'$，$Q > Q'$

C. $\eta > \eta'$，$Q < Q'$　　　　　　D. $\eta > \eta'$，$Q > Q'$

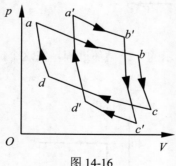

图 14-16

17. 氮、氢、水蒸气（均视为理想气体），它们的摩尔数相同，初始状态相同，若使它们在体积不变的情况下吸收相等的热量，则（　　　）。

A. 它们的温度升高相同，压强增加相同

B. 它们的温度升高相同，压强增加不相同

C. 它们的温度升高不相同，压强增加不相同

D. 它们的温度升高不相同，压强增加相同

18．1mol 的单原子分子理想气体由状态 A 变为状态 B，如果不知道是什么气体，变化过程也不知道，但 A、B 两态的压强、体积和温度都知道，则可求出（　　）。

A．气体内能的变化　　　　B．气体所做的功

C．气体传给外界的热量　　D．气体的质量

（二）填空题

1．在热力学中，"做功"和"传递热量"是有着本质的区别的，"做功"是通过_____来完成的；"传递热量"是通过_____来完成的。

2．一气体分子的质量可以根据该气体的定容比热容来计算。氩气的定容比热容 $C_V=0.314\text{kJ}\cdot\text{kg}^{-1}\cdot\text{K}^{-1}$，则氩原子的质量 $m=$_____（1kcal=4.18kJ）。

3．若已知某种气体（视为理想气体）在标准状态下的密度 $\rho=0.089\text{kg}/\text{m}^3$，则该气体的定压摩尔比热容 $C_P=$_____（摩尔气体常量 $R=8.31\text{J}\cdot\text{mol}^{-1}\cdot\text{K}^{-1}$）。

4．如图 14-17 所示，温度为 T_0，$2T_0$，$3T_0$ 三条等温线与两条绝热线围成三个卡诺循环：①abcda；②dcefd；③abefa。其效率分别为：① $\eta_1=$_____；① $\eta_2=$_____；② $\eta_3=$_____。

5．一定量理想气体，从 A 状态（$2P_1$，V_1）经历如图 14-18 所示的直线过程变到 B 状态（P_2，$2V_1$），则 AB 过程中系统做功 $A=$_____；内能改变 $\Delta E=$_____。

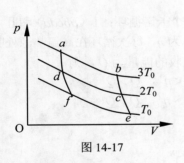

图 14-17

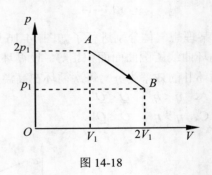

图 14-18

6．气体经历如图 14-19 所示的一个循环过程，在这个循环中，外界传给气体的净热量是_____。

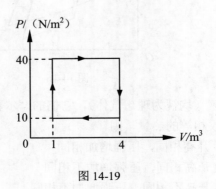

图 14-19

7．一定量理想气体，从同一状态开始使其体积由 V_1 膨胀到 $2V_1$，分别经历以下三种过程：

①等压过程；②等温过程；③绝热过程。其中_____过程气体对外做功最多；_____过程气体内能增加最多；_____过程气体吸收的热量最多。

8．不规则地搅拌盛于良好绝热容器中的液体，液体温度在升高，若将液体看作系统，则：

（1）外界传给系统的热量_____零；

（2）外界对系统做的功_____零；

（3）系统的内能的增量_____零（填大于、等于、小于）。

9．已知一定量的理想气体经历 P-T 图上所示的循环过程，如图 14-20 所示，图中各过程的吸热、放热情况为：

（1）过程 $1 \to 2$ 是_____；

（2）过程 $2 \to 3$ 是_____；

（3）过程 $3 \to 1$ 是_____（填"吸热过程""放热过程"）。

10．图 14-21 所示为一理想气体几种状态变化过程的 p-V 图，其中 MT 为等温线，MQ 为绝热线，在 AM、BM、CM 三种准静态过程中：

（1）温度降低的是_____；

（2）气体放热的是_____。

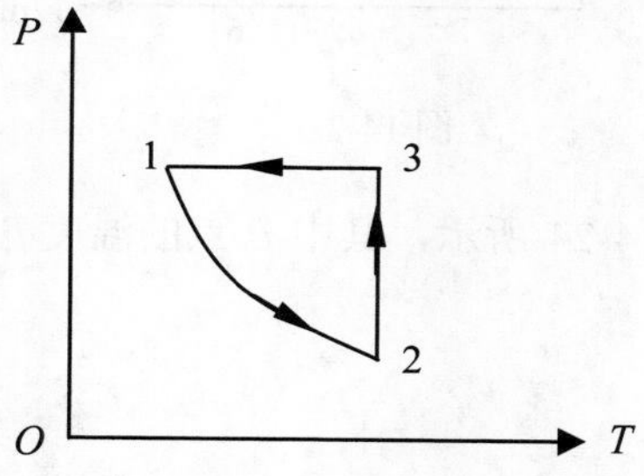

图 14-20

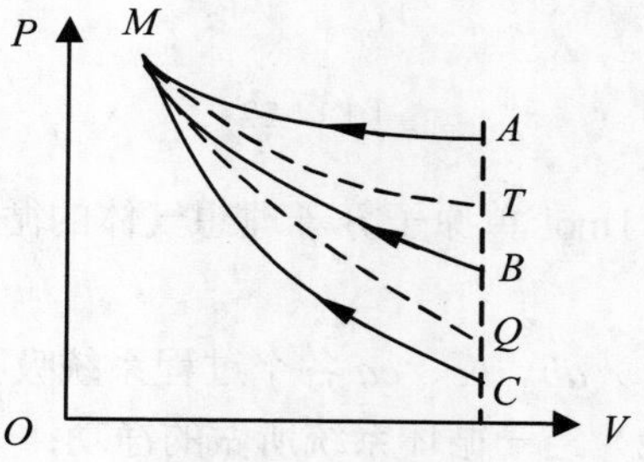

图 14-21

11．有 1mol 刚性双原子分子理想气体，在等压膨胀过程中对外做功 A，则其温度变化 $\Delta T =$ _____；从外界吸取的热量 $Q_p =$ _____。

12．已知有一定量的某种理想气体，此气体在等压过程中对外做功为 200J，则：

（1）若此种气体为单原子分子气体，则该过程中需吸热_____J；

（2）若此种气体为双原子分子气体，则该过程中需吸热_____J。

13．3mol 的理想气体，开始时处在压强 $P_1 = 6$atm、温度 $T_1 = 500$K 的平衡态。经过一个等温过程，压强变为 6atm。则该气体在此等温过程中所吸收的热量 $Q =$ _____J（摩尔气体常量 $R = 8.31$J·mol^{-1}·K^{-1}）。

14．一热机从 727℃的高温热源吸热，向 527℃的低温热源放热。若热机在最大效率下工作，且每一循环吸热 2000J，则此热机每一循环所做功 $W =$ _____J。

（三）计算题

1．1mol 双原子分子理想气体从状态 A（P_1，V_1）在 p-V 上沿图所示直线变化到状态 B（P_2，V_2），如图 14-22 所示，试求：

（1）气体的内能增量；

（2）气体对外界所做的功；

（3）气体吸收的热量；

（4）此过程的摩尔热容。

（摩尔热容 $C = \dfrac{\Delta Q}{\Delta T}$，其中 ΔQ 表示 1mol 物质在变化过程中升高温度 ΔT 时所吸收的热量）

2. 比热容比 $\gamma=1.40$ 的理想气体进行如图 14-23 所示的循环，已知状态 A 的温度为 300K，求：

（1）状态 B、C 的温度；

（2）每一过程中气体所吸收的净热量。

（摩尔气体常量 $R = 8.31\text{J} \cdot \text{mol}^{-1} \cdot \text{K}^{-1}$）

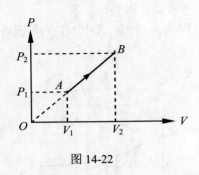

图 14-22

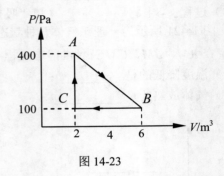

图 14-23

3. 1mol 单原子分子理想气体的循环过程如图 14-24 所示，其中 c 点的温度 $T_c = 600\text{K}$。试求：

（1）ab、bc、ca 各个过程系统吸收的热量；

（2）经一循环系统所做的净功；

（3）循环的效率。

（注：循环效率 $\eta = \dfrac{A}{Q}$，A 为循环过程系统对外做的净功，Q 为循环过程系统从外界吸收的热量，$\ln 2 = 0.693$。）

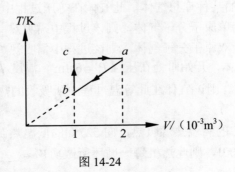

图 14-24

4. 一定量的理想气体，由状态 a 经 b 到达 c（如图 14-25，abc 为一直线）。求此过程中：

（1）气体对外做的功；

（2）气体内能的增量；

（3）气体吸收的热量。

（1atm=1.013×10⁵Pa）

5．一定量的单原子分子理想气体，从初态 A 出发，沿图 14-26 所示直线过程变到另一状态 B，又经过等容、等压两过程回到状态 A。

（1）求 $A \rightarrow B$，$B \rightarrow C$，$C \rightarrow D$ 各过程中系统对外所做的功 A、内能的增量 ΔE 以及所吸收的热量 Q。

（2）整个循环过程中系统对外所做的总功以及从外界吸收的总热量（各过程吸热的代数和）。

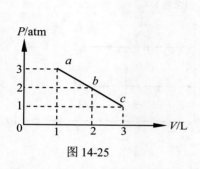

图 14-25

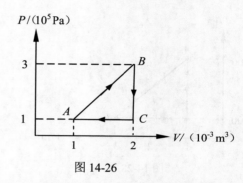

图 14-26

6．一定量的理想气体经历如图 14-27 所示的循环过程，$A \rightarrow B$ 和 $C \rightarrow D$ 是等压过程，$B \rightarrow C$ 和 $D \rightarrow A$ 是绝热过程。已知：$T_C = 300K$，$T_B = 400K$。试求：此循环的效率（提示：循环效率的定义式 $\eta = 1 - \dfrac{Q_2}{Q_1}$，$Q_1$ 为循环中气体吸收的热量，Q_2 为循环中气体放出的热量）。

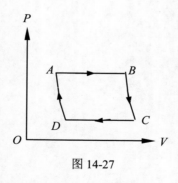

图 14-27

7．将 1mol 理想气体等压加热，使其温度升高72K，传给它的热量等于 $1.6 \times 10^3 J$，求：

（1）气体所做的功 A；

（2）气体内能的增量 ΔE；

（3）比热比 γ（摩尔气体常量 $R = 8.31 J \cdot mol^{-1} \cdot K^{-1}$）。

8．一定量的刚性双原子分子理想气体，开始时处于压强 $p_0 = 1.0 \times 10^5 Pa$，体积 $V_0 = 4 \times 10^{-3} m^3$，温度 $T_0 = 300K$ 的初态，之后经过等压膨胀过程温度上升到 $T_1 = 450K$，再经过绝热过程，温度降回到 $T_2 = 300K$，求气体在整个过程中对外做的功。

9．一定量的某种理想气体进行如图 14-28 所示的循环过程。已知气体在状态 A 的温度为 $T_A = 300K$，求：

（1）气体在状态 B、C 的温度；

（2）各过程中气体对外所做的功；

（3）经过整个循环过程，气体从外界吸收的总热量（各过程吸热的代数和）。

10．如图 14-29 所示，$abcda$ 为 1mol 单原子分子理想气体的循环过程，求：

（1）气体循环一次，在吸热过程中从外界共吸收的热量；

（2）气体循环一次对外做的净功。

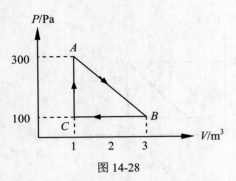

图 14-28

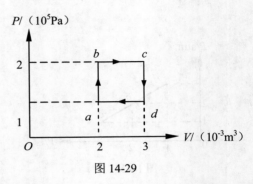

图 14-29

11．一卡诺循环的热机，高温热源温度是 400K。每一循环从此热源吸进 100J 热量并向一低温热源放出 80J 热量。求：

（1）低温热源温度；

（2）此循环的热机效率。

第十五章　狭义相对论基础

一、基本内容

（一）相对性原理

1. 伽利略相对性原理

在惯性系中所做的任何观察和实验都不可能判断该惯性系究竟是运动还是静止。所有惯性系都是平权的、等价的，物理定律在各惯性系中具有相同的形式。因此，我们不可能判断出哪个惯性系是处于绝对静止状态、哪一个又是绝对运动的，也就是说绝对速度不可测量。

2. 伽利略坐标、速度及其加速度变换

坐标变换：相对性原理涉及的不同惯性系之间的时空变换关系。

伽利略坐标变换：　　　　　　　　　　伽利略坐标逆变换：

$$\begin{cases} x = x' + ut \\ y = y' \\ z = z' \\ t = t' \end{cases} \qquad \begin{cases} x' = x - ut \\ y' = y \\ z' = z \\ t' = t \end{cases}$$

伽利略变换的特征是，时间和空间是分离的：时间间隔是绝对的，长度是绝对的，它们都不因参考系的改变而改变。

3. 爱因斯坦的相对论基本假定

相对性原理：任何动力学规律在所有惯性系中都具有相同的形式。

光速不变原理：真空中的光速为恒定值 c，跟参考系（或光源）无关。

（二）狭义相对论时空观

1. 同时的相对性

某惯性系中在不同地点同时发生的两个事件，在另一个惯性系中并不是同时发生的，即同时性与参考系有关。

2. 时钟延缓

运动的钟相对于静止的钟走得慢的现象。

固有时间（或原时） Δt_0：某参考系中，同一地点先后发生的两个事件之间的时间间隔。

在运动参考系（相对于测得 Δt_0 的参考系的运动速度为 u）中测得的时间间隔

$$\Delta t = \frac{\Delta t_0}{\sqrt{1 - \dfrac{u^2}{c^2}}}$$

上式表明，原时最短。

时间延缓现象具有相对性。

3. 动尺收缩

被测物体与观察者有相对运动时，物体沿运动方向长度缩短的现象。

固有长度（或原长） l_0：相对于观察者静止的两点之间的距离。

在运动参考系（相对于测得 l_0 的参考系的运动速度为 u）中测得的长度

$$l = l_0 \sqrt{1 - \frac{u^2}{c^2}}$$

上式表明，原长最长。

长度收缩现象具有相对性。

在上述例子中，S' 系中的观察者测量相对于 S 系静止的棒的长度也缩短了。

在与运动垂直的方向上长度不发生变化。

4. 洛伦兹坐标变换

设有一事件 P，S 系和 S' 系的观察者测得的空时坐标分别为 (x, y, z, t) 和 (x', y', z', t')。两个惯性参考系只在 x（或 x'）方向发生相对运动，垂直方向不发生变化，其时空坐标变换为

洛伦兹坐标变换：　　　　　　　　　　　洛伦兹坐标变换的逆变换：

$$\begin{cases} x' = \dfrac{x - ut}{\sqrt{1 - \dfrac{u^2}{c^2}}} \\ y' = y \\ z' = z \\ t' = \dfrac{t - ux/c^2}{\sqrt{1 - \dfrac{u^2}{c^2}}} \end{cases} \qquad \begin{cases} x = \dfrac{x' + ut}{\sqrt{1 - \dfrac{u^2}{c^2}}} \\ y = y' \\ z = z' \\ t = \dfrac{t' + ux/c^2}{\sqrt{1 - \dfrac{u^2}{c^2}}} \end{cases}$$

在低速情况下，$u \ll c$，洛伦兹变换化为伽利略变换。

5. 间隔不变性

在相对论中，"光速"和"事件"是绝对的。如果发生了某事件，那么所有参考系都会承认此事件发生了，只是其时空坐标是相对的而已。时空坐标是表象，而事件才是实质。

间隔 s^2：$s^2 \equiv (ct^2) - x^2 - y^2 - z^2$，是绝对的，是不变量。

由光信号连接起来的两事件的间隔为 0。

（三）狭义相对论动力学基础

1. 相对论质量与速度关系式为

$$m = \frac{m_0}{\sqrt{1 - \dfrac{v^2}{c^2}}}$$

式中：m_0 为物体的静止质量；m 为物体以速度 v 运动时的质量。

2. 狭义相对论的动量

$$\vec{p} = m\vec{v} = \frac{m_0 \vec{v}}{\sqrt{1 - \dfrac{v^2}{c^2}}}$$

3. 狭义相对论的动力学方程为

$$\vec{F} = \frac{\mathrm{d}\vec{p}}{\mathrm{d}t} = \frac{\mathrm{d}}{\mathrm{d}t}\left(\frac{m_0 \vec{v}}{\sqrt{1 - \dfrac{v^2}{c^2}}}\right)$$

4. 质能关系：

$$E = mc^2$$

式中：E 为物体的总能量。

5. 狭义相对论的动能表达式为

$$E_k = mc^2 - m_0 c^2$$

式中：$E_0 = m_0 c^2$，为物体的静止能量。

6. 狭义相对论的动量与能量关系式为

$$E^2 = m_0^2 c^4 + c^2 p^2$$

二、例题分析

例题 1　宇宙飞船相对于地面以速度 v 做匀速直线飞行，某一时刻飞船头部的宇航员向飞船尾部发出一个光信号，经过 Δt（飞船上的钟）时间后，被尾部的接收器收到，则飞船的固有长度等于多少？

解： 在宇宙飞船测得光信号的传播速度为 c，飞船上的钟又测得光信号从飞船头部到飞船尾部经过 Δt 时间，因此宇宙飞船中的观察者测得飞船的长度就等于飞船的固有长度，其值

$$l_0 = c\Delta t$$

例题 2　狭义相对论中，有下列四种说法：①一切运动物体相对于观察者的速度都不能大于真空中的光速；②质量、长度和时间的测量结果都是随物体与观察者的相对运动状态而改变的；③在一个惯性系中发生于同一时刻、不同地点的两个事件在其他惯性系中也是同时发生的；④惯性系中的观察者观察一个与它做匀速相对运动的时钟时，会看到这个时钟比与它相对静止的相同的时钟走得慢些。其中哪些说法是正确的？

答案：①、②、④的说法是正确的。

解： 说法①符合狭义相对论"真空中的光速是一切运动物体的速度的极限"的论断；说法②符合狭义相对论"质量、长度、时间的测量都随物体与观察者的相对运动状态而改变"的论断；说法③违背了狭义相对论的同时的相对性的结论；说法④符合狭义相对论时间延缓的结论。

例题 3　在某地发生了两个事件，位于该地的静止观察者甲测得的时间间隔为 4s，如果相对于甲做匀速直线运动的乙测得的时间间隔为 5s，则乙相对于甲的运动速度是真空中光速的多少倍？

解： 由时间延缓公式

$$\Delta t = \frac{\Delta t_0}{\sqrt{1 - \dfrac{u^2}{c^2}}}$$

解得乙相对于甲的运动速度大小为

$$u = c\sqrt{1 - \left(\frac{\Delta t_0}{\Delta t}\right)^2} = c\sqrt{1 - \left(\frac{4}{5}\right)^2} = 0.6c$$

例题 4　如图 15-1 所示，边长为 a 的正方形薄板静止于惯性系 K 的 Oxy 平面内，并且其两边分别与轴平行。另一个惯性系 K' 以 $0.6c$ 的速度相对于 K 系沿 x 轴做匀速直线运动，K' 系中的观察者测得该薄板的面积为多少？

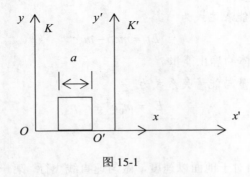

图 15-1

解： 在 K 系中观察，该正方形与 y 轴平行的边长度不变，与 x 轴平行的边长度缩短，即：

$$\Delta y' = \Delta y = a$$

$$\Delta x' = \Delta x\sqrt{1 - \left(\frac{u}{c}\right)^2} = a\sqrt{1 - 0.6^2} = 0.8a$$

因此，在 K' 系中的观察者测得该薄板的面积

$$S' = \Delta x' \Delta y' = 0.8a^2$$

例题 5　一扇门的宽度为 a。有一根固有长度为 l_0（$l_0 > a$）的水平细杆，在门外贴近门的平面内沿其长度方向以速度 v 匀速运动，如图 15-2 所示。如果站在门外的观察者认为此杆的两端可同时被拉进此门，则该杆相对于门的运动速率至少为多少？

解： 站在门外的观察者测得该运动的水平细杆的长度

$$l = l_0\sqrt{1 - \frac{v^2}{c^2}}$$

由于观察者认为此杆的两端可同时被拉进宽度为 a 的门，因此 $a \geqslant l$，即：

$$l_0\sqrt{1 - \frac{v^2}{c^2}} \leqslant a$$

由此解得

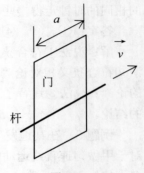

图 15-2

$$v \geqslant c\sqrt{1-\left(\frac{a^2}{l_0^2}\right)}$$

该杆相对于门的运动速率至少为 $c\sqrt{1-\left(\frac{a^2}{l_0^2}\right)}$。

例题 6　一艘宇宙飞船以相对地面 $0.5c$ 的速率运动。从飞船中以相对飞船为 $0.5c$ 的速率向前方发射一枚火箭，假设发射火箭不影响飞船的原有速率，则地面上的观察者测得火箭的速率为多少？

解：洛伦兹速度逆变换公式为

$$v_x = \frac{v_x' + u}{1 + \frac{uv_x}{c^2}}$$

依题意可知，其中 $u = 0.5c$，$v_x' = 0.5c$。

因此地面上的观察者测得火箭的速率

$$v_x = \frac{0.5c + 0.5c}{1 + \frac{0.5c \cdot 0.5c}{c^2}} = 0.8c$$

例题 7　在惯性系 S 中，有两个事件同时发生在 x 轴上相距 1000m 的两点，而在沿 x 轴方向相对于 S 系运动的另一个惯性系 S' 中测得这两个事件发生的地点相距 2000m。在 S 系中测得这两个事件发生的时间间隔等于多少？

解：设在 S 系中测得两个事件的空时坐标分别为 $(x_1，t_1)$ 和 $(x_2，t_2)$，在 S' 系中测得它们的空时坐标分别为 $(x_1'，t_1')$ 和 $(x_2'，t_2')$。

由题意知，$t_1 = t_2$、$x_2 - x_1 = 1000\text{m}$、$x_2' - x_1' = 2000\text{m}$

根据洛伦兹坐标变换公式得

$$x_1' = \frac{x_1 - ut_1}{\sqrt{1-\frac{u^2}{c^2}}}，\quad x_2' = \frac{x_2 - ut_2}{\sqrt{1-\frac{u^2}{c^2}}}$$

以上两式相减得

$$\Delta x' = \frac{\Delta x}{\sqrt{1-\frac{u^2}{c^2}}}$$

式中：$\Delta x = x_2 - x_1$ 和 $\Delta x' = x_2' - x_1'$ 分别为 S 和 S' 惯性系中的观察者测量的两个事件发生的距离。

由此解得 S 和 S' 惯性系的相对运动速度大小为

$$u = c\sqrt{1-\left(\frac{\Delta x}{\Delta x'}\right)^2} = c\sqrt{1-\left(\frac{1000}{2000}\right)^2} = \frac{\sqrt{3}}{2}c$$

洛伦兹时间变换公式为

$$t_1' = \frac{t_1 - ux_1/c^2}{\sqrt{1 - \dfrac{u^2}{c^2}}}, \quad t_2' = \frac{t_2 - ux_2/c^2}{\sqrt{1 - \dfrac{u^2}{c^2}}}$$

以上两式相减，可得在 S' 系中测得这两个事件发生的时间间隔为

$$\Delta t' = t_1' - t_2' = \frac{u(x_2 - x_1)/c^2}{\sqrt{1 - \dfrac{u^2}{c^2}}} = \frac{\sqrt{3}/2\Delta x}{c\dfrac{\Delta x}{\Delta x'}} = \frac{\sqrt{3}/2 \times 2000}{\dfrac{1}{2}c} = 5.8 \times 10^{-6}(\text{s})$$

例题 8　在惯性系 K 中，相距 5×10^6 m 的两个地点先后发生了两个事件，时间间隔为 10^{-2} s，而在相对于 K 系沿 x 正方向匀速运动的 K' 系中观测到这两事件却是同时发生的。试计算在 K' 系中发生这两个事件的地点间的距离。

解：设在 K 系中测得两个事件的空时坐标分别为 (x_1, t_1) 和 (x_2, t_2)，在 K' 系中测得它们的空时坐标分别为 (x_1', t_1') 和 (x_2', t_2')。

由题意知，$t_2 - t_1 = 10^{-2}$ s、$\Delta t' = t_2' - t_1' = 0$、$x_2 - x_1 = 5 \times 10^6$ m。

根据洛仑兹坐标变换公式得

$$x_1 = \frac{x_1' + ut_1'}{\sqrt{1 - \dfrac{u^2}{c^2}}}, \quad x_2 = \frac{x_2' + ut_2'}{\sqrt{1 - \dfrac{u^2}{c^2}}}$$

以上两式相减得

$$\Delta x = x_2 - x_1 = \frac{x_2 - x_1}{\sqrt{1 - \dfrac{u^2}{c^2}}} = \frac{\Delta x'}{\sqrt{1 - \dfrac{u^2}{c^2}}} \qquad ①$$

洛仑兹时间变换公式为

$$t_1 = \frac{t_1' + ux_1'/c^2}{\sqrt{1 - \dfrac{u^2}{c^2}}}, \quad t_2 = \frac{t_2' + ux_2'/c^2}{\sqrt{1 - \dfrac{u^2}{c^2}}}$$

以上两式相减得

$$\Delta t = t_2 - t_1 = \frac{u/c^2(x_2' - x_1')}{\sqrt{1 - \dfrac{u^2}{c^2}}} = \frac{u/c^2\Delta x'}{\sqrt{1 - \dfrac{u^2}{c^2}}} \qquad ②$$

$\dfrac{②}{①}$ 得

$$u = \frac{c^2\Delta t}{\Delta x}$$

在 K' 系中发生这两个事件的地点间的距离

$$\Delta x' = \Delta x\sqrt{1 - \frac{u^2}{c^2}} = \sqrt{\Delta x^2 - (c\Delta t)^2} = \sqrt{(5 \times 10^6)^2 - (3 \times 10^8 \times 10^{-2})^2} = 4 \times 10^6(\text{m})$$

例题 9　设某微观粒子的总能量是其静止能量的 N 倍，则该粒子的运动速度的大小是真空中光速 c 的多少倍？

解：相对论质量与速度的关系式为

$$m = \frac{m_0}{\sqrt{1 - v^2/c^2}}$$

依题意有

$$mc^2 = Nm_0c^2$$

因此

$$\frac{m_0}{\sqrt{1 - v^2/c^2}} = Nm_0$$

由此解得该粒子的运动速度的大小为

$$v = c\sqrt{1 - \left(\frac{1}{N}\right)^2} = \frac{\sqrt{N^2 - 1}}{N}c$$

即该粒子的运动速度的大小是真空中光速 c 的 $\frac{\sqrt{N^2 - 1}}{N}$ 倍。

例题 10 匀质细棒静止时的质量为 m_0、长度为 l_0，当它沿棒长方向做高速匀速直线运动时，测得它的长度为 l，则该棒的运动速度等于多少？该棒的动能等于多少？

解：长度收缩公式为

$$l = l_0\sqrt{1 - \frac{u^2}{c^2}}$$

由此可得该棒的运动速度大小为

$$u = c\sqrt{1 - \left(\frac{l}{l_0}\right)^2}$$

该棒的动能

$$E_k = mc^2 - m_0c^2 = m_0c^2\left(\frac{1}{\sqrt{1 - u^2/c^2}} - 1\right) = \frac{l - l_0}{l_0}m_0c^2$$

例题 11 在惯性系 S 中，一个粒子的总能量 $E = 10 MeV$，它的动量 $(p_x,\ p_y,\ p_z) = (\sqrt{2},\ 3,\ 5)MeV/c$，其中 c 表示真空中的光速，则在 S 系中测得粒子的速度等于多少？

解：在惯性系 S 中，粒子的动量和能量表达式分别为

$$\vec{p} = m\vec{v}, \quad E = mc^2$$

由此解得在 S 系中测得的粒子速度大小为

$$v = \frac{pc^2}{E} = \frac{c\sqrt{(\sqrt{2})^2 + 3^2 + 5^2}}{10} = 0.6c$$

三、练习题

（一）选择题

1. 下列几种说法：

　　（1）所有惯性系对物理基本规律都是等价的

（2）在真空中，光的速度与光的频率、光源的运动状态无关

（3）在任何惯性系中，光在真空中沿任何方向的传播速度都相同

其中说法正确的是（　　）。

A. 只有（1）、（2）是正确的 　　　 B. 只有（1）、（3）是正确的

C. 只有（2）、（3）是正确的 　　　 D. 三种说法都是正确的

2. 宇宙飞船相对于地面以速度 v 做匀速直线飞行，某一时刻飞船头部的宇航员向飞船尾部发出一个光信号，经过 Δt（飞船上的钟）时间后，被尾部的接收器收到，则由此可知飞船的固有长度为（　　）。

A. $c \cdot \Delta t$

B. $v \cdot \Delta t$

C. $c \cdot \Delta t \cdot \sqrt{1 - (v/c)^2}$

D. $\dfrac{c \cdot \Delta t}{\sqrt{1 - (v/c)^2}}$

（c 为真空中光速）

3.（1）对某观察者来说，发生在某惯性系中同一地点、同一时刻的两个事件，对于相对该惯性系做匀速直线运动的其他惯性系中的观察者来说，它们是否同时发生？

（2）在某惯性系中发生于同一时刻、不同地点的两个事件，它们在其他惯性系中是否同时发生？

关于上述两个问题的正确答案是（　　）。

A.（1）同时，（2）不同时 　　　 B.（1）不同时，（2）同时

C.（1）同时，（2）同时 　　　 D.（1）不同时，（2）不同时

4. 关于同时性有人提出以下一些结论，其中正确的的是（　　）。

A. 在一惯性系同时发生的两个事件，在另一惯性系一定不同时发生

B. 在一惯性系不同地点同时发生的两个事件，在另一惯性系一定同时发生

C. 在一惯性系同一地点同时发生的两个事件，在另一惯性系一定同时发生

D. 在一惯性系不同地点不同时发生的两个事件，在另一惯性系一定不同时发生

5. 一宇航员要到离地球为 5 光年的星球去旅行，如果宇航员希望把这个路程缩短为 3 光年，则他所乘的火箭相对于地球的速度应是（　　）。

A. $v = \dfrac{1}{2}c$

B. $v = \dfrac{3}{5}c$

C. $v = \dfrac{4}{5}c$

D. $v = \dfrac{9}{10}c$

（c 为真空中光速）

6. 在某地发生两件事，静止位于该地的甲测得时间间隔为 4s，若相对甲做匀速直线运动的乙测得时间间隔为 5s，则乙相对于甲的运动速度是（　　）。

A. $\dfrac{4}{5}c$ 　　　 B. $\dfrac{3}{5}c$ 　　　 C. $\dfrac{1}{5}c$ 　　　 D. $\dfrac{2}{5}c$

（c 为真空中光速）

7. 在狭义相对论中，下列说法中正确的是（　　）。

（1）一切运动物体相对于观察者的速度都不能大于真空中的光速

（2）质量、长度、时间的测量结果都是随物体与观察者的相对运动状态而改变的

（3）在一惯性系中发生于同一时刻、不同地点的两个事件在其他一切惯性系中也是同时发生的

（4）惯性系中的观察者观察一个与做匀速相对运动的时钟时，会看到这个时钟比与他相对静止的相同的时钟走得慢些

A.（1）、（3）、（4）　　　　　　B.（1）、（2）、（4）

C.（1）、（2）、（3）　　　　　　D.（2）、（3）、（4）

8. 在参照系 S 中，有两个静止质量都是 m_0 的粒子 A 和 B，分别以速度 v 沿同一直线相向运动，相碰后合在一起成为一个粒子，则其静止质量 M_0 的值为（　　）。

A. $2m_0$　　　　　　　　B. $2m_0\sqrt{1-(v/c)^2}$

C. $\dfrac{m_0}{2}\sqrt{1-(v/c)^2}$　　　　D. $\dfrac{2m_0}{\sqrt{1-(v/c)^2}}$

（c 为真空中光速）

9. 根据相对论力学，动能为 $1/4\,MeV$ 的电子，其运动速度约等于（　　）。

A. $0.1c$　　　　B. $0.56c$　　　　C. $0.75c$　　　　D. $0.85c$

（c 为真空中光速，电子的静能量 $m_0c^2=0.5\,MeV$）

（二）填空题

1. 有一速度为 u 的宇宙飞解沿 X 轴正方向飞行，飞船头尾各有一个脉冲光源在工作，处于船尾的观察者测得船头光源发出的光脉冲的传播速度大小为＿＿＿＿＿，处于船头的观察者测得船尾光源发出的光脉冲的传播速度大小为＿＿＿＿＿。

2. 一门宽为 a。今有一固有长度为 L_0（$L_0>a$）的水平细杆，在门外贴近门的平面内沿其长度方向匀速运动，若站在门外的观察者认为此杆的两端恰好同时被拉进此门，则该杆相对于门的运动速率 v 为＿＿＿＿＿。

3. π^+ 介子是不稳定的粒子，在它自己的参照系中测得平均寿命是 $2.6\times10^5\,s$，如果它相对实验室以 $0.8c$（c 为真空中光速）的速度运动，那么实验室坐标系中测得的 π^+ 介子的寿命是＿＿＿＿＿s。

4. 狭义相对论中，一质点的质量 m 与速度 v 的关系式为＿＿＿＿＿，其动能的表达式为＿＿＿＿＿。

5. 设电子静止质量为 m_e，将一个电子从静止加速到速率为 $0.6c$（c 为真空中光速），需做功＿＿＿＿＿。

6. 已知一静止质量为 m_0 的粒子，其固有寿命为实验室测量到的寿命的 $1/n$，则此粒子的动能是＿＿＿＿＿。

7. 观察者甲以 $v=0.8c$（c 为真空中光速）相对于静止的观察者乙运动，若甲携带一长度为 L、截面积为 S、质量为 m 的棒，这根棒安放在运动方向上，则

（1）甲测得此棒的密度为＿＿＿＿＿；

（2）乙测得此棒的密度为＿＿＿＿＿。

（三）计算题

1．观测者甲和乙分别静止于两个惯性参照系 K 和 K' 中，甲测得在同一地点发生的两个事件的时间间隔为 4s，而乙测得这两个事件的时间间隔为 5s，求：

（1）K' 相对于 K 的运动速度；

（2）乙测得这两个事件发生的地点之间的距离。

2．在惯性系 S 中，有两事件发生于同一地点，且第二事件比第一事件晚发生 $\Delta t = 2\,\text{s}$，而在另一惯性系 S' 中，观测第二事件比第一事件晚发生 $\Delta t = 3\,\text{s}$。那么在 S' 系中发生两件的地点之间的距离是多少？

3．一艘宇宙飞船的船身固有长度 $L_0 = 90\text{m}$，相对于地面以 $v = 0.8c$（c 为真空中光速）的匀速度在一观测站的上空飞过：

（1）观测站测得飞船的船身通过观测站的时间间隔是多少？

（2）宇航员测得船身通过观测站的时间间隔是多少？

4．隧道长为 L，宽为 d，高为 h，拱顶为半圆。设想一列车以极高的速度 v 沿隧道长度方向通过隧道，若从列车上观察：

（1）隧道的尺寸如何？

（2）设列车的长度为 l_0，它全部通过隧道的时间是多少？

5．如图 15-3 所示，一发射台向东西两侧距离均为 L_0 的两个接收站 E 与 W 发射信号。今有一飞机以匀速度 v 沿发射台与两接收站的连线由西向东飞行，试问在飞机上测得两接收站接收到发射台同一信号的时间间隔是多少？

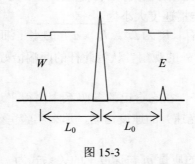

图 15-3

6．一电子以 $v = 0.99c$（c 为真空中光速）的速率运动。试求：

（1）电子的总能量是多少？

（2）电子经典力学的动能与相对论动能之比是多少？

（电子静止质量 $m_e = 9.11 \times 10^{-31}\text{kg}$）

第十六章　量子物理基础

一、基本内容

（一）能量子假设

1. 热辐射

热辐射：每个系统都会向外辐射电磁波，如红外线、可见光、紫外线等。由于这种辐射与温度有关，源自系统内部带电微粒的热运动，因此被称为热辐射。

单色辐出度 $M(\lambda, T)$：在一定温度下，单位时间内物体单位面积发射的、波长在 λ 附近单位波长间隔内的电磁波能量。

$$M(\lambda, T) = \frac{\mathrm{d}M(\lambda, T)}{\mathrm{d}\lambda}$$

$M(\lambda, T)$ 的单位为 $\mathrm{W/m^3}$。

辐射辐出度 $M(T)$：在一定温度下，单位时间内物体表面的单位面积上所发射出的所有电磁波的总能量。

辐出度与单色辐射度的关系为

$$M(T) = \int_0^\infty M(\lambda, T) \, \mathrm{d}\lambda$$

$M(T)$ 的单位为 $\mathrm{W/m^2}$。

2. 黑体辐射

黑体：当投射到物体表面的各种波长的电磁波都被物体完全吸收时，我们就称该物体为黑体。

黑体是一种理想物理模型。我们可以人为地制造一种黑体模型，如图 16-1 所示。

图 16-2 是黑体在不同温度下的单色辐出度 $M(\lambda, T)$ 与波长 λ 的关系曲线。

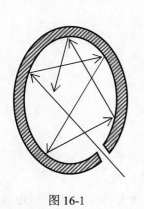

图 16-1

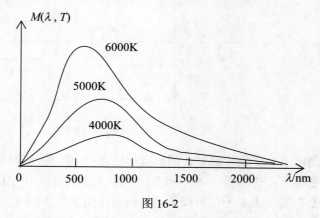

图 16-2

斯忒藩－玻耳兹曼定律：对黑体来说，其总的辐射出射度与温度的四次方成正比，即：

$$M(T) = \sigma T^4$$

式中：比例常数 $\sigma = 5.67 \times 10^{-8}\,\mathrm{W \cdot m^{-2} \cdot K^{-4}}$，为斯芯藩常数；$T$ 为绝对温度。

维恩位移定律：黑体辐射曲线的峰位波长 λ_m 与绝对温度成反比，即：

$$\lambda_m T = b$$

式中：常数 $b = 2.90 \times 10^{-3}\,\mathrm{m \cdot K}$，为维恩常量。

3. 普朗克量子假设

普朗克给出了黑体辐射的单色辐出度公式，即普朗克公式：

$$M(\lambda,\ T) = \frac{2\pi hc^2}{\lambda^5} \frac{1}{e^{\frac{hc}{\lambda kT}} - 1}$$

式中：h 为普朗克常数，其值为 $6.626 \times 10^{-34}\,\mathrm{J \cdot s}$。

普朗克能量子假说：黑体是由许多谐振子组成的，每个谐振子发射或吸收的能量是不能连续取值的，只能是最小能量单元 ε（称为"能量子"）的整数倍。

$$\varepsilon = h\nu$$

谐振子的能量为

$$E_n = nh\nu \quad (n = 1, 2, 3, \cdots)$$

（二）光电效应和爱因斯坦光子假说

1. 光电效应

光电效应：金属表面在光的照射下会释放出电子的现象。

图 16-3 是研究光电效应的实验装置。S 是抽成真空的光电管，W 是石英窗，A 为阳极，K 为阴极，V 为电压表，G 为电流计。

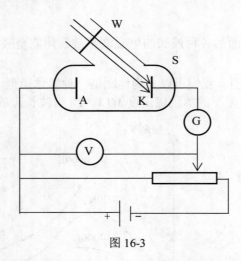

图 16-3

光电子：单色光照射在阴极金属板 K 上时，从 K 释放出来的电子。

管电压：在阳极 A 和阴极 K 之间所加的电压，用电压表 V 来测量。

光电流：光电子在两极之间的电场作用下从阴极 K 飞向阳极 A 形成的电流，用电流表 A 来测量。

光电效应实验规律：

（1）光电子的最大初动能随入射光的频率 υ 的增加呈线性地增加，而与入射光的强度无关。当反向电压大小达到 U_0（称为"遏止电压"）时，光电流恰好降为零。这时

$$eU_0 = \frac{1}{2}m\upsilon_m{}^2$$

式中：υ_m 为电子的最大初速度；$\frac{1}{2}m\upsilon_m{}^2$ 为电子的最大初动能。

入射光的频率与遏止电压的关系为

$$U_0 = k(\upsilon - \upsilon_0)$$

因此，电子的最大初动能与入射光的频率的关系为

$$\frac{1}{2}m\upsilon_m{}^2 = ek(\upsilon - \upsilon_0)$$

（2）当光照射到某金属上时，如果光的频率小于金属的红限 υ_0，则不论照射光的强度多么大，都不会产生光电效应。

由于 $\frac{1}{2}m\upsilon_m{}^2 = ek(\upsilon - \upsilon_0) \geqslant 0$，因此产生光电效应的条件为 $\upsilon \geqslant \upsilon_0$

式中：υ_0 称为光电效应的红限。

（3）不论入射光的强弱如何，光电效应的滞后时间总是非常短，几乎是瞬间发生的。

2. 爱因斯坦的光子假设

爱因斯坦光子假设： 电磁波的辐射场是由光量子组成的，每一个光量子的能量与辐射频率之间的关系为

$$E = h\upsilon$$

一束光就是一束以光速运动的粒子流，这些粒子也就是光子。

逸出功 W：电子克服金属表面的束缚而做的功。

爱因斯坦光电效应方程： 当频率为 υ 的光束照射在金属表面上时，光子的能量 $h\upsilon$ 被电子吸收后，一部分用来克服逸出功 W，另一部分转变为电子的最大初动能 $\frac{1}{2}m\upsilon_m^2$。即：

$$h\upsilon = \frac{1}{2}m\upsilon_m^2 + W$$

入射光的频率 $\upsilon < \dfrac{W}{h}$ 时，电子所吸收的光子能量不足以克服逸出功，此时不会产生光电子；$\upsilon_0 = \dfrac{W}{h}$ 就是截止频率。

3. 光的波粒二象性

波粒二象性： 光既具有波动性，又具有粒子性。

光子的能量 E 与频率 v 的关系为

$$E = h\upsilon$$

光的动量与波长的关系为

$$p = \frac{h}{\lambda}$$

光电效应实验表明光具有粒子性。

（三）氢原子光谱和玻尔半量子理论

1. 氢原子光谱

波数 $\bar{v}$：波长的倒数（它跟频率只相差一个常数 c）。

氢原子的所有光谱线的波数满足下面的关系：

$$\bar{v} = \frac{1}{\lambda} = T(k) - T(n) = R\left(\frac{1}{k^2} - \frac{1}{n^2}\right) \qquad (n = k+1,\ k+2,\ k+3,\cdots)$$

式中：$R = \dfrac{me^4}{8\varepsilon_0 h^3 c} = 1.097 \times 10^7\,\text{m}^{-1}$，为里德伯常数；$T(n) = \dfrac{R}{n^2}$ 为氢原子的光谱项。

2. 玻尔的氢原子理论

玻尔的三个基本假设：

（1）定态假设。电子只能在一些特定的轨道上绕核做圆周运动，这些状态是不连续的，但都是稳定的，不辐射能量，称为定态。

（2）频率条件。原子状态的任何变化，包括辐射或吸收电磁辐射，都只能在两个定态之间以跃迁的方式进行，其辐射或吸收的都是一个光子，且其能量为两定态能量之差：

$$h\upsilon = E_n - E_k$$

（3）轨道角动量量子化假设。电子在绕核做稳定的圆周运动时，其轨道角动量必须满足量子化条件：

$$L = m\upsilon r = n\frac{h}{2\pi} = n\hbar \qquad (n = 1,\ 2,\ 3,\ \cdots)$$

式中：L 为电子的角动量；$\hbar = \dfrac{h}{2\pi} = 1.0546 \times 10^{-34}\,\text{J} \cdot \text{s}$，为约化普朗克常数；正整数 n 为量子数。

3. 氢原子的轨道半径和能量

（1）轨道半径。

在氢原子中，电子绕核做圆周运动的半径

$$r_n = n^2 r_1 \quad (n = 1,\ 2,\ 3,\ \cdots)$$

式中：$r_1 = \dfrac{\varepsilon_0 h^2}{\pi m e^2} = 0.53 \times 10^{-10}\,\text{m}$，称为玻尔半径，是电子第一轨道（即 $n=1$）的半径；r_n 为原子处于第 n 个定态时电子的轨道半径。

氢原子的轨道半径是量子化的。

基态： $n=1$ 的定态。

激发态： 其他所有定态。

（2）氢原子的能量。

玻尔的氢原子能级公式为

$$E_n = \frac{E_1}{n^2} \quad (n = 1,\ 2,\ 3,\ \cdots)$$

式中：$E_1 = -\dfrac{me^4}{8\varepsilon_0^2 h^2} = -13.6\text{eV}$，为氢原子电子第一玻尔轨道的能量。13.6eV 称为电离能。

氢原子的动能和势能与能量的关系分别为

$$E_k = -E_n \quad , \quad E_p = 2E_n$$

能级：氢原子不连续的能量。

（四）物质波

德布罗意波（或物质波）：与实物粒子相联系的波。

德布罗意公式为

$$\begin{cases} E = mc^2 = h\nu \\ p = mv = \dfrac{h}{\lambda} \end{cases}$$

波粒二象性是一切微观粒子的共同属性。

（五）不确定性关系

海森伯不确定关系为

$$\begin{cases} \Delta x \cdot \Delta p_x \geqslant \dfrac{\hbar}{2} \\[2mm] \Delta y \cdot \Delta p_y \geqslant \dfrac{\hbar}{2} \\[2mm] \Delta z \cdot \Delta p_z \geqslant \dfrac{\hbar}{2} \end{cases}$$

上式表明，对微观粒子来说，企图同时确定其位置和动量是没有意义的，或者说对于微观粒子不能同时用确定的位置和确定的动量来描述。不确定关系是微观粒子具有波粒二象性的必然结果。

（六）波函数

1. 波函数

波函数：描述物质波的函数，可以用来描述微观粒子的运动状态。

德布罗意波是概率波。

在某一时刻，粒子在某处附近出现的概率与此刻、此处波函数的平方成正比。

波函数的归一化条件为

$$\int_V |\psi|^2 \, \mathrm{d}x\mathrm{d}y\mathrm{d}z = 1$$

概率密度 $|\psi|^2$：满足归一化条件的波函数 ψ 与其共轭复数的乘积，表示粒子在点 (x, y, z) 附近单位体积内出现的概率，$|\psi|^2 = \psi\psi^*$。

用来描述微观粒子的波函数 ψ 是时间和空间坐标的函数，在粒子必然出现的空间内，波函数 ψ 必须是单值、连续、有限的函数。

2. 薛定谔方程

薛定谔方程

$$i\hbar \frac{\partial \psi}{\partial t} = \left(-\frac{\hbar^2}{2m} \nabla^2 + V \right) \psi$$

式中：$\nabla^2 = \dfrac{\partial^2}{\partial x^2} + \dfrac{\partial^2}{\partial y^2} + \dfrac{\partial^2}{\partial z^2}$，为直角坐标系下的拉普拉斯算符。

定态：如果波函数随时间的变化只体现为一个指数因子，即 $\psi(x, y, z, t) = \varphi(x, y, z)e^{-iEt/\hbar}$，则称粒子处于定态。

定态波函数：$\varphi(x, y, z)$ 称为定态波函数。

定态薛定谔方程（或非自由粒子的三维薛定谔方程）为

$$\left(-\frac{\hbar^2}{2m}\nabla^2 + V\right)\varphi = E\varphi$$

薛定谔方程是量子力学的基本方程，反映了微观粒子的运动规律。

波函数满足的三个基本条件：①波函数是单值函数；②波函数以及其各种偏导数是连续的；③波函数 ψ 是归一化的，或者说波函数 ψ 是有限函数。

（七）量子力学对氢原子的描写

1. 氢原子

能量、角动量和角动量 z 分量都确定的氢原子定态波函数记为 φ_{nlm_l}，其中 n、l 和 m_l 分别标志着能量、角动量和角动量 z 分量的大小。

（1）氢原子的能量

$$E_n = -\frac{me^4}{8\varepsilon_0^2 h^2}\frac{1}{n^2} \quad (n = 1, 2, 3, \cdots)$$

式中：n 为主量子数。

（2）氢原子中电子的角动量

$$L = \sqrt{l(l+1)}\frac{h}{2\pi} = \sqrt{l(l+1)}\hbar \quad [l = 0, 1, 2, \cdots, (n-1)]$$

式中：l 为角量子数。

（3）角动量 z 分量

$$L_z = m_l\frac{h}{2\pi} = m_l\hbar \quad (m = 0, \pm 1, \pm 2, \cdots, \pm l)$$

式中：m_l 磁量子数。

2. 电子的自旋

自旋角动量

$$S = \sqrt{s(s+1)}\frac{h}{2\pi} = \sqrt{s(s+1)}\hbar$$

式中：$S = \dfrac{1}{2}$，为自旋量子数。

自旋角动量在外磁场方向的分量

$$S_z = m_s\frac{h}{2\pi} = m_s\hbar$$

式中：$m_s = \pm\dfrac{1}{2}$，为自旋磁量子数。

原子中电子的运动状态由 n、l、m_l 和 m_s 四个量子数确定，主量子数 n 决定电子的能量；

角量子数 l 决定电子在核外运动的轨道角动量；磁量子数 m_l 决定轨道角动量在外磁场方向的分量；自旋磁量子数 m_s 决定自旋角动量在外磁场方向的分量。

二、例题分析

例题 1　用频率为 υ_1 和 υ_2 的两种单色光，先后照射同一种金属时均能产生光电效应。已知这种金属的红限为 υ_0，测得两次照射时的遏止电压 $|U_{02}| = 2|U_{01}|$，则这两种单色光的频率关系如何？

解：由于 $|U_{02}| = 2|U_{01}|$，而 $E_k = eU_0$，因此

$$E_{k_2} = 2E_{k_1}$$

由爱因斯坦光电效应方程得两种情况下光电子的最大初动能分别为

$$E_{k_1} = h\upsilon_1 - h\upsilon_0$$

$$E_{k_2} = h\upsilon_2 - h\upsilon_0$$

因此可得

$$h\upsilon_2 - h\upsilon_0 = 2(h\upsilon_1 - h\upsilon_0)$$

由此解得这两种单色光的频率之间的关系为

$$\upsilon_2 = 2\upsilon_1 - \upsilon_0$$

例题 2　在光电效应实验中，测得某金属的遏止电压 $|U_0|$ 与入射光频率的关系曲线如图16-4 所示，金属的红限和逸出功分别等于多少？

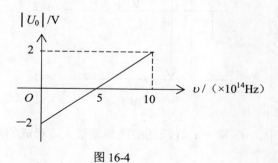

图 16-4

解：在爱因斯坦光电效应方程 $h\upsilon = \dfrac{1}{2}mv_m^2 + W$ 中：

$$\frac{1}{2}mv_m^2 = e|U_0|, \quad W = h\upsilon_0$$

由此解得金属的遏止电压与入射光频率的关系为

$$|U_0| = \frac{h}{e}(\upsilon - \upsilon_0)$$

可见，当 $|U_0| = 0$ 时的频率值就是金属的红限，因此

$$\upsilon_0 = 5 \times 10^{14}\,\text{Hz}$$

仅从图形的角度而言，当 $\upsilon_0 = 0$ 时 $|U_0| = -2\text{V}$。而由公式可以得出，当 $\upsilon_0 = 0$ 时 $h\upsilon_0 = -e|U_0|$，而逸出功 $W = h\upsilon_0$，因此

$$W = -e|U_0| = 2eV$$

例题 3   根据玻尔理论，氢原子中的电子在 $n = 4$ 的轨道上运动的动能与在基态轨道上运动的动能之比等于多少？

解：氢原子的动能

$$E_k = -E_n = -\frac{E_1}{n^2} \ (n = 1, \ 2, \ 3, \ \cdots)$$

因此，氢原子中的电子在 $n = 4$ 轨道上运动的动能与在基态（$n = 1$）轨道上运动的动能之比

$$\frac{E_{k_4}}{E_{k_1}} = \frac{E_1}{4^2} / E_1 = \frac{1}{16}$$

例题 4   设大量氢原子处于 $n = 4$ 的激发态，它们跃迁时发射出一簇光谱线。这簇光谱线最多可能有几条？其中最短的波长是多少？

解：这簇光谱线最多可能有

$$C_4^2 = \frac{4 \times 3 \times 2}{2 \times 2} = 6$$

具体情况如图 16-5 所示。

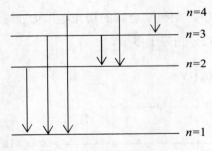

图 16-5

在上述各光谱线中，$n = 4 \rightarrow n = 1$ 跃迁的能级差最大，形成的光谱线波长最短。相应的能级跃迁公式为

$$\frac{hc}{\lambda_{\min}} = E_4 - E_1 = \frac{E_1}{4^2} - E_1 = -\frac{15}{16}E_1$$

解得最短波长

$$\lambda_{\min} = -\frac{16hc}{15E_1} = \frac{16 \times 6.626 \times 10^{-34} \times 3 \times 10^8}{15 \times 13.6 \times 1.6 \times 10^{-19}} = 97.4\,(\text{nm})$$

例题 5   激发能是指原子从基态到激发态所需要的能量。当氢原子从某初始状态跃迁到激发能为 $10.19eV$ 的状态时，发射出的光子波长 $\lambda = 486$nm，试求该初始状态的能量和主量子数。

解：设激发能为 10.19eV 的激发态对应的能级能量为 E_f，由激发能的定义得

$$\Delta E = E_f - E_1$$

设氢原子能级跃迁的初始状态能量和主量子数为 E_n 和 n。由题意得

$$\varepsilon = E_n - E_f$$

式中：ε 为所发射光子的能量，其值为

$$\varepsilon = \frac{hc}{\lambda} = \frac{6.626 \times 10^{-34} \times 3 \times 10^8}{486 \times 10^{-9} \times 1.6 \times 10^{-16}} = 2.56\,(\text{eV})$$

因此，氢原子能级跃迁的初态能量

$$E_n = \varepsilon + E_f = \varepsilon + \Delta E + E_1 = 2.56 + 10.19 - 13.6 = -0.85\,(\text{eV})$$

由于 $E_n = \dfrac{E_1}{n^2}$，因此主量子数

$$n = \sqrt{\frac{E_1}{E_n}} = \sqrt{\frac{13.6}{0.85}} = 4$$

例题 6　如果光子的波长与电子的德布罗意波长 λ 相等，试求光子的质量与电子的质量之比。

解：由德布罗意公式 $\lambda = h/p$ 可知，如果光子与电子的德布罗意波长 λ 相等，则它们的动量相等，即：

$$m_p c = m_e v$$

由此解得光子的质量与电子的质量之比

$$\frac{m_p}{m_e} = \frac{v}{c}$$

式中：v 是电子运动的速率。

设电子的静止质量为 m_0，由德布罗意公式 $\lambda = h/p$ 可得

$$\frac{h}{\lambda} = \frac{m_0 v}{\sqrt{1 - \dfrac{v^2}{c^2}}}$$

由此解得电子的运动速率

$$v = \frac{c}{\sqrt{1 + (m_0 c \lambda / h)^2}}$$

因此，光子的质量与电子的质量之比

$$\frac{m_p}{m_e} = \frac{1}{\sqrt{1 + (m_0 c \lambda / h)^2}}$$

例题 7　如果电子被限制在边界 x 与 $x + \Delta x$ 之间，其中 $\Delta x = 0.05\text{m}$，则电子动量的 x 分量的不确定量等于多少？

解：由不确定关系式

$$\Delta x \Delta p_x \geqslant \frac{\hbar}{2}$$

可得电子动量的 x 分量的不确定量

$$\Delta p_x \geqslant \frac{\hbar}{2\Delta x} = \frac{6.626 \times 10^{-34}}{2 \times 3.14 \times 2 \times 0.05 \times 10^{-9}} = 1.06 \times 10^{-24}\,(\text{kg} \cdot \text{m/s})$$

例题 8　粒子在一维矩形无限深势阱中运动，其波函数为

$$\varphi_n(x) = \sqrt{\frac{2}{a}} \sin \frac{n\pi x}{a} \quad (0 < x < a)$$

如果粒子处于 $n=1$ 的状态，它在 $x=a/4$ 处出现的概率密度为多少？处于同一状态时，它出现在 $0 \sim 3a/4$ 区间内的概率是多少？

解：粒子处于 $n=1$ 的状态时，在 x 处出现的概率密度

$$\varphi_1^2(x) = \frac{2}{a} \sin^2 \frac{\pi x}{a}$$

因此在 $x=a/4$ 处出现的概率密度

$$\varphi_1^2 \left(\frac{a}{4} \right) = \frac{2}{a} \sin^2 \left(\frac{\pi}{a} \cdot \frac{a}{4} \right) = \frac{1}{a}$$

粒子处于 $n=1$ 的状态时，出现在区间 $x \sim x+\mathrm{d}x$ 内的概率

$$\varphi_1^2(x)\mathrm{d}x = \frac{2}{a} \sin^2 \frac{\pi x}{a} \mathrm{d}x$$

因此，在区间 $0 \sim 3a/4$ 内发现粒子的概率

$$P = \int_0^{3a/4} \varphi_1^2(x)\mathrm{d}x = \int_0^{3a/4} \frac{2}{a} \sin^2 \frac{\pi x}{a} \mathrm{d}x = \frac{2}{\pi} \int_0^{3a/4} \sin^2 \frac{\pi x}{a} \mathrm{d}\left(\frac{\pi x}{a} \right)$$

$$= \frac{2}{\pi} \left(\frac{\pi x}{2a} - \frac{1}{4} \sin \frac{2\pi x}{a} \right) \Big|_0^{3a/4} = \frac{3}{4} + \frac{1}{2\pi} = 0.91$$

例题 9 根据量子力学理论，氢原子中电子的角动量 L 在外磁场方向上的分量为 L_z。当角量子数 $l=2$ 时，L_z 的可能取值有哪些？

解：当 $l=2$ 时，磁量子数 m_l 的可能值为 0，± 1，± 2。

角动量 L 在外磁场方向上的分量

$$L_z = m_l \frac{h}{2\pi}$$

因此 L_z 的五种可能值分别为

$$-\frac{h}{\pi}, \ -\frac{h}{2\pi}, \ 0, \ \frac{h}{2\pi}, \ \frac{h}{\pi}$$

例题 10 原子内电子的量子态由 n、l 及 m_l、m_s 四个量子数表征。当 n、l，m_l 一定时，不同的量子态数目等于多少？当 n、l 一定时，不同的量子态数目等于多少？当 n 一定时，不同的量子态数目等于多少？

解：当 n、l，m_l 一定时，m_s 可以取 $+1/2$ 和 $-1/2$，即不同的量子态数目等于 2，分别为 n、l，m_l，$+1/2$ 和 n、l，m_l，$-1/2$；

当 n、l 一定时，m_l 的可能值为 0，± 1，± 2，$\cdots$，$\pm l$，共有 $2l+1$ 个可能值，而每一个 m_l 值对应的 m_s，又可以取 $+1/2$ 和 $-1/2$ 两个值，因此有 $2(2l+1)$ 个不同的量子态数目；

当 n 一定时，l 的可能值为 0，1，2，$\cdots$，$(n-1)$，共有 n 个值；当 n、l 一定时，m_l 有 $2l+1$ 个可能值；当 n，l，m_l 都一定时，m_s 有两个可能值，因此当 n 一定时，不同的量子态数目为 $\sum_{l=0}^{n-1} 2(2l+1) = 2n^2$ 个。

三、练习题

（一）选择题

1. 金属的光电效应的红限依赖于（　　）。

　　A．入射光的频率　　　　　　　B．入射光的强度

　　C．金属的逸出功　　　　　　　D．入射光的频率和金属的逸出功

2. 关于光电效应有下列说法：

　　（1）任何波长的可见光照射到任何金属表面都能产生光电效应

　　（2）对同一金属如有光电子产生，则入射光的频率不同，光电子的最大初动能也不同

　　（3）对同一金属由于入射光的波长不同，单位时间内产生的光电子的数目不同

　　（4）对同一金属，若入射光频率不变而强度增加 1 倍，则饱和光电流也增加 1 倍

　　其中正确的是（　　）。

　　A．（1），（2），（3）　　　　　B．（2），（3），（4）

　　C．（2），（3）　　　　　　　　D．（2），（4）

3. 已知某单色光照射到一金属表面产生了光电效应，若此金属的逸出电势是 U_0（使电子从金属逸出需做功 eU_0），则此单色光的波长 λ 必须满足（　　）。

　　A．$\lambda \leqslant \dfrac{hc}{eU_0}$ 　　　B．$\lambda \geqslant \dfrac{hc}{eU_0}$ 　　　C．$\lambda \leqslant \dfrac{eU_0}{hc}$ 　　　D．$\lambda \geqslant \dfrac{eU_0}{hc}$

4. 根据玻尔理论，氢原子在 $n=5$ 轨道上的动量矩与在第一激发态的轨道动量矩之比为（　　）。

　　A．$\dfrac{5}{2}$ 　　　　　B．$\dfrac{5}{3}$ 　　　　　C．$\dfrac{5}{4}$ 　　　　　D．5

5. 氢原子从能量为 -0.85eV 的状态跃迁到激发能（从基态到激发态所需的能量）为 10.19eV 的状态时，所发射的光子的能量为（　　）。

　　A．2.56eV 　　　B．3.41eV 　　　C．4.25eV 　　　D．9.95eV

6. 若外来单色光把氢原子激发至第三激发态，则当氢原子跃迁回低能态时，可发出的可见光光谱线的条数是（　　）。

　　A．1 　　　　　B．2 　　　　　C．3 　　　　　D．6

7. 根据玻尔氢原子理论，氢原子中的电子在第一和第三轨道上运动时速度大小之比 v_1/v_3 是（　　）。

　　A．$\dfrac{1}{3}$ 　　　　　B．$\dfrac{1}{9}$ 　　　　　C．3 　　　　　D．9

8. 根据玻尔理论，氢原子中的电子在 $n=4$ 的轨道上运动的动能与在基态轨道上运动的动能之比为（　　）。

　　A．$\dfrac{1}{4}$ 　　　　　B．1 　　　　　C．$\dfrac{1}{16}$ 　　　　　D．$\dfrac{1}{32}$

9. 不确定关系式 $\Delta x \cdot \Delta p_x \geqslant \dfrac{\hbar}{2}$，表示在 x 方向上（　　）。

　　A．粒子位置不能确定　　　　　　　　B．粒子动量不能确定

　　C．粒子位置和动量都不能确定　　　　D．粒子位置和动量不能同时确定

10．在原子的 L 壳层中，电子可能具有的四个量子数（n，l，m_l，m_s）是：

　　（1）$\left(2, 0, 1, \dfrac{1}{2}\right)$　　　　　　　　　　（2）$\left(2, 1, 0, -\dfrac{1}{2}\right)$

　　（3）$\left(2, 1, 1, \dfrac{1}{2}\right)$　　　　　　　　　　（4）$\left(2, 1, -1, -\dfrac{1}{2}\right)$

以上四种取值中，正确的是（　　）。

　　A．（1）、（2）

　　B．（2）、（3）

　　C．（2）、（3）、（4）

　　D．全部

（二）填空题

1．频率为 100MHz 的一个光子的能量是_____，动量的大小是_____（普朗克常量 $h = 6.63 \times 10^{-34}\,\mathrm{J \cdot s}$）。

2．当波长 $\lambda = 300\,\mathrm{nm}$ 的光照射在某金属表面时，光电子的动能范围为 $0 \sim 4 \times 10^{-19}\,\mathrm{J}$。此金属的遏止电压 $|U_0| = $_____V，红限频率 $\upsilon_0 = $_____Hz（普朗克常量 $h = 6.63 \times 10^{-34}\,\mathrm{J \cdot s}$，基本电荷 $e = 1.69 \times 10^{-19}\,\mathrm{C}$）。

3．在光电效应实验中，测得某金属的遏止电压 $|U_0|$ 与入射光频率 υ 的关系曲线如图 16-6 所示，由此可知该金属的红限频率 $\upsilon_0 = $_____Hz，逸出功 $A = $_____eV。

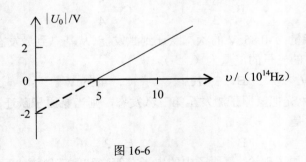

图 16-6

4．某金属产生光电效应的红限频率为 υ_0，当用频率为 υ（$\upsilon > \upsilon_0$）的单色光照射该金属时，从金属中逸出的光电子（质量为 m）的德布罗意波长为_____。

5．根据玻尔氢原子理论，若大量氢原子处于主量子数 $n = 5$ 的激发态，则跃迁辐射的谱线可以有_____条，其中属于巴耳末系的谱线有_____条。

6．已知氢原子的能级公式为 $E_n = \left(-\dfrac{13.6}{n^2}\right)\mathrm{eV}$，若氢原子处于第一激发态，则其电离能为_____eV。

7．氢原子的部分能级跃迁示意如图 16-7 所示，在这些能级跃迁中：

（1）从 $n =$ _____ 的能级跃迁到 $n =$ _____ 的能级时所发射的光子的波长最短；

（2）从 $n =$ _____ 的能级跃迁到 $n =$ _____ 的能级时所发射的光子的频率最小。

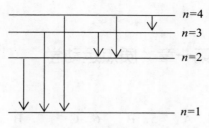

图 16-7

8. 原子内电子的量子态由 n，l，m_l，及 m_s 四个量子数表征。当 n，l，m_l 一定时，不同的量子态数目为 _____；当 n，l 一定时，不同的量子态数目为 _____；当 n 一定时，不同的量子态数目为 _____。

（三）计算题

1. 光电管的阴极用逸出功 $A = 2.2\text{eV}$ 的金属制成，今用一单色光照射此光电管，阴极发射出光电子，测得遏止电压 $|U_0| = 5.0\text{V}$，试求：

（1）光电管阴极金属的光电效应红限波长；

（2）入射光波长。

（普朗克常量 $h = 6.63 \times 10^{-34}\text{J} \cdot \text{s}$，基本电荷 $e = 1.69 \times 10^{-19}\text{C}$）

2. 波长 $\lambda = 3500\overset{0}{\text{A}}$ 的光子照射某种材料的表面，实验发现，从该表面发出的能量最大的光电子在 $B = 1.5 \times 10^{-5}\text{T}$ 的磁场中偏转而成的圆轨道半径 $R = 18\text{cm}$，求该材料的逸出功是多少电子伏特？（电子电量 $-e = 1.69 \times 10^{-19}\text{C}$，电子质量 $m_e = 9.11 \times 10^{-31}\text{kg}$，普朗克常量 $h = 6.63 \times 10^{-34}\text{J} \cdot \text{s}$，$1\text{eV} = 1.6 \times 10^{-19}\text{J}$）

3. 图 16-8 所示为在一次光电效应实验中得出的曲线：纵坐标为遏止电压绝对值，横坐标为入射光频率。

（1）求证对不同材料的金属，AB 线的斜率相同；

（2）由图上数据求出普朗克常量 h。

（基本电荷 $e = 1.69 \times 10^{-19}\text{C}$）

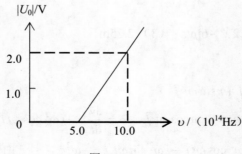

图 16-8

习题参考答案

第一章　质点运动学

（一）选择题

1．D　　2．D　　3．B　　4．A　　5．B　　6．C　　7．B　　8．D

9．B　　10．D　　11．D

（二）填空题

1．23m/s

2．8m　10m

3．$\bar{r}$，$\Delta\bar{r}$

4．69.8m/s

5．1m/s^2，-1.5m/s^2

6．$\dfrac{h_1}{h_1-h_2}v$

7．（1）5m/s；（2）17m/s

8．$\dfrac{S}{\Delta t}$，$-\dfrac{2\bar{\mu}_0}{\Delta t}$

9．$16Rt^2$m/s^2　4rad/s^2

10．4s，-15m/s

11．B，$\dfrac{A^2}{R}+4\pi B$

12．$\dfrac{v_0{}^2\cos\theta_0{}^2}{g}$

13．15.2m/s；500rev/min

14．3；3 到 6

15．1s；1.5m

（三）计算题

1．（1）-0.5m/s；（2）-6m/s；（3）2.25m

2．$x=\dfrac{2t^3}{3}+10$

3．（1）$\bar{r}=r\cos\omega t\,\bar{i}+r\sin\omega t\,\bar{j}$

（2）$\bar{v}=-r\omega\sin\omega t\,\bar{i}+r\omega\cos\omega t\,\bar{j}$，$\bar{a}=\dfrac{\mathrm{d}\bar{v}}{\mathrm{d}t}=-r\omega^2\cos\omega t\,\bar{i}-r\omega^2\sin\omega t\,\bar{j}$

（3）∵　$\bar{a}=-r\omega^2\cos\omega t\,\bar{i}-r\omega^2\sin\omega t\,\bar{j}=-\omega^2\bar{r}$，且 $\bar{r}$ 由圆心指向物体的位置

∴ $\bar{a}$ 指向圆心

4. $v = 2\sqrt{x + x^3}$

5. $t = \sqrt{\dfrac{R}{c} - \dfrac{b}{c}}$

6. $v = 8\text{m/s}, \quad a = 35.8\text{m/s}^2$

7. $a_\tau = \dfrac{\mathrm{d}v}{\mathrm{d}t} = \dfrac{\mathrm{d}^2 s}{\mathrm{d}t^2} = 10\text{m/s}^2, \quad a_n = \dfrac{v^2}{R} = \dfrac{50^2}{30} = 83.3\text{m/s}^2$

第二章　质点动力学

（一）选择题

1. C 　2. D 　3. C 　4. D 　5. D 　6. C 　7. A 　8. B

9. B 　10. C 　11. A 　12. A 　13. C 　14. B 　15. C 　16. D

17. C 　18. C 　19. B 　20. D 　21. C

（二）填空题

1. 2N，1N

2. $\dfrac{F}{M+m}$， $\dfrac{MF}{M+m}$

3. 18N·S

4. $2\bar{i}$m/s， 10m/s

5. 28.6m/s

6. 0，2g

7. v_0

8. 140N·S， $v = 24$m/s

9. $I_y = (1 + \sqrt{2})m\sqrt{gy_0}$； $I_x = -\dfrac{1}{2}mv_0$

10. $v = \sqrt{\dfrac{2k}{mr_0}}$

11. $-\dfrac{2}{3}GMm$

12. $\dfrac{2(F - \mu mg)^2}{k}$

13. 290J

14. $\dfrac{2GMm}{3R}$， $-\dfrac{GMm}{3R}$

15. -0.207

16. 0， $\dfrac{2mg\pi}{\omega}$， $-\dfrac{2mg\pi}{\omega}$

17. 18J，6m/s

18. 4000J

（三）计算题

1. （1）$T = mg$；（2）$T = m\sqrt{a^2 + g^2}$

2. 9.8N，29.4N

3. 0.91m/s^2

4. $\left|-\overline{F}\right|$，方向垂直墙面指向墙内

5. $-\dfrac{m}{M}v$，$\dfrac{m}{m+M}v$

6. （1）$1.8 \times 10^3 \mathrm{N}$；（2）22m/s

7. $x = v_0\sqrt{\dfrac{m_1 m_2}{k(m_1 + m_2)}}$

8. 720J

9. 980J

10. 5.3m/s

11. （1）$16\mathrm{N \cdot s}$；（2）176J

12. $\cos^{-1}(2/3)$

13. $v_0 = (m + M)\sqrt{5gl/m}$

第三章　刚体的定轴转动

（一）选择题

1. C　　2. D　　3. C　　4. B　　5. C　　6. C　　7. D　　8. A

9. D　　10. C　　11. C

（二）填空题

1. 0.4rad/s

2. $\omega_2 = \dfrac{J + mr^2}{J + mR^2}\omega_1$

3. 杆和子弹，角动量，$\dfrac{6v_0}{l[4 + (3M/m)]}$

4. 36rad/s

5. $25\mathrm{kg \cdot m^2}$

6. $-157\mathrm{N \cdot m}$

7. 2.5rad/s^2

8. $\dfrac{g}{l}$，$\dfrac{g}{2l}$

9. $\dfrac{3}{4}ml^2$，$\dfrac{1}{2}mgl$，$\dfrac{2g}{3l}$

10. 2.5rad/s^2

11. $50ml^2$

12. $3v_0\,/(2l)$

13. $7.1\times10^{33}\,\mathrm{kg\cdot m^2\cdot s^{-1}}$

（三）计算题

1.（1）$7.35\,\mathrm{rad/s^2}$；（2）$14.7\,\mathrm{rad/s^2}$

2. 40s

3.（1）$-0.50\,\mathrm{rad\cdot s^{-2}}$；（2）$-0.25\,\mathrm{N\cdot m}$；（3）75rad

4. $v = mgt\,/\left(m+\dfrac{1}{2}M\right)$

5. $\omega = \dfrac{3v_0}{2l}$

第四章　机械振动

（一）选择题

1. B　2. C　3. B　4. C　5. C　6. B　7. A　8. B

9. C　10. A　11. D　12. B　13. B　14. D　15. B

（二）填空题

1. 0.5 或 1.5，1 或 2，0.5

2. $x = 4\times10^{-2}\cos\left(4\pi t - \dfrac{\pi}{2}\right)$

3. $4\times10^{-2}\,\mathrm{m}$，$\dfrac{\pi}{2}$

4. 3.43s，$-\dfrac{2}{3}\pi$

5. $\dfrac{3}{4}\pi$

6. 1.55Hz，0.103m

7. 2

8. 略

9. π，$-\dfrac{\pi}{2}$，$\dfrac{\pi}{3}$

10. $2\pi\sqrt{\dfrac{x_0}{g}}$

11. $x = 2\times10^{-2}\cos\left(3t - \dfrac{\pi}{2}\right)$

12. $x_1 = 0.1\cos\pi t$，$x_2 = 0.1\cos\left(\pi t - \dfrac{\pi}{2}\right)$，$x_3 = 0.1\cos(\pi t + \pi)$

13. π

14. $|A_1 - A_2|$ ， $x = |A_1 - A_2| \cos\left(\dfrac{2\pi}{T}t + \dfrac{\pi}{2}\right)$

15. 0 ， -0.03π m/s

16. $\dfrac{2m}{T^2}\pi^2 A^2$

17. $\dfrac{3}{4}$ ， $2\pi\sqrt{\dfrac{\Delta l}{g}}$

18. 0

19. 5×10^{-2} m

（三）计算题

1. $x = 5\times10^{-2}\cos(7t + 0.64)$ （SI）

2. $T = 0.25$s ， $A = 0.1$m ， $\varphi_0 = \dfrac{2\pi}{3}$ ， $v_{max} = 2.5$m/s ， $a_{max} = 63$m/s 。

3. $T = 0.56$s ， $x = 2.05\times10^{-2}\cos(11.2t - 2.92)$ （SI）

4. （1） $T = 0.63$s ， $\omega = 10$s^{-1}

   （2） $v_0 = -1.3$m/s ， $\varphi_0 = \dfrac{\pi}{3}$

   （3） $x = 15\times10^{-2}\cos\left(10t + \dfrac{\pi}{3}\right)$ （SI）

5. （1） 3m/s ；

   （2） 1.5N

6. （1） 5N ；

   （2） $F_{max} = 10$N ， $x = 0.2$m 或 $x = -0.2$m

7. $x = 0.17\cos(2t + \pi)$ （SI）

8. $x = 5\times10^{-2}\cos(4t + 23°)$ ，旋转矢量图略。

第五章　机械波

（一）选择题

1. B　　2. C　　3. C　　4. B　　5. D　　6. C　　7. B　　8. D

9. A　　10. D　　11. D　　12. D　　13. A　　14. D　　15. C

（二）填空题

1. $\dfrac{b}{2\pi}$ ， $\dfrac{2\pi}{d}$

2. 2cm，2.5m，100Hz，250m/s

3. 波从坐标原点传到 x 处所需时间；

   x 处的质点比原点处质点滞后的振动相位；

   在 t 时刻，距原点为 x 处质点的振动位移

4. $\dfrac{2}{5}\pi$

5. $125\mathrm{s}^{-1}$，$250\mathrm{m/s}$，$12.56\mathrm{m}$

6. $\dfrac{\pi}{2}$，$-\dfrac{\pi}{2}$

7. $y = A\cos\left[2\pi\upsilon t + \dfrac{\pi}{2} + \dfrac{2\pi}{\lambda}(x+L)\right]$

$t = t_1 + \dfrac{L}{\lambda\upsilon} + \dfrac{k}{\upsilon}$，其中 $k = 0,\ \pm 1,\ \pm 2,\ \pm 3,\ \cdots$

8. 向下，向上，向上

9. $y = A\cos\left[\omega\left(t - \dfrac{x+1}{u}\right) + \varphi\right]$

10. $y = A\cos\left[2\pi\left(\dfrac{t}{T} - \dfrac{2L-x}{\lambda}\right) + \varphi + \pi\right]$

11. $y = 0.1\cos\left[165\pi\left(t - \dfrac{x}{330}\right) \pm \pi\right]$

12. $y = A\cos\left[2\pi\upsilon(t-t_0) + \dfrac{\pi}{2}\right]$

13. $y = A\cos\left[\omega t + \dfrac{2\pi}{\lambda}(2L-x) \pm \pi\right]$

14. $\sqrt{A_1^2 + A_2^2 + 2A_1A_2\cos\dfrac{2\pi}{\lambda}(L-2r)}$

（三）计算题

1. （1）$y_o = A\cos\left[\omega\left(t + \dfrac{L}{u}\right) + \varphi\right]$

（2）$y = A\cos\left[\omega t + \varphi + \dfrac{\omega}{u}(x+L)\right]$

（3）$x = \pm k\lambda - L$ （$k = 1, 2, 3\cdots$）

2. （1）$y_\lambda = A\cos\left(\omega t - \dfrac{2\pi}{\lambda}x + \dfrac{\pi}{2}\right)$ $y_\bar{} = A\cos\left(\omega t + \dfrac{2\pi}{\lambda}x + \dfrac{\pi}{2}\right)$

（2）$y_p = -2A\cos\left(\omega t + \dfrac{\pi}{2}\right)$

3. （1）$y = A\cos\left(500\pi t + \dfrac{\pi}{4} + \dfrac{2\pi}{\lambda}x\right)$

（2）$v = -500\pi A\sin\left(500\pi t + \dfrac{5}{4}\pi\right)$

4. $y_o = 0.5\cos\left(\dfrac{\pi}{2}t + \dfrac{\pi}{2}\right)$

5. （1）$y_P = A\cos\left(\dfrac{\pi}{2}t + \pi\right)$

   （2）$y = A\cos\left[\dfrac{\pi}{2}t + \pi + \dfrac{2\pi}{\lambda}(x - d)\right]$

   （3）$y_o = A\cos\dfrac{\pi}{2}t$

6. （1）$y = 3\cos 4\pi\left(t + \dfrac{x}{20}\right)$

   （2）$y = 3\cos\left[4\pi\left(t + \dfrac{x}{20}\right) - \pi\right]$

7. （1）$y_P = 0.2\cos\left(\pi t - \dfrac{\pi}{2}\right)$

   （2）$y_Q = 0.2\cos(\pi t - \pi)$

8. $y = \sqrt{2}A\cos\left(\omega t - \dfrac{\pi}{4}\right)$

9. （1）$y = A\cos\left[2\pi v(t - t') + \dfrac{\pi}{2}\right]$

   （2）$y = A\cos\left[2\pi v(t - t') + \dfrac{\pi}{2} - \dfrac{2\pi v}{u}x\right]$

第六章　光的干涉

（一）选择题

1. C　　2. A　　3. C　　4. A　　5. C　　6. B　　7. D　　8. A

（二）填空题

1. $\dfrac{D}{N}$

2. 1mm

3. $(n_2 - n_1)e$

4. $2\pi\dfrac{(n-1)e}{\lambda}$，$4\times10^3$

5. $(n_2 - n_1)l$

6. 3λ，1.33

7. $\dfrac{3\lambda}{4n_2}$

8. $\dfrac{5\lambda}{2n\theta}$

9. $\dfrac{\lambda}{2L}$

10. $\dfrac{3}{2}\lambda$

11. 900

12. 0.5046

13. $2(n-1)h$

（三）计算题

1. 0.5mm

2. 0.91mm

3. $d = \dfrac{\lambda}{2(n-1)\alpha}$

4. $8 \times 10^{-6}\,\text{m}$

5. （1）$\dfrac{9\lambda}{4n_2}$；（2）$\dfrac{\lambda}{2n_2}$

6. $1.5 \times 10^{-3}\,\text{mm}$

7. （1）$1.22 \times 10^{-4}\,\text{mm}$；（2）3mm

8. $\lambda_2 = \dfrac{l_2^{\,2}}{l_1^{\,2}}\lambda_1$

9. 4m

10. （1）500nm；（2）50 条

第七章　光的衍射

（一）选择题

1. D　　2. A　　3. A　　4. D　　5. D　　6. D　　7. B　　8. B

（二）填空题

1. 2

2. 6，一，明

3. 2π，二，暗纹

4. $\arcsin\left(\pm\dfrac{k\lambda}{a} + \sin\theta\right)$　$(k = 1,\ 2,\ 3,\ \cdots)$

5. 75.936μm

6. 1.2mm，3.6mm

7. 400nm

8. $d\sin\theta = \pm k\lambda$　$(k = 0,\ 1,\ 2,\ \cdots)$

9. 916 条

10. 625nm

11. 600nm

12. 5

13．632.6nm

（三）计算题

1．（1）12mm；（2）12mm

2．403mm

3．（1）2.4mm；（2）9条

4．17.1°

5．（1）3.36×10^{-3} mm；（2）420.0nm

6．（1）$k=2$；（2）$d=1.2 \times 10^{-3}$ cm

7．0.043°

8．7条

9．能看到以下级次的光谱线（共7条）：$k=0$，± 1，± 2，4，5

第八章　光的偏振

（一）选择题

1．B　　2．B　　3．B　　4．A　　5．B　　6．B

（二）填空题

1．$\frac{1}{2}I_0$，　0

2．2，$\frac{1}{4}$

3．$\frac{1}{8}I_0$

4．37°，垂直于入射面

（三）计算题

1．（1）$\frac{1}{8}I_0 \sin^2 2\alpha$；

　　（2）

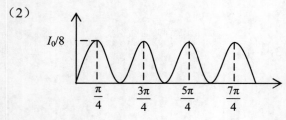

2．（1）$\frac{3}{4}I_0$，　$\frac{3}{16}I_0$；（2）$\frac{1}{2}I_0$，　$\frac{1}{8}I_0$

3．（1）$\frac{1}{2}I_0$，　$\frac{1}{4}I_0$，　$\frac{1}{8}I_0$；（2）$I_3=0$，　I_1 不变。

4．（1）58°；（2）32°；（3）是

5．（1）55°，（2）1.00

第九章　真空中的静电场

（一）选择题

1．D　　2．C　　3．D　　4．C　　5．B　　6．D　　7．C　　8．A

9．B　　10．C　　11．D　　12．D　　13．D　　14．D　　15．C　　16．B

17．B　　18．D　　19．D　　20．C　　21．C　　22．C

（二）填空题

1．4N/C，竖直向上

2．（1）$\dfrac{\sigma}{2\varepsilon_0}$，向右；（2）$\dfrac{3\sigma}{2\varepsilon_0}$，向右；（3）$\dfrac{\sigma}{2\varepsilon_0}$，向左

3．0，$\dfrac{Qq}{4\pi\varepsilon_0 R}$

4．$\dfrac{-Qq}{6\pi\varepsilon_0 l}$

5．$\phi_e = \dfrac{\lambda d}{\varepsilon_0}$，$E_P = \dfrac{\lambda d}{4\pi\varepsilon_0(4R^2 - d^2)}$，方向沿$\overrightarrow{OP}$矢径

6．$\lambda = \dfrac{Q}{a}$，异

7．$\dfrac{Q\Delta S}{16\pi^2\varepsilon_0 R^4}$，由$O$指向$\Delta S$

8．0，高斯面上各点

9．$E\pi R^2$

10．-1.03×10^6 V

11．100V

12．负，a

13．$\dfrac{q}{24\varepsilon_0}$

14．$\dfrac{3\sqrt{3}qQ}{2\pi\varepsilon_0 a}$

15．45V，-15V

16．-2000V

17．$\dfrac{Q}{4\pi\varepsilon_0 R^2}$，0；$\dfrac{Q}{4\pi\varepsilon_0 R}$，$\dfrac{Q}{4\pi\varepsilon_0 r_2}$

18．$\oint_l \vec{E}\cdot d\vec{l} = 0$；单位正电荷在静电场中沿任意闭合路径绕行一周电场力所做功等于零；有势（或保守）

（三）计算题

1．$F = 9.0$N

2. $E = \dfrac{q}{4\pi\varepsilon_0 l}\left(\dfrac{1}{d} - \dfrac{l}{d+l}\right) = 1.8\times 10^4 \text{ N/C}$

3. $\vec{E} = E_x\vec{i} + E_y\vec{j} = -\dfrac{q}{2\pi\varepsilon_0 a^2\theta_0}\sin\dfrac{\theta_0}{2}\vec{j}$

4. （1） $\rho = 4.43\times 10^{-13} \text{ C/m}^3$

   （2） $\sigma = -\varepsilon_0 E_2 = -8.9\times 10^{-10} \text{ C/m}^2$

5. $\vec{E} = \vec{E}_1 + \vec{E}_2 + \vec{E}_3 = \dfrac{\lambda}{4\pi\varepsilon_0 R}(\vec{i} + \vec{j})$

6. （1） $x_1 = -\dfrac{1}{2}(1+\sqrt{3})d$ ； （2） $x = \dfrac{d}{4}$

7. $U_P = \dfrac{q}{8\pi\varepsilon_0 l}\ln\dfrac{a+2l}{a}$

8. $U_O = \dfrac{\lambda_0}{4\pi\varepsilon_0}\left(l - a\ln\dfrac{a+l}{a}\right)$

9. $U_{12} = \dfrac{Q(d-R)}{2\pi\varepsilon_0 Rd}$

第十章　静电场中的导体和电介质

（一）选择题

1. D　　2. B　　3. B　　4. B　　5. C　　6. B　　7. B　　8. D

9. C　　10. B　　11. B　　12. B　　13. D　　14. A　　15. C　　16. A

（二）填空题

1. $\dfrac{Q}{4\pi\varepsilon_0 R}$

2. $3\times 10^6 \text{ V}$

3. $\dfrac{\lambda}{2\pi r}$， $\dfrac{\lambda}{2\pi\varepsilon_0\varepsilon_r r}$

4. $q = \sigma S = \dfrac{1}{2}(q_A - q_B)$　　　$\dfrac{1}{2\varepsilon_0 S}(q_A - q_B)d$

5. $\sigma_A = \sigma_D = \dfrac{Q_A + Q_B}{2S}$， $\sigma_B = \dfrac{Q_A - Q_B}{2S}$， $\sigma_C = -\dfrac{Q_1 - Q_2}{2S}$

6. $\sqrt{\dfrac{2dF}{C}}$　　　$\sqrt{2CdF}$

7. $\dfrac{\varepsilon_0 S U_{12}{}^2}{2d}$

8. σ， $\dfrac{\sigma}{\varepsilon_0\varepsilon_r}$

9. 2:1　　1:2

10. $\dfrac{1}{16}$, $\dfrac{1}{4}$

（三）计算题

1. （1）$q_1' = 6.67\times10^{-9}\text{C}$, $q_2' = 13.3\times10^{-9}\text{C}$；（2）$6.0\times10^{3}\text{V}$

2. $q = \dfrac{r(R_2 Q_1 + R_1 Q_2)}{R_2(R_1 + r)}$

3. $\dfrac{Q^2}{8\pi\varepsilon R}$

4. 0.32J,   0.16J

5. （1）$\dfrac{q}{4\pi\varepsilon_0 R}dq$；（2）$\dfrac{Q^2}{8\pi\varepsilon_0 R}$

6. （1）$Q_a = \dfrac{aQ}{a+b}$, $Q_b = \dfrac{bQ}{a+b}$；（2）$C = 4\pi\varepsilon_0(a+b)$

7. （1）$C = Q/U = \varepsilon_0\varepsilon_r S/d$；（2）$W = \dfrac{Q^2}{2C} = \dfrac{Q^2 d}{2\varepsilon_0\varepsilon_r S}$

8. （1）$C = \dfrac{Q}{U_{12}} = \dfrac{2\pi\varepsilon_0\varepsilon_r L}{\ln\left(\dfrac{R_2}{R_1}\right)}$；（2）$W = \dfrac{Q^2}{2C} = \dfrac{\lambda^2 L\ln(R_2/R_1)}{4\pi\varepsilon_0\varepsilon_R}$

第十一章   稳恒磁场

（一）选择题

1. E   2. D   3. C   4. D   5. C   6. D   7. D   8. C
9. B   10. B   11. B   12. C   13. D   14. B   15. D   16. C

（二）填空题

1. $\dfrac{\mu_0 I}{4}\left(\dfrac{1}{a}+\dfrac{1}{b}\right)$，垂直纸面向里

2. $\dfrac{\mu_0 I}{4\pi R}$

3. $y = \dfrac{1}{\sqrt{3}}x = \dfrac{\sqrt{3}}{3}x$

4. $-\dfrac{1}{2}B\pi R^2$

5. $\dfrac{\mu_0 Ia}{2\pi}\ln 2$

6. 1:1

7. $\mu_0 I$，0，$2\mu_0 I$

8. $6.67\times10^{-6}\text{T}$，$7.20\times10^{-21}\text{A}\cdot\text{m}^2$

9. $\dfrac{mV_0}{qB}$

10. $\dfrac{1}{2}$，$\dfrac{1}{2}$

11. $\dfrac{\sqrt{3}}{2}l$，$60°$

12. $11.25\text{A} \cdot \text{m}^2$

13. $\sqrt{2}BIR$，沿 y 轴正向

（三）计算题

1. $\dfrac{\mu_0 I}{2R}\left(\dfrac{1}{4}+\dfrac{1}{\pi}\right)$，方向 $\otimes$

2. $\dfrac{\mu_0 I}{4\pi}\left(\dfrac{3\pi}{2a}+\dfrac{\sqrt{2}}{b}\right)$，方向 $\otimes$

3. $\dfrac{\mu_0 I}{4\pi a\cos\theta}(\sin\theta+1-\cos\theta)$，方向 $\odot$

4. $\dfrac{\mu_0 \omega\lambda}{2\pi}\left(\ln\dfrac{b}{a}+\pi\right)$，方向 $\otimes$

5. $\dfrac{\mu_0 I}{4\pi R}$，方向 $\odot$

6. $\dfrac{\mu_0 I}{4\pi}+\dfrac{\mu_0 I}{2\pi}\ln 2$

7. $5.7\times10^{-7}\text{m}$，$2.8\times10^{9}\text{s}^{-1}$

8. $(\sqrt{2}+1)\dfrac{qBl}{m}$

9. $\sqrt{2}BIR$，竖直向上

10. $\dfrac{\mu_0 I^2}{2\pi\sin\theta}$

11. （1）0.283N，方向与 AB 直线垂直，与 OB 夹角 $45°$；

　　（2）$1.57\times10^{-2}\text{N} \cdot \text{m}$

12. 0

第十二章　电磁感应和电磁波

（一）选择题

1. D　　2. D　　3. B　　4. C　　5. D　　6. D　　7. D　　8. C

9. C　　10. A　　11. C　　12. D　　13. C　　14. B　　15. D　　16. B

17. D　　18. A　　19. B

（二）填空题

1. $-\mu_0 n\pi a^2 \omega I_m \cos\omega t$

2. $3.14 \times 10^{-6} \, \text{C}$

3. 顺时针方向；顺时针方向

4. 0

5. （1）Z 轴；（2）X 或 Y 轴

6. （1）$U_A > U_B$；（2）$U_A < U_B$；（3）$U_A = U_B$

7. $-\pi n B R^2$；a

8. $\vec{v} \times \vec{B}$

9. $\dfrac{1}{8} \omega B l^2$；0

10. $-1.1 \times 10^{-5} \, \text{V}$；$A$ 端

11. （1）Oa 段电动势的的方向由 $a \to O$

　　（2）$-\dfrac{1}{2} \omega B L^2$；0；$-\dfrac{1}{2} \omega B (2L - d)$

12. $1.5 \, \text{mH}$

13. 3.7H

14. $\dfrac{\mu_0 b}{2\pi} \ln \dfrac{d+a}{d}$

15. （1）0；（2）0.2H；（3）0.05H

16. $22.6 \, \text{J/m}^3$

17. 9.6J

18. （1）②；（2）③；（3）①

19. $3A$

20. 沿 X 轴的正方向；沿 X 轴的负方向

21. $\varepsilon_0 \pi R^2 \dfrac{\mathrm{d}E}{\mathrm{d}t}$

22. 略

23. （1）垂直纸面向里；（2）垂直 OP 连线向下

（三）计算题

1. $\varepsilon_{OO'} = \dfrac{\sqrt{3}\pi n a^2 B}{120} \sin \dfrac{\pi n}{30} t$

2. $|i(t)| = \dfrac{|\varepsilon|}{R} = \dfrac{\mu_0 \lambda a}{2\pi R} \ln 2 \left| \dfrac{\mathrm{d}v(t)}{\mathrm{d}t} \right|$

3. $\varepsilon_{AB}(t) = -\dfrac{\mu_0 I v}{2\pi} \sin\theta \ln \dfrac{a + l + vt\cos\theta}{a + vt\cos\theta}$；$A$ 端处为高电势。

4. $U_a - U_b = \varepsilon_{Oa} - \varepsilon_{Ob} = -\dfrac{3}{10} \omega B l^2$

5. （1）$\phi = \dfrac{\mu_0 I l}{2\pi r} \ln \dfrac{b + vt}{a + vt}$；（2）$\varepsilon = \dfrac{\mu_0 I l v}{2\pi} \left(\dfrac{1}{a} - \dfrac{1}{b} \right)$

6. $\varepsilon = \dfrac{1}{2} B \omega L^2 \sin^2 \theta$

7. $M = N \dfrac{\mu_0 a}{2\pi} \ln 2 = 2.77 \times 10^{-6} \text{H}$

8. （1）$\dfrac{\mu_0 a}{2\pi} \ln 3$；（2）$-\dfrac{\mu_0 I_0 \omega a}{2\pi} \cos \omega t \ln 3$

9. $M = 0.15 \text{mH}$

10. $\omega_m = \dfrac{\mu_0 I}{8\pi^2 a^2}$

11. $I = 1.26 \text{A}$

12. （1）$\dfrac{0.2}{C}(1 - e^{-t})$；（2）$0.2 e^{-t}$

第十三章　气体动理论

（一）选择题

1. A　　2. B　　3. B　　4. D　　5. C　　6. A　　7. A　　8. B

9. C　　10. D　　11. B　　12. B　　13. B　　14. C　　15. B

（二）填空题

1. 物质热现象和热运动规律，统计

2. （1）$\displaystyle\int_{100}^{\infty} N f(v) \mathrm{d}v$

   （2）$\displaystyle\int_{100}^{\infty} v N f(v) \mathrm{d}v$

   （3）$\displaystyle\int_{100}^{\infty} f(v) \mathrm{d}v$

3. $\displaystyle\int_{v_p}^{\infty} f(v) \mathrm{d}v$

4. （1）$\displaystyle\int_{100}^{\infty} f(v) \mathrm{d}v$；（2）$\displaystyle\int_{100}^{\infty} N f(v) \mathrm{d}v$

5. 氩，氦

6. 2000m/s，500m/s

7. 8.31×10^3，3.32×10^3

8. （1）速率分布在 $v_p \sim \infty$ 区间的分子数占总分子数的百分比；

   （2）分子平动动能的平均值

9. 每个气体分子热运动的平均平动动能

10. $5:3$，$10:3$

11. （1）$1:1$；（2）$2:1$；（3）$10:3$

12. $\dfrac{p_2}{p_1}$

13. $\dfrac{4E}{3V}$ ， $\dfrac{M_2}{M_1}$

14. $\dfrac{i}{2}kT$ ， RT

15. 1246.5

16. 6232.5 ， 6.21×10^{-21} ， 1.035×10^{-20}

17. 8310 ， 3324

18. （1）1 摩尔理想气体的内能

（2）定容摩尔热容

（3）定压摩尔热容

19. $\dfrac{i}{2}kT$ ， RT

（三）计算题

1. $T = 300K$

2. （1）$8.27 \times 10^{-21} \text{J}$ ；（2）$T = 400\text{K}$

3. （1）$\overline{E}_k = 6.21 \times 10^{-28} \text{J}$ ， $\sqrt{\overline{v^2}} = 483 \text{m/s}$

（2）$T = 300K$

4. $\dfrac{3(Q-A)}{5\nu N_A}$

5. 0.51kg

6. （1）$T = 300\text{K}$ ；（2）$\overline{\varepsilon}_{\text{CO}_2} = 1.24 \times 10^{-20} \text{J}$ ， $\overline{\varepsilon}_{\text{H}_2} = 1.04 \times 10^{-20} \text{J}$

第十四章　热力学基础

（一）选择题

1. C　　2. B　　3. D　　4. D　　5. D　　6. A　　7. C　　8. B

9. A　　10. B　　11. D　　12. C　　13. B　　14. C　　15. C　　16. B

17. C　　18. A

（二）填空题

1. 物体的宏观位移；分子间的相互作用

2. $6.59 \times 10^{-26} \text{kg}$

3. $29.1 \text{J} \cdot \text{mol}^{-1} \cdot \text{K}^{-1}$

4. $\eta_1 = \dfrac{1}{3}$ ； $\eta_2 = \dfrac{1}{2}$ ； $\eta_3 = \dfrac{2}{3}$

5. $\dfrac{3}{2}P_1V_1$ ， 0

6. 90J

7. 等压，等压，等压

8.（1）等于；（2）大于；（3）大于

9.（1）吸热过程；（2）放热过程；（3）放热过程

10.（1）AM 过程；（2）AM 过程

11. $\dfrac{A}{R}$，$\dfrac{7}{2}A$

12. 500，700

13. 8.64×10^3

14. 400

（三）计算题

1.（1）$\Delta E = \dfrac{5}{2}(P_2 V_2 - P_1 V_1)$

（2）$W = \dfrac{1}{2}(P_2 V_2 - P_1 V_1)$

（3）$Q = \Delta E + W = 3(P_2 V_2 - P_1 V_1)$

（4）$3R$

2.（1）$T_B = 225K$，$T_C = 75K$

（2）等压过程 $B \to C$：$Q = -1400J$

等容过程 $C \to A$：$Q = 1500J$

一般过程 $A \to B$：$Q = 500J$

3.（1）$Q_{ab} = -6232.5J$　放热

$Q_{bc} = 3739.5J$　吸热

$Q_{ca} = 3456J$　放热

（2）$W_{净} = 963J$

（3）$\eta = \dfrac{W_{净}}{Q_1} = 13.4\%$

4.（1）$405.2J$；（2）$\Delta E = 0$；（3）$405.2J$

5.（1）$A \to B$：

$A_1 = 200J$，$\Delta E_1 = 750J$，$Q_1 = 950J$

$B \to C$：

$A_2 = 0$，$\Delta E_2 = -600J$，$Q_2 = -600J$

$C \to A$：

$A_3 = -100J$，$\Delta E_3 = -150J$，$Q_3 = -250J$

（2）$A = 100J$，$Q = 100J$

6. $\eta = 25\%$

7.（1）$A = 598J$；（2）$\Delta E = 1002J$；（3）$\gamma = 1.6$

8. $A = 700J$

9.（1）$T_B = 300K$，$T_C = 100K$

（2）$A \to B$：$A_1 = 400J$

$B \to C$: $A_2 = -200 \, \mathrm{J}$

$C \to A$: $A_3 = 0$

（3）$Q = 200 \, \mathrm{J}$

10．（1）$Q = 800 \, \mathrm{J}$；（2）$A = 100 \, \mathrm{J}$

11．（1）$T = 320 \, K$；（2）$\eta = 20\%$

第十五章　狭义相对论基础

（一）选择题

1．D　2．A　3．A　4．C　5．C　6．B　7．B　8．D　9．C

（二）填空题

1．c，c

2．$c\sqrt{1-\left(\dfrac{a}{L_0}\right)^2}$

3．4.3×10^{-8}

4．$\dfrac{m_0}{\sqrt{1-\left(\dfrac{v}{c}\right)^2}}$，$mc^2 - m_0 c^2$

5．$0.25 m_e c^2$

6．$(n-1) m_0 c^2$

7．$\dfrac{m}{SL}$，$\dfrac{25m}{9SL}$

（三）计算题

1．（1）$1.8 \times 10^8 \, \mathrm{m/s}$

（2）$9 \times 10^8 \, \mathrm{m}$

2．$6.72 \times 10^8 \, \mathrm{m}$

3．（1）$2.25 \times 10^{-7} \, \mathrm{s}$

（2）$3.75 \times 10^{-7} \, \mathrm{s}$

4．（1）隧道长为 $L\sqrt{1-\left(\dfrac{v}{c}\right)^2}$，其他尺寸不变；

（2）$\Delta t = \dfrac{l_0 + L\sqrt{1-\left(\dfrac{v}{c}\right)^2}}{v}$

5．$\dfrac{2L_0 v}{c^2 \sqrt{1-\left(\dfrac{v}{c}\right)^2}}$

6．（1）$5 \times 10^{-3} \, (\mathrm{J})$；（2）$2:25$

第十六章　量子物理基础

（一）选择题

1．C　　2．D　　3．A　　4．A　　5．A　　6．C　　7．C　　8．C

9．D　　10．C

（二）填空题

1．6.63×10^{-26} J，2.21×10^{-34} N·s

2．2.5，4×10^{14}

3．5×10^{14}，2

4．$\sqrt{\dfrac{h}{2m(v - v_0)}}$

5．10，3

6．3.4

7．（1）4，1；（2）4，3

8．2，$2(2l+1)$，$2n^2$

（三）计算题

1．（1）565nm；（2）173nm

2．2.91eV

3．（1）对不同材料的金属，AB 线的斜率 k 相同，且 $k = \dfrac{h}{e}$

　　（2）6.4×10^{-34} J·s

参考文献

[1] 段向阳，刘必成. 大学物理实验[M]. 北京：中国铁道出版社，1998.

[2] 陆廷济. 大学物理实验[M]. 上海：同济大学出版社，1996.

[3] 陈植. 大学物理实验[M]. 天津：天津大学出版社，1994.

[4] 肖苏，任红. 实验物理教程[M]. 合肥：中国科学技术大学出版社，1998.

[5] 朱鹤年. 新概念基础物理实验讲义[M]. 北京：清华大学出版社，2013.

[6] 王云才. 大学物理实验教程[M]. 北京：科学出版社，2008.

[7] 潘小青，黄瑞强. 大学物理实验[M]. 杭州：浙江大学出版社，2006.

[8] 霍剑清. 大学物理实验[M]. 北京：高等教育出版社，2001.

[9] 饶明英. 大学物理实验[M]. 北京：航空工业出版社，1999.

[10] 李水泉. 大学物理实验[M]. 北京：机械工业出版社，1999.

[11] 曾仲宁，王秀力. 大学物理实验[M]. 北京：中国铁道出版社，2002.

[12] 徐富新，刘碧兰. 大学物理实验[M]. 长沙：中南大学出版社，2011.

[13] 李平舟，陈秀华. 大学物理实验[M]. 西安：西安电子科技大学出版社，2002.

[14] 陈早生，任才贵. 大学物理实验[M]. 上海：华东理工大学出版社，2003.

参考文献

[1] (illegible faded text) 1998.
[2] (illegible faded text) 1996.
[3] (illegible faded text) 1984.
[4] (illegible faded text) 1998.
[5] (illegible faded text) 2003.
[6] (illegible faded text) 2003.
[7] (illegible faded text) 2006.
[8] (illegible faded text) 2005.
[9] (illegible faded text) 1999.
[10] (illegible faded text) 1999.
[11] (illegible faded text) 2007.
[12] (illegible faded text) 2008.
[13] (illegible faded text) 2005.
[14] (illegible faded text) 2008.